“十四五”时期国家重点出版物出版专项规划项目

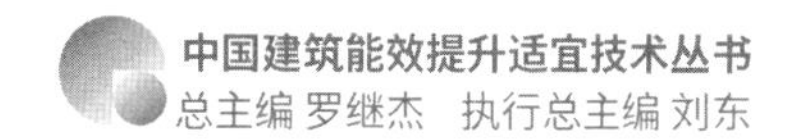

宾馆建筑能效提升适宜技术

● 林春艳 宋 静 编著

Sustainable Energy Efficiency Improving Technologies for Hotel

同济大学出版社
TONGJI UNIVERSITY PRESS
·上海·

图书在版编目(CIP)数据

宾馆建筑能效提升适宜技术 / 林春艳，宋静编著
. —上海：同济大学出版社，2023.11
(中国建筑能效提升适宜技术丛书 / 罗继杰总主编)
“十四五”时期国家重点出版物出版专项规划项目
ISBN 978-7-5765-0970-0

Ⅰ. ①宾… Ⅱ. ①林… ②宋… Ⅲ. ①旅馆—建筑能耗—节能 Ⅳ. ①TU247.4

中国国家版本馆 CIP 数据核字(2023)第 215837 号

“十四五”时期国家重点出版物出版专项规划项目

中国建筑能效提升适宜技术丛书

宾馆建筑能效提升适宜技术

林春艳　宋　静　编著

出 品 人：金英伟
策划编辑：吕　炜
责任编辑：吕　炜　马继兰
助理编辑：邢宜君
责任校对：徐春莲
封面设计：唐思雯

出版发行　同济大学出版社　www. tongjipress. com. cn
(地址：上海市四平路 1239 号　邮编：200092　电话：021－65985622)
经　　销　全国各地新华书店、建筑书店、网络书店
排版制作　南京文脉图文设计制作有限公司
印　　刷　上海安枫印务有限公司
开　　本　787mm×1092mm　1/16
印　　张　16
字　　数　399 000
版　　次　2023 年 11 月第 1 版
印　　次　2023 年 11 月第 1 次印刷
书　　号　ISBN 978-7-5765-0970-0
定　　价　128.00 元

内容提要

INTRODUCTION

宾馆建筑的建造及运营能耗在整个建设生命周期能耗中占有较大比重，可能会对环境产生重要影响。为了科学合理地提升宾馆建筑综合能效，同济大学出版社组织策划并推出“中国建筑能效提升适宜技术丛书”之《宾馆建筑能效提升适宜技术》。本书重点介绍了宾馆建筑的用能特点及其技术路线，从宾馆建筑节能的原则与关注点入手，阐述了被动式节能技术与设计、主动式节能技术与设计、建筑调适在宾馆建筑的竣工和运营中的指导效果等内容，并对宾馆建筑运营管理中的节能策略与系统优化、设备维护与管理、节能技改措施等能效提升相关内容进行了深层探讨。

本书的出版旨在为从事宾馆建筑设计、施工及管理的人员提供参考与借鉴。

中国建筑能效提升适宜技术丛书

本书编委会

主　　编：林春艳　宋　静

参　　编：（按姓氏笔画排序）

马　振　马立果　王　东　王何斌　史珍妮
朱学锦　任家龙　刘　琉　汤福南　孙　斌
孙　瑜　孙艾维　李　芳　吴　莲　杨振晓
沈彬彬　陆文慷　陆振华　陈　睿　陈叶青
周海山　钟　鸣　赵　霖　胡　洪　贺江波
秦若思　高　怡　寇玉德　翟超勤　潘瑞清
燕　艳

主要编写单位：

上海市建筑科学研究院有限公司
上海建筑设计研究院有限公司
克莱门特捷联制冷设备（上海）有限公司
麦克维尔中央空调有限公司
大金中国投资有限公司（上海）分公司
上海智生环保技术工程有限公司

总序

FOREWORD

党的十八大以来，习近平总书记多次在各种重大场合阐释中国的可持续发展主张。2020 年 9 月 22 日，习近平总书记向世界宣示，“中国将提高国家自主贡献力度，采取更加有力的政策和措施，力争 2030 年前二氧化碳排放达到峰值，努力争取 2060 年前实现碳中和”，彰显中国作为大国的责任担当。习近平总书记指出：坚持绿色发展，就是要坚持节约资源和保护环境的基本国策；坚持可持续发展，形成人与自然和谐发展的现代化建设新格局，为全球生态安全作出新贡献。当下，通过节能减排应对能源、环境、气候变化等制约人类社会可持续发展的重大问题和挑战，已经成为世界各国的基本共识。

中国正处于经济高速发展阶段，能源和环境问题正在逐渐成为影响我国未来经济、社会可持续发展的最重要因素。直面严峻的能源和环境形势，回应国际社会对全球影响力日益强大的中国所承担责任的期待，我国越来越重视节能环保工作，为全力推进能效提升事业的发展，正在逐步通过法律法规的完善、技术的进步和管理水平的提高等综合措施来提高能源利用效率，减少污染物的排放；以创新的技术和思想实现绿色可持续发展，引领人民创造美好生活，构建人与自然和谐共处的美丽家园。

目前我国建筑用能的总量及占比在稳步上升，其中公共建筑的用能增量尤为明显。全国公共建筑的环境营造和能源应用水平参差不齐；公共建筑的总体能效水平与发达国家水平相比，差距仍然明显，存在可观的节能潜力。《中共中央　国务院关于完整准确全面贯彻新发展理念做好碳达峰碳中和工作的意见》明确要求：“大力推进城镇既有建筑和市政基础设施节能改造，提升建筑节能低碳水平。”国务院印发的《2030 年前碳达峰行动方案》明确要求：“加快提升建筑能效水平。加快更新建筑节能、市政基础设施等标准，提高节能降碳要求……逐步开展公共建筑能耗限额管理。”“工欲善其事，必先利其器。”我们须对公共建筑的能效水平提升予以充分重视，通过技术进步管控公共建筑使用过程中的能耗，不断提高建筑类技术人员在能源应用方面的专业化素质。学习建筑能效提升的专业知识是从业人员水平不断提高的有效手段。为了在公共建筑能源系统中有效、持续地实施节能措施，建筑能源管理人员需要学习和掌握与能效提升相关的专业知识、方法和思想，并通过积极的应用来提高能源利用效率和降低能源成本。

建筑能效提升也是可持续建筑研究的重要方向之一，作为公共建筑耗能权重最大的暖通工程，其专业从业者需要有责任意识和担当。我们发起编著的这套“中国建筑能效提升适宜技术丛书”拟通过梳理基本的专业概念，分析设备性能、系统优化、运维管理等因素对能效的影响，构建各类公共建筑能效提升适宜技术体系。这套丛书共讨论了四个方面的问题：一是我国各类公共建筑的发展及能源消耗现状、建筑节能工作成效等；二是国内外先进的建筑节能技术对我国建筑能效提升工作的借鉴作用；三是探讨针对不同的公共建筑适宜的能效提升技术路线和工作方法；四是参照国内外先进的案例，分析研究这些能效提升技术在公共建筑中的适宜性。相信这套基本覆盖主要公共建筑领域的系列丛书能够为我国的建筑节能减排和双碳工作提供强有力的技术支撑。

丛书共 5 本，涉及的领域包括室内环境的营造、能源系统能效的提升以及环境和能源系统的检测与评估等方面，每本都具有独立性，同时也具有相互关联性，有前沿的理论和一定深度的实践，对业界具有很高的参考价值。读者不必为参阅某一问题而通读全套，可以有的放矢、触类旁通。疑义相与析，我们热忱欢迎读者朋友们提出宝贵的改进意见与建议。

2022 年 10 月 8 日

前言

PREFACE

随着时代的发展，宾馆的定位从过去的高档消费场所正逐渐发生改变。如今，宾馆的定位分级、不同的客群重点与标准以及日趋多样化的服务，使宾馆成为商务出行、旅游度假和周末休闲的重要选择。宾馆建筑的品牌和定位受市场变化而不断被调整，其室内环境舒适性要求是保持能耗相对稳定的标准，该要求使宾馆建筑成为全生命周期能耗最突出的建筑类型之一。

2015 年，《巴黎协定》提出，为减少气候变化的不利影响，需把全球平均气温较工业革命前的升温控制在 2.0℃以内，并以将升温控制在 1.5℃以内作为努力目标，这对宾馆建筑在环境可持续发展上提出了更高的时代要求。宾馆建筑在设计、建造和运行管理上应满足不同客群对宾馆建筑体验的期望，需保持较高的室内参数要求，使室内环境舒适度得以优化。

宾馆服务管理是一项复杂的工作，其良好的运作涉及各相关部门的综合管理和共同协作。本书重点关注在宾馆建筑能效提升方面可以优化的工作。其中，涉及设计中的优化选择与合理的配置。当运营宾馆时，管理方需要不断学习优化的专业知识以保证宾馆的运维工作。鉴于参与本书编写工作的林春艳、宋静主编等编撰团队在宾馆建筑的运营管理方面实践经验丰富，在从业过程中遇到很多宾馆建筑从设计建设到运行阶段的典型问题并加以解决，编撰团队将在宾馆建筑理论与实践，以及解决问题的方法归纳整理成书，希望通过本书中提到的解决方法，为宾馆能效管理中的常见问题和能效优化提供思路、参考和启发。

宾馆建筑的能效优化是在不断循环和演进的，在如今“碳达峰、碳中和”的双碳目标背景下，会有更多的设备及运行的新技术产生，需要宾馆业主和管理方用开放积极的态度去了解，并基于对建筑本身的熟悉进行筛选和应用。本书的目标更多在于综合当前的有效信息，抛砖引玉式地给建设方和管理方提供参考，并不断在宾馆建筑能效提升中做出更多积极尝试和突破。鉴于水平有限，本书难免存在疏漏和不足之处，欢迎广大读者提出宝贵的修改意见与建议。

编著者

2023 年 11 月于上海

目录

CONTENTS

第3篇 宾馆建筑中调适的应用

第4篇 宾馆建筑运行管理

第5篇 宾馆建筑的能效提升改造

第1篇

概述

1 绪　论

1.1 宾馆的星级和品牌定位

根据上海市统计公报统计[1]，上海市的宾馆总数自 2010 年以来缓步下降，但四星级与五星级宾馆（下文简称“高星级宾馆”）数量占比波动上升并趋于稳定。截至 2022 年，上海市宾馆总数为 165 家，其中五星级宾馆 61 家，四星级宾馆 55 家，高星级宾馆约占上海市宾馆总量的 70%。随着高星级宾馆容量不断扩大，五星级宾馆客房数呈在逐年攀升，五星级宾馆客房数从 1.96 万间升至 3.3 万间，而三星级宾馆及更低星级宾馆客房数则逐年降低。

根据纳入上海市统计局能源统计范围的本市三星级及以上宾馆的统计数据，对上海市 2010—2022 年星级宾馆的数量进行汇总分析，见表 1-1 和图 1-1。

表 1-1　上海市各星级宾馆数量情况

年份	宾馆总数/家	五星级宾馆/家	四星级宾馆/家	其他/家
2010	298	44	64	190
2011	297	53	66	178
2012	278	55	66	157
2013	271	60	70	141
2014	255	66	69	120
2015	247	68	66	113
2016	238	70	69	99
2017	229	72	67	90
2018	206	72	65	69
2019	195	71	61	63
2020	193	71	60	62
2021	177	71	56	50
2022	165	61	55	49

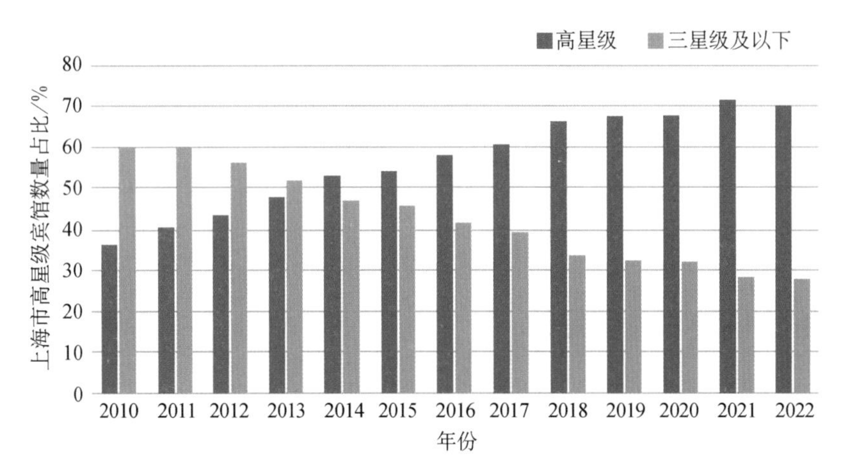

图 1-1　上海市星级宾馆数量占比情况

与此同时，由于政策因素和酒店品牌运营路线的影响，现阶段建设的宾馆已不再注重原有挂牌星级的审核标准，而是以精品宾馆、度假宾馆、经济型商务宾馆等类型来定位品牌发展路线。不评级的宾馆会在各地的文旅局备案，但是不再被纳入统计口径，故而存在大量宾馆无法汇总的情况。

1.2　宾馆的服务保障的分类

近几十年来，中国房地产从崛起到深耕发展，宾馆行业的整体人才与管理水平也得到快速发展，并日趋成熟。酒店投资者、开发者和物业持有者越来越自觉地追求产品的投资回报，从之前盲目追求宾馆的奢华高档的外观感受，现在更多地转到实实在在的资产增值和利润创造方面。这不仅要求物业在资产的保值上有高回报，还要求日常运营管理有稳定的现金流与持续提升的利润。

根据客人入住或体验目的，市场上已出现商旅宾馆、会务宾馆、度假宾馆、长租公寓宾馆和主题活动宾馆等类型。宾馆根据设施和服务方式分类，可分为全服务酒店、有限服务酒店、服务公寓酒店以及近期由人工智能(AI)技术助力推动出现的全自助酒店等。

宾馆从设计、建造到运营再到翻新改造是一个完整生命周期的持续工作，其生命周期应充分体现宾馆的功能设施布局人性化、宾馆造价合理化、投资回报理想化。

上文提到的宾馆星级或品牌定位，按照其建筑所在地理位置与气候条件的差异、本地文化历史演变以及品牌的传承不同，宾馆可提供的功能设施、主力客源不尽相同。

无论是全服务宾馆类型还是有限服务宾馆类型，宾馆除了面向客人的公共区域和客房以外，还必须包括提供运营的后勤保障功能区域。公共区域主要提供入住、餐饮、宴会和休闲娱乐服务等，这些服务应在酒店前场提供。后勤区域(也被称为后场)一般根据宾馆前场的功能设置规模、数量和品牌服务标准来提供相应的服务设施和场地，配置相应的后勤办公区域与人员以支持整个宾馆运维的工程和安全保障。

按星级评价标准区分，五星级酒店（包括精品酒店）要求空间敞亮、装饰奢华或高端精致，符合现代审美取向，其设施设备现代化程度或丰富性极高，服务管理全面或细致；四星级酒店要求空间舒适豪华，设施设备完善，服务管理精良；三星级酒店属于中档酒店，酒店产品的投资回报率较高，能满足大部分旅游者的住宿需求，房间设施齐全；二星级及以下酒店属于中低档酒店，要求设施安全卫生，能满足最基本的住宿要求。

宾馆的建造和运维需围绕上述功能合理布局设施，使宾馆功能运行灵活高效。在整个设计、采购、施工、开业前调试及后期运营等全生命周期过程中，合理的宾馆建筑能效提升适宜技术都能对宾馆能效和碳排放产生深远影响。

2 宾馆的能耗现状和节能减排要求

宾馆建筑的节能设计需从规划阶段开始，覆盖建筑设计和机电设计的方方面面。从设计端的热工性能优化，到暖通、电气、照明等用能设备设施的能效最优选择，再到清洁能源的应用，应全面考虑建筑全生命周期的资源消耗水平，为宾馆建筑的节能低碳运行奠定良好基础。

（1）建筑调适的落地。宾馆建筑设计在施工后会出现运行情况与设计预期有所出入的情况，建筑调适的引入，是确保建筑节能设计落地、改善设备与需求匹配度的重要手段，也是宾馆建筑在持续运行过程中不断调整、不断提升的工作模式。

（2）建筑设计理念的提升。从调研的宾馆用能变化情况可见，宾馆的管理者多在自发、积极、主动地进行宾馆节能技改的探索尝试和有效技术应用。他们进一步细化研究宾馆不同功能区的能耗强度情况，如车库、餐饮、会议、客房、健身康乐、洗衣房等，根据不同功能区的使用习惯提出具有针对性的节约用能管理优化建议，针对不同类型的宾馆建筑在功能区体量和功能区布局的设计上提供参考指标。项目管理过程中的持续精细化、相关因素的联合分析、能耗管理与设备管理的新技术的综合应用等都将有助于宾馆用能管理的持续优化。

（3）新技术应用。既有宾馆建筑，面临节能改造周期长、难度高，对宾馆运营影响大等现状，同时受到资金或者其他因素的限制，因此改造技术措施的合理性尤为重要，需要对宾馆自身的设备特性、需求特性和用能形式作充分的分析，来选择有效的节能技改路径，才能在提高设备效率、减少能源消耗的同时，保障宾馆使用需求。

2.1 宾馆用能现状

高星级宾馆通常具有更完善的设备配套（如中央空调等）和优质的设备运行保养班底，同时也会设定更严格的环境保障要求，因此其日常运营能耗量通常远高于经济型宾馆。

宾馆的运行能耗计入宾馆运营方的成本支出，因而宾馆建筑的节能工作不论是从企业的社会责任角度还是从企业的效益角度出发，都具有积极意义。与低星级宾馆分散的设备形式不同，高星级宾馆的集中管理模式也为开展节能工作提供了管理上的便利。在宾馆建筑的能耗构成中，通风空调系统占据50%～60%，照明系统约30%，高星级宾馆的专用设备10%～20%。从统计数据中可见，宾馆的运行能效提高，单位建筑面积能耗逐年下降，宾馆建筑的节能工作取得一定效果。

根据上海市建筑科学研究院有限公司对上海各星级宾馆建筑能耗统计情况可见，五星级宾馆能耗呈波动变化的趋势，如图 2-1 所示，2010—2022 年上海各星级宾馆单位面积能耗总体呈下降的趋势，高星级宾馆的实际能效在提升(图 2-2)。

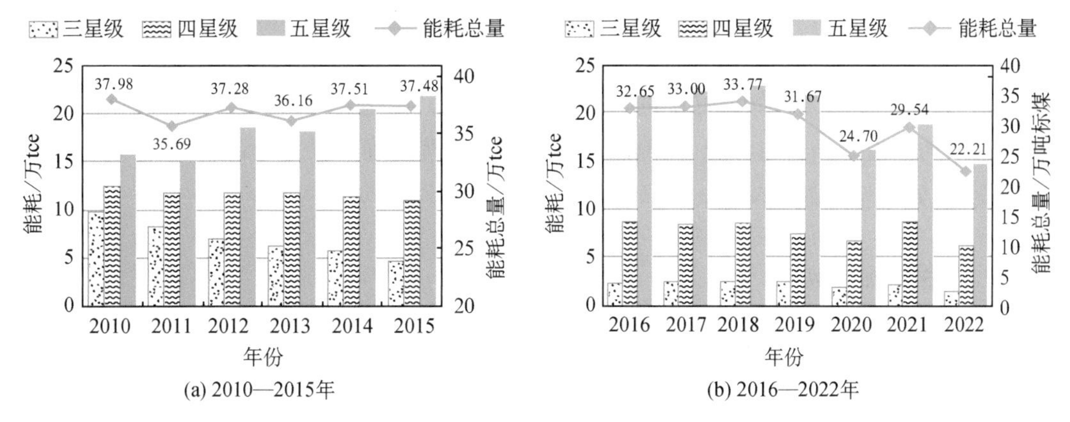

图 2-1　上海各星级宾馆能耗总量变化

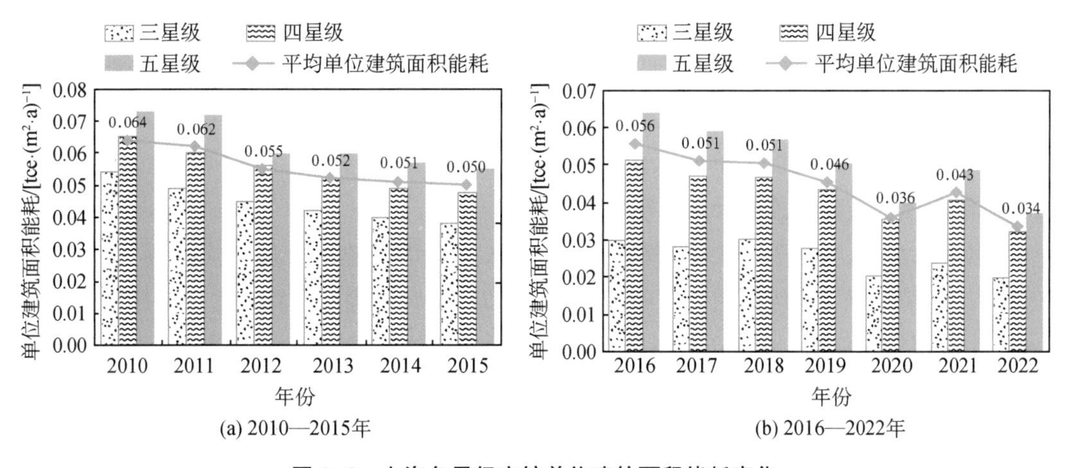

图 2-2　上海各星级宾馆单位建筑面积能耗变化

2.2　宾馆建筑用能管理要点及相关指标参数

1. 用能管理要点

在方案规划设计阶段应考虑如何将产品的品牌文化表达通过技术手段加以结合融入。在场地规划布局、建筑内部功能的流线组织、机电设备管线设置及操作空间等各方面均需要专业人员紧密配合。除建筑、结构、暖通空调、给排水、电气和弱电(含智能化)等各专业贯穿整个项目过程以外，奢华、高端和独特的品牌设计还需要有专业顾问来提供设计、审核和现场检查验收服务，主要包括品牌顾问、室内设计顾问、灯光顾问、景观顾问、餐饮顾问、厨房洗衣房顾问和声学影音顾问等。对于建筑的机电和安全方面，还需要由机电顾问和消防顾问进行全面技术把关。

宾馆投入运营前，工程团队就开始逐步介入，运维工程负责人应在隐蔽工程结束前到岗配合项目检查，梳理确定需要整改的问题。宾馆工程管理者需要参与项目调试验收工作，为全面接待客户入住做好必要的人员和物资准备。在此期间，宾馆工程师应该全面了解建筑的功能设施条件与状况，提前制订并落实可持续的维护保养计划，避免设施设备提前老化、减效甚至失效等问题。

2. 相关指标参数

宾馆的星级标准、功能与服务等级、主要设备系统形式、管理模式以及用能状况等的差异都会影响能耗的高低。在寻求宾馆能效提升空间时，往往需要通过横向比较的方式，来对宾馆用能情况进行定位评价。

出于这个目的，在2010—2017年，中国部分城市发布并实施旅游酒店相关标准规范，国家层面的标准如《民用建筑能耗标准》(GB/T 51161—2016)，地方标准如上海市的《星级饭店建筑合理用能指南》(DB31/T 551—2019)、海南省的《宾馆酒店单位综合能耗和电耗限额》(DB46/T 259—2013)、北京市的《宾馆、饭店合理用能指南》(DB11/T 1295—2022)、浙江省的《旅游饭店单位综合能耗限额及计算方法》(DB33/T 760—2023)和深圳市的《深圳市公共建筑能耗标准》(SJG 34—2017)。

以上海为例，上海于2019年修订地方标准《星级饭店建筑合理用能指南》(DB31/T 551—2019)，规定了星级饭店建筑的用能指标要求、统计范围与计算方法以及用能管理要求。并在评价用能时，考虑到不同等级宾馆和设备设施的差异，引入能耗指标修正因素，形成可横向比较的可比单位建筑综合能耗。

该标准对不同星级饭店建筑综合能耗的合理值和先进值都有明确的要求，星级饭店合理用能指南参考值如表2-1所列。

表2-1　星级饭店合理用能指南参考值

星级饭店	星级饭店可比单位建筑综合能耗合理值/[kgce·$(m^2\cdot a)^{-1}$]	星级饭店可比单位建筑综合能耗先进值/[kgce·$(m^2\cdot a)^{-1}$]
五星级饭店	≤68	≤48
四星级饭店	≤61	≤43
一至三星级饭店	≤47	≤30

注：星级饭店可比单位建筑综合能耗是指对影响星级饭店建筑综合能耗的主要因素加以修正，计算所得的单位建筑综合能耗。单位为千克标准煤每平方米每年[kgce/$(m^2\cdot a)$]。

随着饭店节能降耗工作的开展，据统计，目前上海有70%以上的星级饭店已对标达到先进值水平。因此，目前又对星级饭店合理用能指南进行修订，全国各地也陆续开展能耗相关标准修订工作，新的标准中考虑了入住率、客房规模、洗衣和餐饮的能耗影响，并调整优化了针对以上能耗影响因素的修正方法。

2.3 能耗影响因素

2.3.1 宾馆星级和对标

根据饭店不同的星级设置，按照设计标准[2]和评定标准[3]，宾馆内设备配置的要求也有所不同，即便当前差异化经营的不挂牌宾馆，也有各自对标建设的星级。因此，针对设计标准的不同，分析不同星级宾馆的能耗差异，对不同星级宾馆关于能耗的控制项梳理见表2-2。

表2-2 星级评定标准控制项

控制项	三星级及以下	四星级	五星级
生活热水	24 h供应冷、热水；用水点出热水时间不高于30 s	24 h供应冷、热水；用水点出热水时间不高于20 s	24 h供应冷、热水；用水点出热水时间不高于10 s
空调系统	有空调设施	中央空调；通风良好	中央空调；通风良好
配套用电设备	电视机、70%客房有小冰箱	电视机、客房有小冰箱、吹风机	电视机、客房有小冰箱、吹风机
洗衣服务	湿洗、干洗和熨烫	湿洗、干洗和熨烫及缝补服务，可在24 h内交还	湿洗、干洗和熨烫及缝补服务，可在24 h内交还
电梯	配置客用电梯	有数量充足的客用电梯；另配有服务电梯	有数量充足的客用电梯；另配有服务电梯
送餐	—	24 h提供送餐服务	24 h提供送餐服务；有餐厅营业时间不少于18 h
餐饮	冷菜间有冷气设备；必要冷藏、冷冻设施	各操作间冷气供给充足；必要冷藏、冷冻设施	各操作间冷气供给充足；必要冷藏、冷冻设施
照明	走廊24 h光线充足	走廊24 h光线充足；客房采用区域照明且目的物照明度良好	走廊24 h光线充足；客房采用区域照明且目的物照明度良好

2.3.2 功能需求

按照宾馆星级的不同，对应的服务水平和用能设施都有所不同。根据星级宾馆的评价标准，对宾馆内的配套设施设备、公共区域面积比例及房间人均空调控制参数等均有明确要求。

宾馆的公共区域包括前台、大堂、餐厅、会议室、内部商场、多功能厅、康乐设施、电梯、走廊、卫生间和停车场等。其中，五星级宾馆的公共区域面积一般占总建筑面积的20%左右，四星级宾馆的公共区域面积约占总建筑面积的15%。公共区域和配套的综合服务与功能保障都随宾馆的星级标准不同而有所不同，不同功能的设备配置和措施都将对宾馆造成影响。下面就宾馆的多个特殊功能配置或特性功能需求进行分析。

1. 温水游泳池

根据某旅游产业平台的查询数据可见，上海600余家高星级宾馆和对标高星级设计的宾馆中，配置游泳池的共有207家，有游泳池的高星级宾馆约占上海高星级宾馆总数的35%。因此，分析游泳池能耗的控制项十分重要。游泳池除定期换水会造成热水消耗外，日常能耗主要用于维持水温与水量而进行补热，泳池的使用时间、设定水温以及夜间是否有保温措施都将影响泳池的耗热量。同时，由于游泳池周围室内环境的舒适度要求有别于宾馆的其他区域，因此也会造成相应的能耗增加。

2. 电梯

高星级宾馆因建筑规模大、宾客使用保障要求高等因素，通常会配置多部电梯。根据2012年对全市旅游饭店的能源审计，对宾馆电梯台数的配置情况进行梳理，见表2-3。宾馆面积差异会影响电梯配置，通过对数据处理可知：宾馆建筑每10 000 m^2 建筑面积平均配置2.4部电梯。

表2-3　　宾馆配置电梯台数清单

序号	建筑面积/万 m^2	电梯/部
1	5	10
2	5.7	17
3	7.89	15
4	7.1	18
5	8.6	18
6	6.1	14
7	4.5	12
8	4.2	8
9	4.3	10
10	5.7	12
11	5.1	19
12	8.2	14

宾馆的电梯，不同于其他建筑（如写字楼等）有明显的使用规律。如写字楼的电梯在上下班高峰和午饭时段被密集使用，而宾馆出入人员的活动规律性较弱，同时使用系数较低，因此电梯在配置时需要特别注意多台电梯的联控，以提高电梯使用效率。

3. 洗衣房

按照《旅游饭店星级的划分与评定》(GB/T 14308—2010)，高星级宾馆的服务要求中包含：每日或应客人要求更换床单、被单及枕套；提供衣装干洗、湿洗、熨烫及修补服务，可在 24 h 内交还客人。为满足这类要求，高星级宾馆通常配置有大型洗衣设备和熨烫设备。这类设备尤其是熨烫设备，通常应用蒸汽，并且对蒸汽压力有明确要求。为此，很多星级宾馆会为保证这类设备的使用而采用制取蒸汽的燃油/燃气锅炉。

调查显示[4]，洗衣房作为宾馆的特殊部分，除了满足自身使用需求外，还存在对外承接类似服务需求的情况(即因业务需求包含了外部服务内容，能耗不完全用于宾馆自身使用需求)，从而影响了宾馆的实际能耗。宾馆为配合洗衣设备的供热需求而配置蒸汽锅炉，并作为整个建筑的热源，但由于受到锅炉效率的限制，会影响到宾馆其他用热需求，这将导致宾馆不能以高效的系统形式供应热能。因此，如能将洗衣房用热和建筑其他用热系统拆分开来，就能提供条件使建筑其他用能系统采用更高效的供热形式。宾馆的洗衣需求可通过配置专门供应洗衣房的小型蒸汽发生器来满足，将洗衣/布草清洗的工作外包给专业机构也可作为一种减少建筑能耗的选择。

2.3.3 空调系统

由于空调系统的能耗是宾馆能耗中的主要构成部分，因此下文分别分析空调系统中各个子项对宾馆建筑用能的影响。

1. 基础温度控制

按照星级宾馆设计标准，不同星级宾馆的基础环境温度控制的参数设置见表 2-4。

表 2-4　　星级宾馆设计标准中对环境控制的要求

星级	夏季		冬季		新风量/[m³·(h·人)⁻¹]
	空气温度 t /℃	相对湿度 RH /%	空气温度 t /℃	相对湿度 RH /%	
一级	26～28	—	18～20	—	—
二级	26～28	≤65	19～21	—	≥30
三级	25～27	≤60	20～22	≥35	≥30
四级	24～26	≤60	21～23	≥40	≥40
五级	24～26	≤60	22～24	≥40	≥50

当室外温度被固定，按照不同的室内控制标准计算负荷量。以四星级宾馆的设计热负荷为基准 Q，三星级减少 4%，五星级增加 4%，具体详见表 2-5 和表 2-6。

表 2-5　冷负荷计算量

计算量	三星级	四星级	五星级
上海室外计算温度/℃	34.4		
控制温度/℃	27	25	24
负荷	0.79Q	Q	1.11Q

表 2-6　热负荷计算量

计算量	三星级	四星级	五星级
上海室外计算温度/℃	−2.2		
控制温度/℃	20	21	22
负荷	0.96Q	Q	1.04Q

根据上海的气候条件计算，室内控制温度会对宾馆建筑的负荷率造成较明显的影响。尤其在夏季工况下，冷负荷的差距达到 10%～20%，按照空调系统的冷水机组设计综合性能系数(Coefficient of Performance，COP)为 4 推算，负荷差异将造成空调能耗相差 3%～5%，并因此造成为保证环境温度而带来的空调系统能耗。

2. 新风量

考虑室内空气质量的因素要满足健康的要求，客房对于外部引入的新风有评级指标，即新风量。新风冷负荷计算受新风量、室内外空气焓差值的影响，夏季空调新风冷负荷计算公式为

$$Q_{co}=M_o(h_o-h_r) \tag{2-1}$$

式中 Q_{co}——夏季新风冷负荷，kW；

M_o——新风量，kg/s；

h_o——室外空气焓值，kJ/kg；

h_r——室内空气焓值，kJ/kg。

由式(2-1)可知，当其他参数被固定时，不同星级宾馆房间内控制温度不同，新风量要求也不同，以四星级宾馆的新风冷负荷为基准 Q，三星级减少 34%，五星级增加 32%，详见表 2-7。

表 2-7　新风冷负荷计算量

计算量	三星级	四星级	五星级
上海室外计算焓值/[kJ·(kg·a)$^{-1}$]	106.25		
室内焓值/[kJ·(kg·a)$^{-1}$]	61.40	55.45	52.63
新风量/[m^3·(h·人)$^{-1}$]	30	40	50
负荷	0.66Q	Q	1.32Q

注：室外按温度 34.4℃、湿度 80%为标准。

宾馆因不同星级要求而设定的控制要求，对新风负荷影响最大。

3. 设备运行时间

在宾馆建筑的能耗中，空调设备能耗通常占总能耗的 50%。通过现场调研了解到(表 2-8 和图 2-3)，大多四星级宾馆的管理模式是空调主机在 2:00—6:00 间关闭，客房风机盘管(Fan Coil Unit，FCU)则按实际住客需求开启。而五星级宾馆按照冷机供/回水温度管理，在极端负荷气候时段，会连续运行设备。

表 2-8　　典型宾馆四台冷机全年日均运行时间

月份	1# 机/h	2# 机/h	3# 机/h	4# 机/h
1	0.0	100.7	0.0	1.0
2	0.0	65.6	0.0	71.8
3	0.0	0.0	0.0	330.3
4	153.6	56.0	176.3	146.1
5	456.2	12.2	264.2	4.5
6	43.5	405.6	291.1	234.2
7	416.7	615.2	0.0	709.5
8	211.0	755.3	11.0	711.1
9	407.7	261.4	285.7	197.2
10	62.6	400.7	194.2	116.8
11	374.8	0.0	0.0	0.0
12	87.1	128.1	13.3	0.0

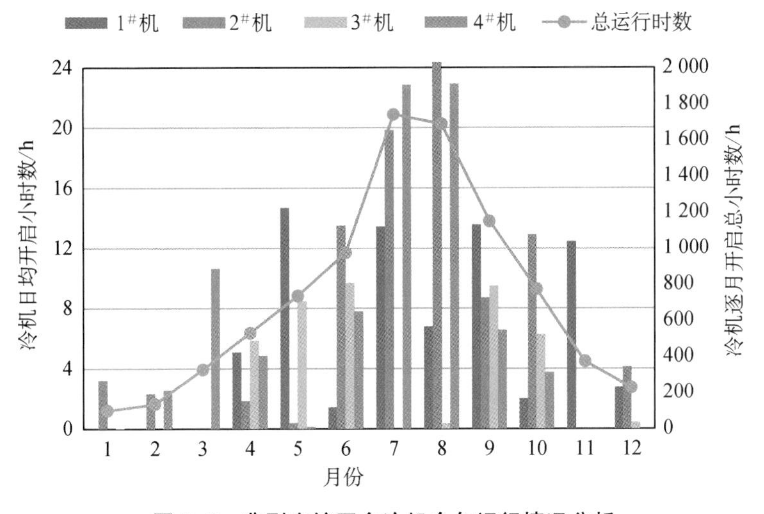

图 2-3　典型宾馆四台冷机全年运行情况分析

但根据资料研究[5]，宾馆单位面积瞬时冷量通常都低于办公建筑，更远低于商场建筑。具体原因如下：高星级宾馆的空调系统虽然 24 h 连续运行，但是其空调系统负荷量昼夜有差别，只是差别不大。因为入住宾馆的客人在白天较多是外出的，客房空置率较高。夜间客人回来使用客房，但夜间的室外气温低，没有太阳辐射，而且会议室、宴会厅等公共区域不再营业，系统的冷负荷也就降低了。

因此，通过对设备的合理运行管理，并配合末端的新风利用手段，可以减少宾馆的设备能耗。

2.3.4 管理模式

建筑的运行管理水平对建筑的能耗有很大影响，宾馆相对写字楼等形式的商业建筑，具有业主单一的特点，相对于多业主小产权的建筑产权形式，宾馆在节能决策时有更大的统一性。

目前，宾馆的运营管理主要分为两种形式，具体内容可见表 2-9。

一种形式为业主自持，并自行管理（或特许经营）。业主自己组建管理团队（如特许经营则由品牌方提供咨询意见），所有经营所得和经营成本均由业主承担；另一种形式为委托管理，即业主出资，请宾馆品牌公司及其品牌与管理团队运营宾馆，宾馆品牌公司管理宾馆运营的人、财、物，业主按一定比例分配宾馆运营利润。

在宾馆的运营中，以上两种管理形式的设备运营成本均由宾馆的实际管理方承担，因此，实际管理方对于在日常运行和管理中减少能耗成本都有较高的主观积极性。然而，在实际运行中，现场团队的水平不一。业主自持自营的团队需要一定时间的技术积累，才能使节能措施的推行流程更为顺畅，可按需及时采取措施。

对于托管的品牌团队而言，通常其技术能力较强，在日常管理中能有效地践行节能管理的理念，但因团队是物业团队而非业主，因此涉及较大的设备改造措施时，往往需要更长时间的论证周期，并配合业主的资金安排来调整，对改造方案的落实会造成一定影响。

表 2-9　两种管理模式的比较

管理模式	共有优势	优势	不足
业主自持	节能主动性高；节能措施决策一致	团队可控；节能项目便于落实	团队经验限制；管理水平不一
品牌托管		团队技术力量强；日常管理有效	节能技改项目落实需和业主配合

2.3.5 宾馆运营状况

宾馆入住率是每日实际入住房间数目与每日可供房间数目的比值（在维修中的房间不包括在内），入住率是衡量宾馆经营状况的一项主要指标。通常认为宾馆入住率越高，意味着用能人数越高，因此，为降低能耗，学者开展了对入住率与能耗之间关系的研究，但是在一系列案例分析中发现，宾馆的能耗与入住率并没有显著相关性。

这一情况在高星级宾馆中较为显著。入住率仅影响房间使用，而如空调系统、电梯等公共动力设施以及餐饮、会议等区域，为了保证顾客随时使用时均有理想的热舒适环境，必须使这些区域的设备保持持续运行状态，故运行策略与入住率相关性较低。此外，根据宾馆的运营策略，很多配置高的星级宾馆的餐饮、会议、康乐区域在服务入住宾客外，还会扩大服务范围，向当地或周边的市民开放使用，如宾馆餐饮区域或大宴会厅可承办婚宴，游泳池、健身房也可向其他用户有偿开放。因此，这些区域的实际使用情况和相关能耗并不仅受入住率变化的影响。

入住率影响的范围主要在于客房区域和客房使用的相关设备，但是由于宾馆的客房类型配置问题以及入住预订的不可控性，加之涉及宾馆工程部和运营部等多部门协调工作，因此在实际调研中，没有发现宾馆对入住客人进行按需分区来分配的细化管理。为了保障客人入住时房间内的温度适宜，房间内的风机盘管保持开启状态。因此，客房区域受入住率影响的仅是照明插座能耗和空调承担的人员负荷。

第2篇

宾馆建筑的设计与节能优化

3 超低能耗宾馆建筑设计适宜技术

3.1 超低能耗建筑围护结构

根据宾馆负荷特性可知，宾馆建筑空调运行时间长，温度稳定，因此，宾馆建筑的空调系统属于稳定运行，而其他建筑类型的空调系统多是间歇运行。这个特性导致围护结构对宾馆建筑空调运行能耗的影响远大于办公类建筑，因此，围护结构的热工性能也更加重要。下面将从建筑围护结构热工性能出发，探讨宾馆建筑能效提升的适宜技术。

3.1.1 合理的建筑朝向

建筑朝向并不是建筑围护结构的一部分，不过对于同一个建筑来说，朝向的不同会使建筑各朝向外墙和外窗的面积发生变化，从而影响围护结构负荷，因此，建筑朝向是提升能效的一个基础条件。根据节能标准，建筑的主朝向宜选择本地区最佳朝向或适宜的朝向，宜避开冬季主导风向。各个地区适宜的朝向不同，本节以上海某宾馆为例进行分析。

该宾馆建筑面积约为 15 000 m^2，客房位于南北两侧，该宾馆围护结构热工参数及窗墙比情况如表 3-1 所列。

表 3-1　　上海某宾馆围护结构参数及窗墙比情况

<table>
<tr><th colspan="3">围护结构部位</th><th>设计建筑的传热系数/[kW·(m^2·K)$^{-1}$]</th></tr>
<tr><td colspan="3">屋面</td><td>0.45</td></tr>
<tr><td colspan="3">外墙(包括非透光幕墙)</td><td>0.77</td></tr>
<tr><td colspan="3">底部接触室外空气的架空楼板或外挑楼板</td><td>0.67</td></tr>
<tr><td rowspan="5">单一立面外窗
(包括透光幕墙)</td><td rowspan="4">窗墙面积比</td><td>0.29</td><td rowspan="5">2.2</td></tr>
<tr><td>0.42</td></tr>
<tr><td>0.36</td></tr>
<tr><td>0.38</td></tr>
<tr><td>遮阳系数</td><td>0.38</td></tr>
<tr><td colspan="3">屋顶透光部分</td><td>—</td></tr>
</table>

根据《公共建筑节能设计标准》(GB 50189—2015)，上海地区建筑物的朝向宜为南北向，建筑原设计为南朝向。为了对比朝向对负荷带来的影响，按照建筑为南朝向和西朝向分布分别进行负荷计算，结果如图 3-1 所示。

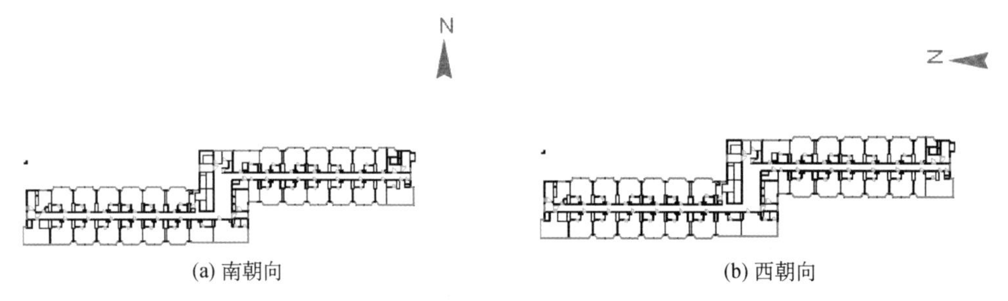

(a) 南朝向　　(b) 西朝向

图 3-1　负荷计算

不同朝向建筑夏季空调负荷对比如表 3-2 所列。

表 3-2　不同朝向建筑夏季空调负荷对比

对比项	南朝向	西朝向	负荷增加比例
夏季空调冷负荷各房间逐时累加峰值/W	579 647	658 039	13.5%
外围护结构传热负荷/W	95 062.11	98 047.81	3%
外围护结构辐射负荷/W	151 867.5	227 681.5	50%

可见，在建筑没有改变的情况下由于朝向的变化，夏季建筑围护结构辐射负荷提升了 50%，同时，建筑夏季冷负荷的构成也发生了较大变化，见图 3-2。

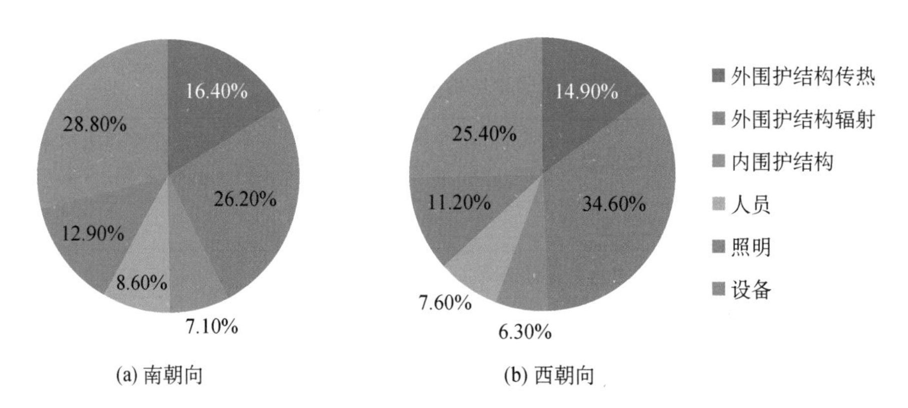

(a) 南朝向　　(b) 西朝向

图 3-2　不同朝向建筑夏季冷负荷构成比例

3.1.2　围护结构热工性能提升

在建筑朝向一定的情况下，围护结构能效提升取决于围护结构的热工性能。根据《上海市超低能耗建筑技术导则(试行)》，对围护结构热工性能提出以下控制指标(表 3-3)。

表 3-3 超低能耗建筑围护结构控制指标

功能类型		参考值	约束值
外墙平均传热系数 /[W·(m²·K)$^{-1}$]	住宅	≤0.4	≤0.80
	公建	≤0.4	≤0.72
屋面平均传热系数 /[W·(m²·K)$^{-1}$]	住宅	≤0.3	≤0.64
	公建	≤0.3	≤0.45
外窗(或透光幕墙)传热系数 /[W·(m²·K)$^{-1}$]	住宅	≤1.4	≤1.8
	公建	≤1.4	≤1.8
玻璃遮阳系数(东西向及南向)	住宅	≥0.6	≥0.6
	公建	—	—
外窗(或透光幕墙)综合遮阳系数(东西向及南向)	住宅	≤0.35	≤0.40
	公建	≤0.25	≤0.30

1. 非透明围护结构热工性能提升措施

非透明围护结构包含外墙、非透明幕墙、屋面及架空楼板等。对于非透明围护结构来说,主要通过增加保温层的厚度或采用导热系数更低的保温材料来实现围护结构热工性能的提升。

1)外墙保温

考虑到外墙保温的安全性,上海目前鼓励采用外墙保温一体化系统。其主要形式包括:预制混凝土夹心保温外墙板系统、预制混凝土反打保温外墙板系统和现浇混凝土复合保温模板外墙保温系统。现浇混凝土复合保温模板外墙保温系统主要用于底部加强层、楼梯间等现浇部位,预制楼层可选用预制混凝土反打保温外墙系统和现浇混凝土复合保温模板外墙保温系统。

2)非透明幕墙保温

幕墙保温系统采用保温隔热材料,其中保温隔热材料为不燃材料。材料应符合《建筑设计防火规范》(GB 50016—2014)和《建筑材料及制品燃烧性能分级》(GB 8624—2012)的规定,主要用岩棉(表 3-4)。

3)屋面保温

屋面保温形式通常可选用正置式保温屋面和倒置式保温屋面。屋面保温材料的选择,除满足更高保温性能外,还应具备较低的吸水率。层面保温材料可选类型包括:挤塑聚苯板、模塑聚苯板、聚氨酯保温板和泡沫玻璃等,常用的保温材料为挤塑聚苯板(表 3-5)。

表 3-4　　保温做法、热工指标及厚度选用

序号	外墙构造形式	保温材料	保温层厚度/mm	墙体总厚度/mm	传热系数/[W·(m²·K)⁻¹]
1	夹心保温	聚苯板(EPS-0.033)	90	290	0.39
2			100	300	0.36
3		挤塑聚苯板(XPS)	80	280	0.40
4			90	290	0.36
5		气凝胶+硬泡聚氨酯	2+60	317	0.33
6	反打	SW硅墨烯保温板	110	330	0.40
7	反打+内保温组合	SW硅墨烯保温板+内保温:30 mm-FTC自调温相变蓄能材料	70	320	0.39
8			80	330	0.363
9	幕墙保温	岩棉	120	—	0.28

表 3-5　　保温做法、热工指标及厚度选用

序号	屋面构造形式	保温材料	保温层厚度/mm	屋面总厚度/mm	传热系数/[W·(m²·K)⁻¹]
1		挤塑聚苯板(XPS)	100	270	0.30
			110	280	0.28
2		泡沫玻璃	160	330	0.30
			170	340	0.28
3	20厚水泥砂浆保护层(设分隔缝) 石油沥青卷材一层 保温层 防水层 20厚1:3或DS M15水泥砂浆找平层 最薄30厚LC5.0轻集料混凝土3%找坡层 钢筋混凝土屋面板 保温不上人屋面做法(倒置式)	XPS	100	290	0.30
			110	300	0.28
			120	310	0.25
4		泡沫玻璃	160	350	0.30
			170	360	0.28

2. 透明围护结构热工性能提升措施

透明围护结构主要包括外窗、透明幕墙及天窗。透明围护结构能效提升的措施主要包括提高传热系数和遮阳系数。

与非透明围护结构不同,透明围护结构传热系数提高的途径需要增加空气层厚度或空气间层数量,但同时也会增加重量与成本。因此,对于不同的热工分区,其措施会有比较大的区别(表3-6和表3-7)。

表 3-6 外窗热工性能

窗框材料与形式	玻璃类型		玻璃传热系数/[W·(m²·K)⁻¹]	窗框传热系数/[W·(m²·K)⁻¹]
塑料外窗	三玻两腔中空玻璃	5 高透光 Low-E+9Ar+5+9A+5	1.2	1.7
		5 高透光 Low-E+12Ar+5+12A+5	1.0	1.6
		5 高透光 Low-E+12A+5+12A+5	1.2	1.7
		5 中透光 Low-E+6Ar+5+6A+5	1.3	1.8
		5 中透光 Low-E+9A+5+9A+5	1.3	1.8
金属隔热外窗	三玻两腔中空玻璃	5 高透光 Low-E+9Ar+5+9A+5	1.2	2.0
		5 高透光 Low-E+12Ar+5+12A+5	1.0	1.9
		5 高透光 Low-E+12A+5+12A+5	1.2	2.0
		5 中透光 Low-E+6Ar+5+6A+5	1.3	2.1
		5 中透光 Low-E+9A+5+9A+5	1.3	2.1
木型材和铝包木型材	三玻两腔中空玻璃	5 高透光 Low-E+9Ar+5+9A+5	1.2	1.6
		5 高透光 Low-E+12Ar+5+12A+5	1.0	1.5
		5 高透光 Low-E+12A+5+12A+5	1.2	1.6
		5 中透光 Low-E+6Ar+5+6A+5	1.3	1.7
		5 中透光 Low-E+9A+5+9A+5	1.3	1.7
聚氨酯 65 系列平开窗	三玻两腔中空玻璃	5Low-E+9Ar+5+9Ar+5	1.3	1.4
		5Low-E+9Ar+5Low-E+9Ar+5	1.0	1.2
聚氨酯 80 系列平开窗	三玻两腔中空玻璃	5Low-E+15Ar+5Low-E+15Ar+5	0.8	1.0
聚氨酯玻纤增强真空中空节能窗	三玻两腔真空中空玻璃	5+12Ar+5+V+5Low-E	0.7	1.1

表 3-7 中空玻璃遮阳系数

窗框形式	玻璃类型	遮阳系数	可见光透射比/%
在线低辐射中空玻璃	高透光在线	0.65～0.70	60～75
	中透光在线	0.60～0.65	50～60
离线低辐射中空玻璃(单银)	高透光离线单银	0.55～0.65	60～70

严寒地区须以冬季保温为主，夏季防热可适当忽略，主要措施是降低透明围护结构的传热系数，而对遮阳并没有过多要求。冬季的太阳辐射有利于降低采暖能耗；在寒冷地区和夏热冬冷地区，对建筑的冬季保温和夏季防热都有要求，由于这两种类型地区面积较

大，气候条件复杂，在成本可控的情况下降低透明围护结构传热系数的同时应采用活动外遮阳措施，兼顾冬季保温和夏季防热是比较合理的措施；对于夏热冬暖地区，需要满足夏季防热要求，一般可不考虑冬季保温，因此采用阳台等固定外遮阳措施，可以起到很好的节能作用；而对于较温暖的部分地区需考虑冬季保温，一般可不考虑夏季防热，因此对围护结构热工性能的要求较低。

3. 气密性和热桥设计

建筑的气密层(图 3-3)是指无缝隙的、可阻止气体渗漏的围护层，其并不是由某种特殊材料层形成，而是由具有气密性的围护结构自然组成。适用于构成气密层的材料包括：气密性良好的混凝土、具有一定厚度的抹灰层(≥15 mm)、硬质的材料板(如密度板、三合板、石材)和气密性薄膜等；不可用于构成气密层的材料包括：有孔薄膜、保温材料、软木纤维板、刨花板、包装胶带、聚氨酯发泡胶、防水硅胶以及砌块墙体等。

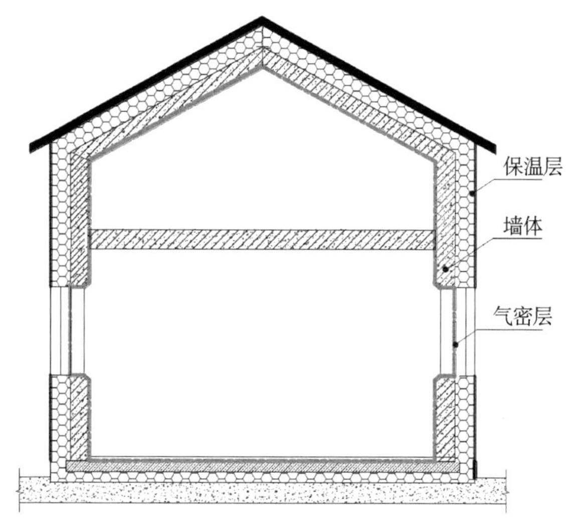

图 3-3　气密性设计示意

超低能耗建筑外窗气密性能不宜低于 8 级，幕墙气密性能不宜低于 4 级。在外门窗与门窗洞口之间的缝隙处设置防水透气膜和防水隔气膜，外门窗与窗框的搭接宽度应大于或等于 20 mm，与基层墙体的搭接宽度应大于或等于 40 mm。钢筋混凝土墙体自身可被视为气密层，当基层墙体为砌体时，应在墙体内表面设置 15 mm 厚的抹灰层，方可形成有效的气密层。对门洞、窗洞、电气接线盒和管线贯穿处等易发生气密性问题的部位，同样需要采取气密性措施。

热桥的产生是因建筑围护结构的变化而导致保温层受到干扰或改变，穿透保温层的材料通常具有比周围材料更高的导热率，因此形成了热量穿过外围护结构阻力最小的路径，从而导致建筑物内部的热量损失。以下热桥部位需进行热桥保温处理，避免其产生热桥效应，无热桥处理措施见表 3-8。

表 3-8 无热桥处理措施

热桥部位	无热桥处理措施
与外墙连接的阳台露台、设备平台板	用保温材料对下板面进行包覆,并与外墙保温连接完整
穿墙管道	对于穿墙管道采用套管安装,在管道与套管之间的孔洞处采用保温材料填塞,并采用预压膨胀密封带及耐候密封胶进行封堵
穿墙风管	对于穿墙风管采用套管安装,风管与套管之间的洞口处采用保温材料填塞,并采用预压膨胀密封带及耐候密封胶进行封堵
女儿墙	女儿墙处采用保温材料进行包裹,与屋面保温层连接完整。对于高度大于 250 mm 的女儿墙,屋面防水层上翻女儿墙至少 250 mm;对于高度不足 250 mm 的女儿墙,防水层上翻至女儿墙顶部
屋面设备基座	用同屋面保温材料包裹基座
外门窗	外窗采用预埋嵌入式附框的形式与墙体连接,预埋节能附框部分嵌入外墙,外侧保温层覆盖一部分附框形成连续保温层。成品外窗安装于节能附框上。附框与成品窗框采用断热连接,避免在窗框部位产生局部热桥。节能附框应满足《建筑门窗附框技术要求》(GB/T 39866—2021)的相关规定

3.2 自然通风

自然通风是指建筑利用室内外空气的温差和室外大气流动产生的风压和热压通过门、窗、洞口以及缝隙等开口,引进室外新鲜空气,从而达到通风换气目的的一种通风方式。我国对自然通风技术的应用具有悠久的历史,源于战国时期的“风水”学说就曾提出项目场地选址和建筑室内外格局应充分利用自然通风、自然采光和自然水源等以达到天人合一的理念。

通风的首要目的是去除由装饰装修材料和人员活动产生的室内污染物,提高室内空气品质,为室内人员提供健康舒适的生活与作息环境。与机械通风相比,人们对自然通风更易接受,调查结果表明,尽管有许多家庭配有完善的空调装置,大部分人还是喜欢打开窗户,依靠自然通风来保持室内空气质量。自然通风可以在不消耗机械能的前提下提供室内所需的通风量[6],采取过渡季节自然通风,如夏季夜间自然通风致凉等措施,可以显著降低空调系统的运行能耗[7];有学者通过现场实测发现,如果设计得当,自然通风可以提供高达 69 ACH 的通风量,这种高通风量是机械通风系统难以实现的[8]。为促进和引导民用建筑的自然通风设计,住建部发布了《绿色建筑评价标准》(GB/T 50378—2019),鼓励公共建筑进行自然通风优化设计,使其主要功能房间在过渡季节典型工况下的平均自然通风换气量不小于 2 ACH[9]。

宾馆建筑是集休闲、住宿、会议、餐饮、健身于一体的多功能场所,其室内空气品质和通风条件是宾客关注的重点。宾馆建筑往往布局紧凑，房间内的独立卫浴系统是室内主要的湿源和污染源，良好的通风条件可以有效预防室内霉菌和异味等问题，并提升空气品质；宾馆建筑 24 h 运作，新风需求量大，但每个房间的载客率和新风需求时间不统一，在宾馆建筑中充分利用自然通风可以有效节约能源，提升宾客的满意度。

3.2.1 自然通风理论基础

开口或缝隙间的压差是自然通风的驱动力，通过门、窗、风口等大开口(开口典型尺寸大于 10 mm)的空气在常压下的流态接近紊流，这种情况下其风量 Q 与开口两侧的压差(ΔP)的 1/2 次方成正比，可以用标准孔板流量方程计算[式(3-1)]：

$$Q = C_d A \sqrt{2\Delta P / \rho_o} \tag{3-1}$$

式中　C_d——开口流量系数，对于方形开口，C_d 取 0.63，对于圆形或斜边形开口，C_d 取 0.8～0.9；

A——开口面积，m^2；

ρ_o——参考室外温度(T_o)和压力(P_o)下的空气密度，kg/m^3。

通过门/窗与墙面接合处等缝隙型小开口时，空气流态通常处于既非层流也非紊流的过渡区，空气流量可以表示为如式(3-2)所示的幂指数公式：

$$Q = kL(\Delta P)^n \tag{3-2}$$

式中　k——流量系数，对于封闭窗户周围的缝隙，k 值可参照相关文献的经验值，$m^3/(s \cdot m \cdot Pa)$；

L——缝隙长度，m；

n——流量指数，与空气流态有关，充分发展湍流取 0.5，层流取 1.0，对于缝隙或不确定空气流态的开口取 0.6～0.7。

开口两侧的压差的驱动力有两种形式：热压和风压。

1. 热压

热压是由建筑内、外空气的温差和密度差引起的压差，可用式(3-3)计算：

$$P_z = P_0 - \rho g (z - z_0) \tag{3-3}$$

式中　P_z——高度 z 处的压力，Pa；

P_0——基准高度 z_0 处的压力，Pa；

ρ——空气密度，根据理想气体状态方程，空气密度和温度呈反比，kg/m^3；

g——重力加速度，m/s^2；

z——高度，m。

从式(3－3)可以看出，热压值随着高度的增加而减小，热压差随着高度的增加而增加。室内热压和室外热压相等的高度叫做中和面(图 3-4)。当室内空气温度 T_i 大于室外空气温度 T_o 时，室外冷空气从中和面以下开口流进室内，室内暖空气从中和面以上开口流出；当室内空气温度小于室外空气温度时，气流方向则相反。

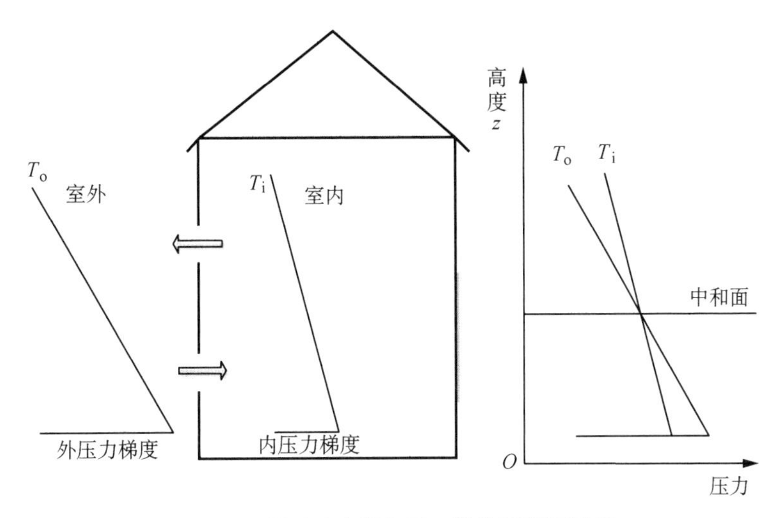

图 3-4　通过两个竖向开口的热压通风示意

2. 风压

风压是由室外大气在建筑周围的绕流而形成的。在迎风面，气流的静压上升，动压下降；在背风面，由于涡流现象，气流的静压下降，动压上升，从而造成建筑表面的风压差。当气流静压上升时，建筑表面的风压为正值；当气流静压下降时，建筑表面的风压为负值。通常建筑物迎风面的风压为正值，顶部和背风面的风压为负值，侧风面的风压是正是负取决于其相对来流风向的倾角。建筑表面风压分布如图 3-5 所示。

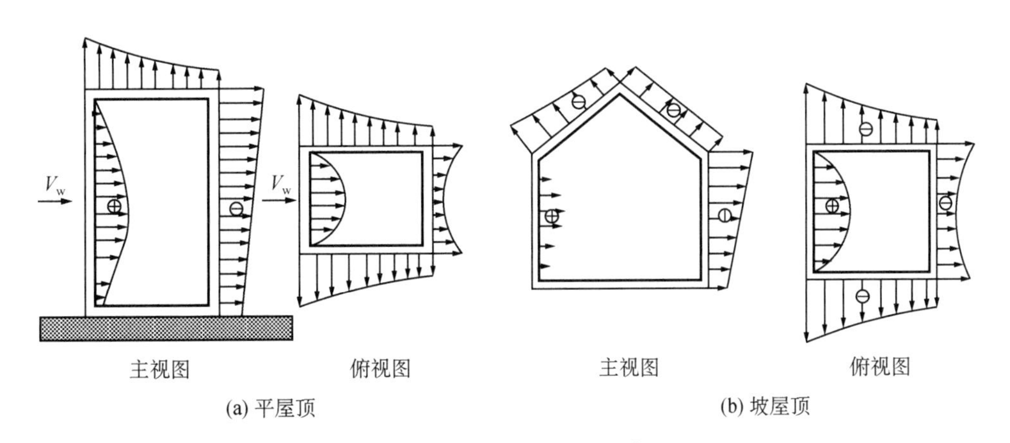

图 3-5　建筑表面风压分布

当来流风向比较稳定时，来流风作用于建筑表面的风压可以表示为：

$$P_w = C_P \frac{\rho_o v^2}{2} \tag{3-4}$$

式中　C_P——风压系数；

v——来流风速，m/s。

风压系数与建筑外形、场地风环境相关，有锐角转角的建筑风压系数基本上与风速(雷诺数)无关，而圆形建筑的风压系数会受到风速的影响。风压系数可采用缩尺模型、风洞试验、实际测算、计算流体动力学(Computational Fluid Dynamics，CFD)模拟等方式获得，由于建筑开口面积相对其所在的建筑壁面面积来说是一个很小的量，故开口处的风压系数可以被认为是定值。形体简单的建筑也可以根据相关文献的经验值取值。

室外风速通常取建筑附近一定高度处的气象站的实测风速，在建筑不同高度处的来流风速 v_z 通常根据气象站的实测风速 v_{ref} 按幂指数关系转换而来，表示为：

$$v_z = v_{ref}\alpha\left(\frac{z}{z_{ref}}\right)^{\gamma} \tag{3-5}$$

式中　z_{ref}——参考高度，即气象站所在高度，通常距离地面 33 ft(约 10 m)[6]，m；

v_{ref}——参考高度处的风速，m/s。

α 和 γ——风轮廓线参数，其取值见表 3-9。

表 3-9　　不同地形下的风轮廓线参数取值

地形	α	γ
平坦的地形，有少量树木或小型建筑物	1	0.14
农村地区	0.85	0.20
城市、工业区或森林	0.67	0.25
大城市	0.47	0.35

3.2.2　自然通风风量的预测

常用的自然通风风量预测方法包括：单区模型、多区域空气流动网络模型、CFD 数值计算模型和经验估算模型等，经验估算模型在此不作赘述。

1. 单区模型

单区模型，如单面通风模型和对流通风模型等，其将被计算区域视为一个整体，忽略内部开口或内部分隔物对通风量的影响，假设被计算房间内气流分布均匀，将其作为孤立的开口系统，进出该系统的风量满足质量守恒定律。单区模型和部分结构简单的多区模型可以根据自然通风的理论基础得到精确解求解模型或半经验公式模型，表 3-10 列出了几种简单结构的风量求解模型。在实际生活中，符合单区模型或精确解求解模型的建筑形式和假设条件的建筑较少，因此虽然这些模型计算简单，便于理解，但其应用范围受到一定限制。

表 3-10　　简单结构的风量求解模型

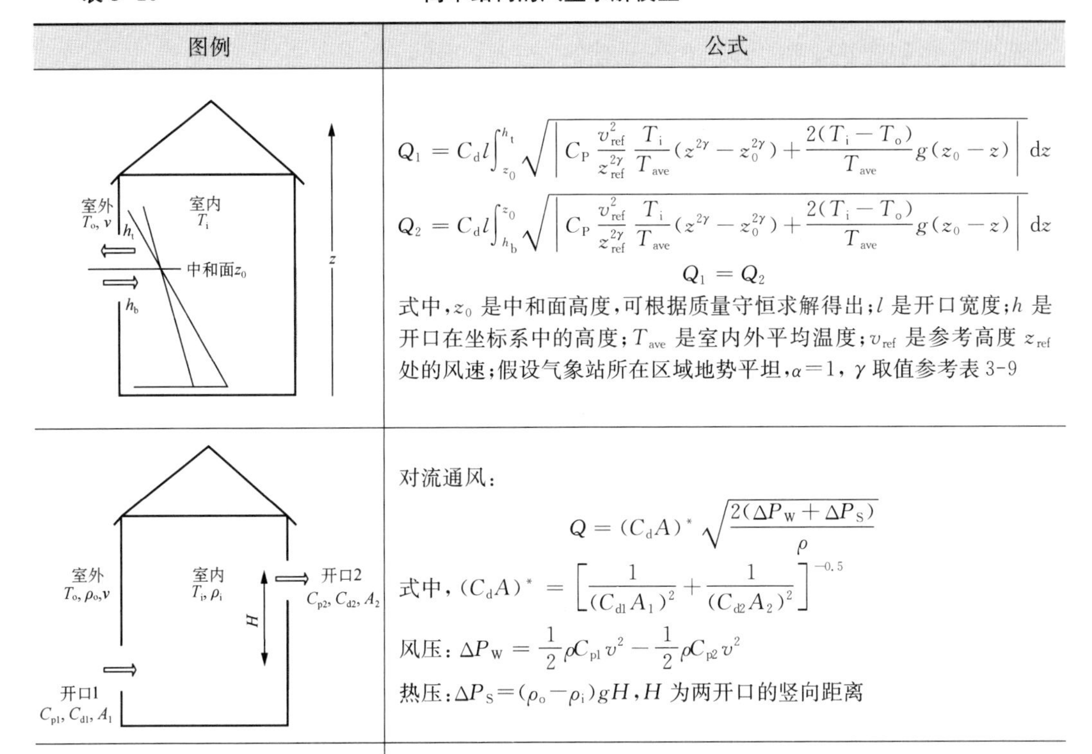

图例	公式
	$Q_1 = C_d l \int_{z_0}^{h_t} \sqrt{\left\| C_P \frac{v_{ref}^2}{z_{ref}^{2\gamma}} \frac{T_i}{T_{ave}} (z^{2\gamma} - z_0^{2\gamma}) + \frac{2(T_i - T_o)}{T_{ave}} g(z_0 - z) \right\|}\, dz$ $Q_2 = C_d l \int_{h_b}^{z_0} \sqrt{\left\| C_P \frac{v_{ref}^2}{z_{ref}^{2\gamma}} \frac{T_i}{T_{ave}} (z^{2\gamma} - z_0^{2\gamma}) + \frac{2(T_i - T_o)}{T_{ave}} g(z_0 - z) \right\|}\, dz$ $Q_1 = Q_2$ 式中，z_0 是中和面高度，可根据质量守恒求解得出；l 是开口宽度；h 是开口在坐标系中的高度；T_{ave} 是室内外平均温度；v_{ref} 是参考高度 z_{ref} 处的风速；假设气象站所在区域地势平坦，$\alpha=1$，γ 取值参考表 3-9
	对流通风： $Q = (C_d A)^* \sqrt{\frac{2(\Delta P_W + \Delta P_S)}{\rho}}$ 式中，$(C_d A)^* = \left[\frac{1}{(C_{d1} A_1)^2} + \frac{1}{(C_{d2} A_2)^2} \right]^{-0.5}$ 风压：$\Delta P_W = \frac{1}{2} \rho C_{p1} v^2 - \frac{1}{2} \rho C_{p2} v^2$ 热压：$\Delta P_S = (\rho_o - \rho_i) g H$，$H$ 为两开口的竖向距离
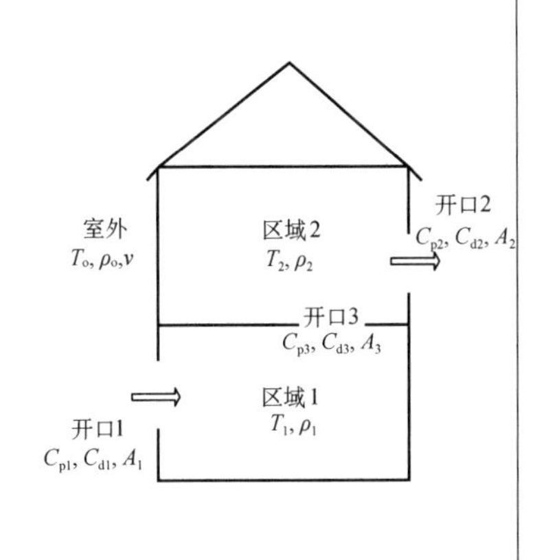	简单两区模型： $Q_1 = C_{d1} A_1 \sqrt{\frac{2\Delta P_1}{\rho}}$ $Q_2 = C_{d2} A_2 \sqrt{\frac{2\Delta P_2}{\rho}}$ $Q_3 = C_{d3} A_3 \sqrt{\frac{2\Delta P_3}{\rho}}$ $\Delta P_1 = \frac{2A_3^2 A_2^2}{A_{123}^2} [(\rho_o - \rho_1) g h_1 + (\rho_o - \rho_2) g h_2]$ $\Delta P_2 = \frac{2A_1^2 A_3^2}{A_{123}^2} [(\rho_o - \rho_1) g h_1 + (\rho_o - \rho_2) g h_2]$ $\Delta P_3 = \frac{2A_1^2 A_2^2}{A_{123}^2} [(\rho_o - \rho_1) g h_1 + (\rho_o - \rho_2) g h_2]$ $A_{123}^2 = A_3^2 A_1^2 + A_3^2 A_2^2 + A_2^2 A_1^2$

一些简单形体的建筑可以近似认为是单区域模型，采用美国采暖、制冷与空调工程师学会（American Society of Heating, Refrigerating and Air-Conditioning Engineers, ASHRAE）推荐的单区域建筑空气流量估算法进行估算。

$$Q = A\sqrt{a\Delta T + bv_{r}^{2}} \tag{3-6}$$

式中　Q——空气流量估算值，m^3/h；

A——建筑有效通风总面积，cm^2；

a——热压系数，$m^6/(h^2 \cdot cm^4 \cdot K)$，取决于建筑高度，一层建筑 $a=0.001\,88$，二层建筑 $a=0.003\,76$，三层建筑 $a=0.005\,64$；

b——风力系数，$m^4/(s^2 \cdot h^2 \cdot cm^4)$，取决于建筑高度与风力屏蔽级别，具体取值可查阅相关文献；

ΔT——平均室内外温度差，K；

V_r——当地气象站测得的平均风速，m/s。

2. 多区域空气流动网络模型

多区域空气流动网络模型(以下简称多区模型)将被视为一个系统，对建筑中不同房间进行合理分区，将每个分区视为一个网络节点，假设区域内部气流混合均匀，区域之间通过缝隙、管道、风机、竖直大开口(如门、窗)、水平大开口(如天井)、抽油烟机、烟囱等通风构件相连，形成网络，并利用质量/能量守恒定律对整个建筑内部的压力、温度、通风量、污染物扩散、人员暴露水平等进行预测。常用的多区模型有 COMIS(Conjunction of Multizone Infiltration Specialists)、EnergyPlus、CONTAM、MIX(Multizone Infiltration and eXfiltration)等。其中，COMIS 模型基于中和面原理，根据质量守恒定律得到一组关于中和面的方程组，再用数值求解的方式计算出中和面位置，进而根据中和面位置计算出通风量。MIX 模型是基于恒定压差算法的求解模型，该模型引入了“内部压差”和“外部压差”的概念。“内部压差”表示在区域内某一指定高度位置与室外环境在同一高度处的静压差；“外部压差”表示总压差中除去内部压差部分的压差，包括风压和区域间的动压差。引入这两个概念后，区域间的压差都可以表示成“内部压差”和“外部压差”之和的统一形式，然后根据质量守恒定律得到一系列关于“内部压差”或“外部压差”的非线性关系式，进而通过数值求解的方式求出各区域的压力、风量、温度、污染物浓度等。多区模型具有可求解结构复杂的建筑、计算速度快等优势，但它的计算是基于区域内气流均匀混合的假设，所以无法得到区域内真实的气流分布情况。

3. CFD 数值计算模型

许多商用的 CFD 模拟软件(如 Fluent、Flowvent、StarCD、Phoenix)等通过将大的建筑区域和周围环境划分成微小的控制体，用数值求解的方式计算每个微小的控制体内的流体流动，得到流动参数的离散分布。CFD 方法可以模拟区域内的具体风速、压力和温度分布，但是其操作比较复杂，计算速度也比多区模型慢，因此 CFD 方法仅用于需要悉知区域内气流分布的工况。

3.2.3 自然通风设计

1. 自然通风设计步骤

通风设计需要考虑三个要素：一是通风量大，需满足相关标准或规范的要求；二是气流从干净的区域(卧室等)流向较脏的区域(卫生间等)，较脏的区域位于主导风向的下风向和负压区；三是室内气流均匀，无气流死角。自然通风设计需要在此基础上考虑热舒适、室内外空气品质、安全防火要求及噪声问题等。

自然通风的设计可归纳为以下步骤：

(1) 明确建筑物用途、特征及自然通风设计要求，并评估项目所在地的风环境和热环境，确保建筑可以充分利用夏季主导风向，并合理规避冬季主导风向，保障人行区风速适宜，没有漩涡或无风区。

(2) 选择合适的通风形式和通风装置。自然通风形式有单面通风、对流通风、风井拔风、捕风器捕风等，自然通风装置包括可开启外窗、自然通风器以及导风墙等。多层或高层建筑的楼梯井和其他竖井可以利用其烟囱效应充当排风系统，竖井出风口应高出建筑屋面，并位于建筑的背风侧，竖井进风口应位于建筑的迎风侧。由于风压驱动力的限制，建筑进深不宜太大，对于对流通风房间，进深不宜大于层高的 5 倍；对于单面通风区域，进深不宜大于层高的 2.5 倍[10]。当建筑进深较大时，应考虑采用捕风器促进自然通风。自然通风的设计还应符合建筑防火分区要求。

(3) 设计风口尺寸和位置。往往最小的开口面积决定了进入该区域的空气流量，因此，为保证该区域送风量最大化，该区域的进出风口应尽可能保持一致。建筑内部的家具和隔断应不阻碍设计的通风路径。结构简单的建筑风口尺寸可以根据前文单区模型或经验估算模型进行估算，结构复杂的建筑风口可采用多区模型进行不同风口尺寸的试算，并从中选择最有利的风口尺寸。

(4) 校核风量和气流组织是否满足设计要求，可采用多区模型和 CFD 计算相结合的方式，校核在主导风向下室内气流组织是否合理，是否存在气流死角等问题。

2. 自然通风结构形式

常见的自然通风结构形式有单面走廊式、中央走廊式、庭院式、风塔式和烟囱式[12]，如图 3-6 所示。单面走廊式的门和窗最好设计在一条直线上，可以充分实现对流通风。中央走廊式是最常见的宾馆建筑结构形式，当门窗均开启时，风从迎风面的房间经走廊流向背风面的房间，但通常宾馆与走廊连接的内门处于关闭状态，因此，这种形式的自然通风方式更接近单面通风。庭院式分为内走廊庭院式[图 3-6(c)]和外走廊庭院式[图 3-6(d)]，只要庭院足够大，这种形式可以提供较单面通风和对流通风更多的通风量，其中外走廊可以起到保护客人隐私的作用，因此在宾馆建筑的自然通风结构形式中更值得被推荐。风塔式建筑是在建筑迎风面高处屋面的位置设置捕风风塔捕捉来流风，风塔可配合防风雨百叶和流量调节装置一起使用。烟囱式建筑的“烟囱”可以位于建筑的中间或一侧，这取决于建筑形式。室外空气会由于烟囱效应被“吸”入房间，被房间“污染”、加热后的空气会经烟囱的顶部开口排出。这种形式的通风效果取决于烟囱高度、室内外温差及场地风环境的相互作用，可以通过太阳能加热出风口来强化“烟囱效应”。

对室外气候条件的依赖性使得自然通风的应用存在很多不确定性，如室外风速过小或室内外温差过小都会削减自然通风效果。为克服这种情况，可以采用自然通风和机械通风混合使用的混合通风模式，如宾馆的卫生间设计在主导风向的背风面可配合排风机一起使用，以应对多变的室外风向。

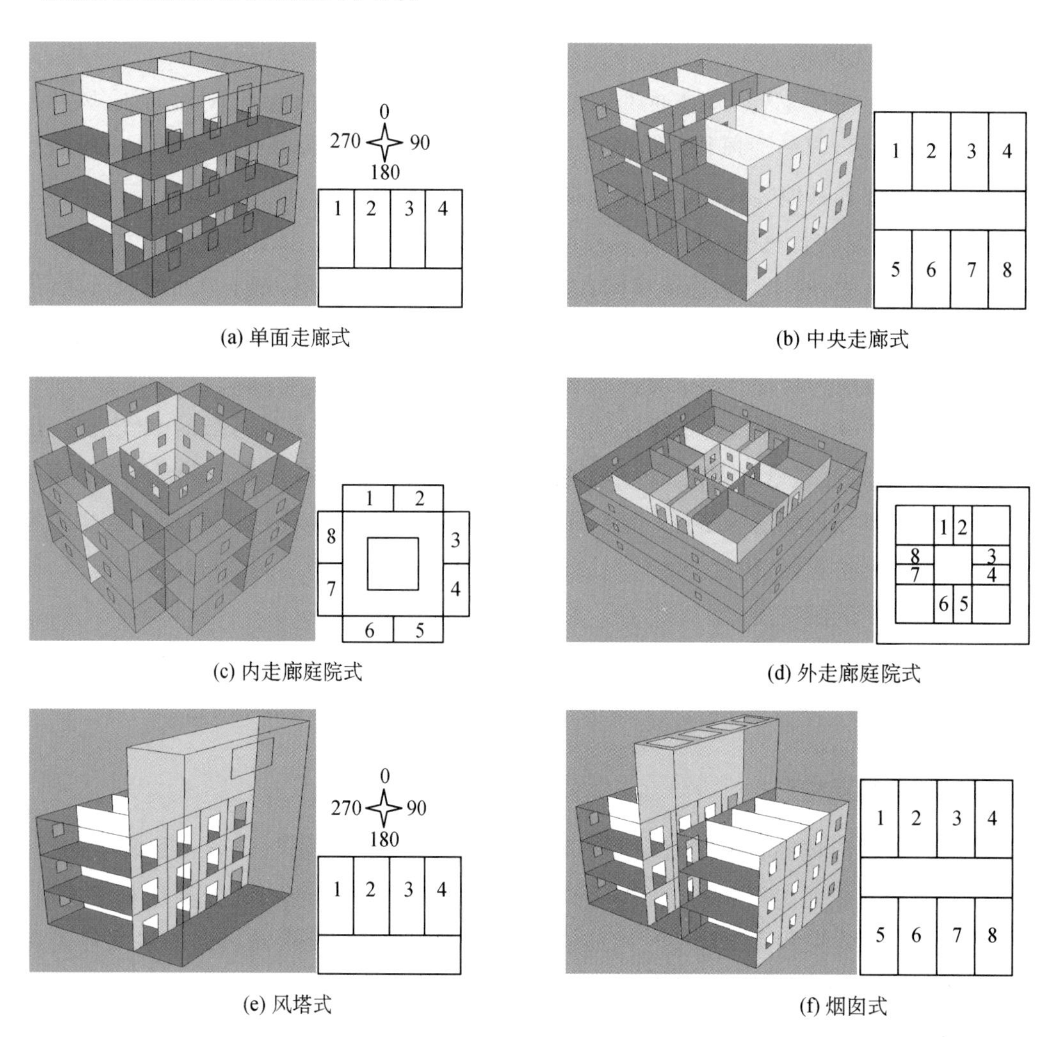

图 3-6　常见的自然通风形式

3.3 自然采光

3.3.1 宾馆建筑采光要求

自然光是一种无污染的绿色能源，具有人工照明难以实现的优点：①可以使人们感受太阳和天空形成的微妙变化，减轻季节性情感错乱和慢性疲劳；②可以使建筑物富有光影变化，使空间变得更加有趣和人性化；③在建筑中合理采用自然光，使其与人工照明系统搭配得宜，可以减少人工照明的需求量，从而大幅降低照明能耗，这是充分利用自然资源、节约能耗的重要途径。研究数据表明，合理的自然光照能节约照明能耗的50%～80%，节能前景相当可观。将自然光作为建筑的要素之一充分考虑，是营造良好的室内环境、创造绿色建筑的重要内容。合理的自然采光设计在可持续建筑中意义深远。

对于宾馆建筑而言，自然光是建筑与使用者之间建立起一种和谐关系的关键，一个房间的舒适与自然光获取的方式及质量有密切关系，因此，采光的形式和手段就成为设计着重考虑的因素之一。对建筑而言，自然采光设计需要考虑在不同功能空间下人员的需求，是否符合人们的心理健康需求。我国已根据自身建筑功能和人们对采光的要求，建立起相应的设计标准，如《建筑采光设计标准》(GB 50033—2013)中，对宾馆建筑不同类型场所的采光系数、室内自然光照度标准值都给出了相应的标准值，可作为自然采光的设计依据(表3-11)。

表3-11　宾建筑的采光标准值

采光等级	场所名称	侧面采光		顶部采光	
		采光系数标准值/%	室内自然光照度标准值/lx	采光系数标准值/%	室内自然光照度标准值/lx
Ⅲ	会议室	3.0	450	2.0	300
Ⅳ	大堂、客房、餐厅、健身房	2.0	300	1.0	150
Ⅴ	走道、楼梯间、卫生间	1.0	150	0.5	75

3.3.2 自然采光技术

自然光通常分为两大部分：太阳直射光及天空扩散光。一部分太阳光透过大气层射到地面，称为太阳直射光。直射光照度大，具有方向性，会在被照物体后形成明显的阴影。另一部分太阳光经过大气层上的空气分子、灰尘、水蒸气微粒等多次反射，在天空形成的具有一定亮度的自然光源，称为天空扩散光，也称天空光。天空光照度较低，无一定方向，不能形成阴影。在建筑中运用自然光，需要根据直射光、天空光的不同特点以及建筑的自身需求进行综合考虑。例如,由于直射光通常会给建筑带来大量的热量,在夏季会给建筑带来较大的空调负荷,不利于建筑节能;而当阳光是高亮度直射时,容易产生眩光,反而会降低室内光环境质量。

自然采光技术即应用于对自然光线进行调节、过滤和控制过程的技术手段。而自然采光的效果,往往与建筑物的形式、体量、材质以及采光辅助性系统密切相关。近几十年来,玻璃门窗系统等产品和技术得到迅速发展,高透光隔热性能材料的开发运用为自然采光提供了更为有利的条件。

因此,通过不同的技术运用、材料表现,多途径和多角度地利用自然光已成为一种节能趋势。利用自然光的方法主要包括被动式采光法和主动式采光法两类。

1. 被动式采光设计

被动式采光指利用不同类型的建筑采光口进行采光的方法,包括利用侧窗、天窗、中庭等,采光质量、特点及照度主要取决于建筑物体型、平立面布局、门窗及结构等的相互作用。因人在获得光的途径上处于被动地位,故将其称为被动式采光法。此外,被动式采光与室内外百叶、遮阳板和人工照明控制等多种技术手段集成运用,与建筑设计相融合,可以实现改善自然采光的效果。

被动式采光设计需要关注以下几点:

(1) 建筑物在总平面布局上不应遮挡阳光。

(2) 建筑长边轴线沿东西向设置可以减少日出和日落时的眩光。

(3) 将对光环境要求高的房间安排在外围,以便利用窗户采光。

(4) 房间的进深不宜过大。

(5) 合理确定采光口的位置和形式。

(6) 考虑室内墙面和家具的反光程度等。

1) 侧窗采光

在宾馆建筑中,侧窗采光是最常见的采光方式。单面墙开窗采光被称为单侧采光[图 3-7(a)];相反,双面墙开窗采光被称为双侧采光[图 3-7(b)]。侧窗可用于任何有侧墙的建筑内,由于它的采光范围有限,只能用于进深不大的房间。

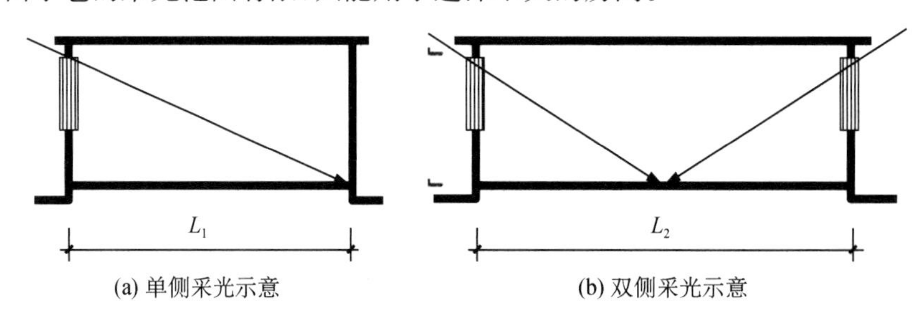

(a) 单侧采光示意　(b) 双侧采光示意

图 3-7　侧窗采光示意

在房屋进深不大或内走廊建筑中，仅有一面外墙的房间，一般都是利用单侧采光。这种采光方法的优点是窗户构造简单、布置方便、造价较低、采光方向性较强；其主要问题是采光的纵向均匀度较差，进深大、离窗户远的区域采光效果较差，通常达不到采光标准的要求（图 3-8）。采用低窗时，靠窗附近的区域较明亮，离窗远的区域则较暗，照度的均匀性较差。采用高窗，有助于使光线射入房间较深的部位，提高照度的均匀性。

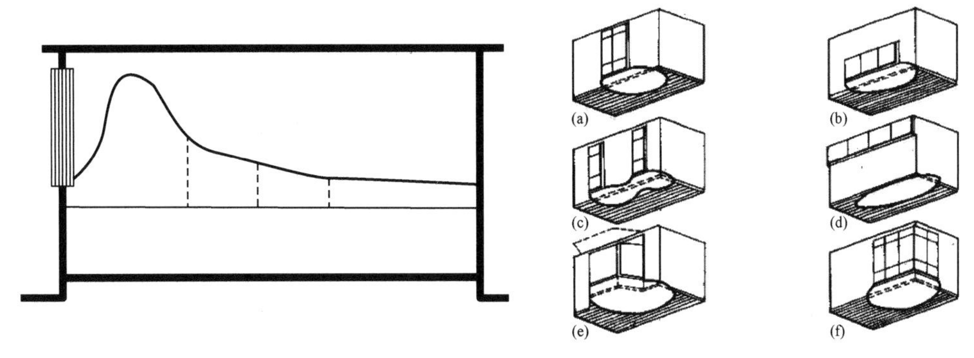

图 3-8　单侧采光室内照度变化示意

改善单侧采光纵向均匀度有两种方法：①利用透光材料本身的反射、扩散和折射性能将光线通过顶棚反射到进深大的工作区；②在窗上设置水平搁板式遮阳板，降低近窗工作区的照度，同时利用遮阳板的上表面及房间顶棚面将光线反射到进深大的工作区。

双向采光能够使室内环境获得较均匀充足的光线，在相对的两面墙开窗，能将采光进深加倍，同时缓和实墙和窗洞间的亮度对比。但这种采光方式在很多情况下会因种种条件受限，常常无法做到双向采光。

2）顶部采光

在大跨度大空间的建筑物的顶部设置采光口，是顶部采光常用的手法。对于大体量的宾馆建筑而言，通常结合建筑空间造型（如设置采光中庭）解决建筑中心位置自然光不足的问题。顶部采光的光线效果呈漫射状，均匀柔和，室内不会出现阴影死角，其产生的光影效果具有调节室内气氛的作用。在顶部采光窗上安装百叶窗帘系统，是一种光的设计与组织，自然光的漫射性可被人为控制。随着百叶窗帘的变动，室内光效也发生了变化，生动且自然。然而，顶部采光的技术性较高，尤其是大面积采光，需要考虑结构的支撑，因而顶部的分格及龙骨的构架组织是顶部采光的重要设计内容。在一些大厅、中庭和共享空间中使用玻璃采光顶，为室内空间环境质量的提升提供了更多条件。

采光口可与屋面齐平，采光面积大或呈条形；也可凸出，呈锥形或穹窿形。在采光口上安装净片或单色厚玻璃，自然光从采光口入射后，由高到低照在室内地面上，可展现出光的层次和动态效果，室内空间因而获得充分明亮的光环境。如果在采光口上安装半透光材料，取代透明玻璃，室内空间还可获得均匀漫射的光环境。在走廊、穿堂的顶部安装大面积玻璃，自然光从采光口入射后，可获得有开敞感的光环境。

2. 主动式采光设计

主动式采光通常是指利用主动式采光装置对光线进行收集、分配和控制，将自然光传送到需要照明的建筑空间。主动式采光方法更适用于无窗或地下建筑、建筑朝北的房间以及有识别有色物体或防爆要求的房间。它一方面可以改善室内光照环境质量，在无自然光的房间内也能享受到阳光照明；另一方面也可减少人工照明用电，节约能源。目前常见的主动式导光技术包括导光管系统和光导纤维导光系统等。

1）导光管系统

导光管系统主要是通过室外采光装置聚集天然光，将其导入系统内部，然后经过导光管强化并高效传输后，再由漫反射器将天然光均匀射入需要光线的室内空间。目前，导光管系统（图 3-9）已经规模化生产，并在办公、商业、停车和厂房等多种建筑中得到应用。对于宾馆建筑来说，导光管系统可以应用于地下车库、设备用房、走廊等空间的采光。

图 3-9　导光管系统示意

2）光导纤维导光系统

光导纤维导光系统（图 3-10—图 3-12）利用全反射原理将日光经过光导纤维传导至室内，其原理与导光管相似，同样主要包括集光、导光、出光三个部分，光导纤维导光系统由主动式采光装置、光导纤维光缆和光导纤维照射器三部分组成。

使用光导纤维导光系统的空间往往品质较高，目前应用在地下空间与 VIP 休闲空间居多，常常结合绿色植物与生态环境，共同改善室内环境。与导光管相比，光导纤维传导光通量较小。

图 3-10　清华大学节能楼光导纤维导光系统

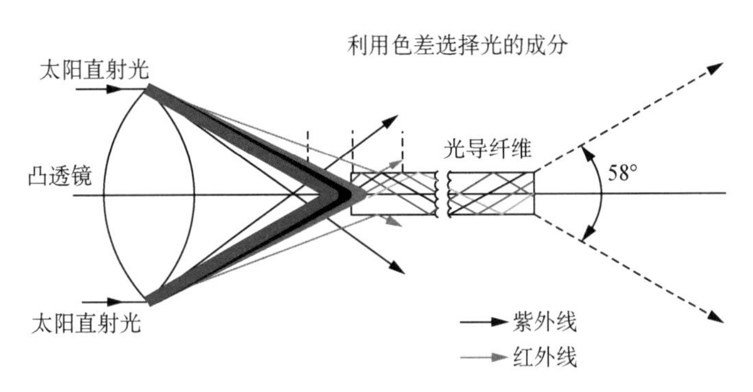

图 3-11 光导纤维利用色差选择光的成分

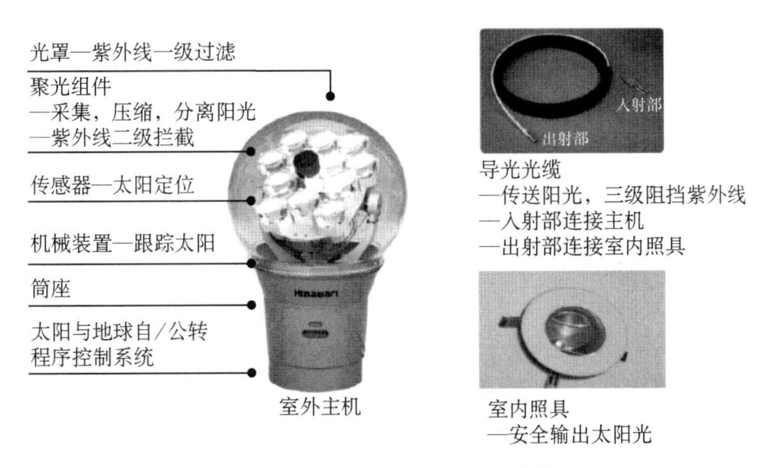

图 3-12 光导纤维导光系统采光装置

3.3.3 自然采光计算方法

1. 常用自然采光分析软件

对建筑的自然采光情况进行分析，是采光设计过程中十分关键的环节，也是适宜性技术实现其效果的重要途径。在传统的自然光设计中，设计者通常根据自身积累的经验进行简单的采光设计，设计效果呈现的优劣主要取决于设计者自身对采光技术的了解和对室内光环境的理解。现在，随着科技的进步，采用软件辅助采光设计变得更加普遍。采光模拟软件可以有效地结合当地气候特征、地理情况、周围物体遮挡和建筑自身特点等进行定量定性分析，也可根据房间功能需要进行可视分析以及对不同采光设计方案进行对比等研究，这使采光设计更具有可预见性。目前常应用于建筑采光设计方面的软件主要包括 Ecotect、Radiance 和 SkyVision 等。

Ecotect 是 Autodesk 公司研发的辅助生态设计软件，采光计算采用国际照明委员会(Commission Internationale de l'Eclairage, CIE)均匀天空模型和 CIE 全阴天空模型，并采用分项法进行光学计算。室内照度参数是根据采光系数和当前设计天空照度的乘积计算的；照明向量是在进行采光系数计算时，系统生成半球形发射的探测光线并计算每条光线的相对照度之和，从而也可求得每个节点上的照度向量。该软件还可进行全自然光照明分析和辐射分析等，也可导入其他软件（如Radiance）进一步分析。Ecotect主要适用于建筑初期设计分析，而相对后期的准确模拟分析，则需要结合其他专业软件进行。

Radiance是美国能源部下属的劳伦斯伯克利国家实验室（Lawrence Berkeley National Laboratory，LBNL）于20世纪90年代初开发的一款建筑采光和照明模拟软件，其采用了蒙特卡罗方法（Monte Carlo Method）优化的反向光线追踪引擎。Radiance广泛地应用于建筑采光模拟和分析中，其产生的图像效果毫不逊色于某些高级商业渲染软件，甚至比后者更接近真实的物理光环境。它提供了包括人眼、云图和线图在内的高级图像分析处理功能，可以从计算图像中提取相应的信息进行综合处理，是理想的建筑光环境处理计算工具。

SkyVision是基于WindowsTM系统开发的、实用性极高的建筑光学软件。该软件可以方便地计算出各类型窗在特定时间的光学特性，如透射率、吸收率、反射率和太阳能热增益系数等性能参数，也可计算出天光利用率、室内自然采光参数包括采光照度和采光系数以及采光对照明能耗的影响等。该软件在国内的工程研究中应用较少。

关于自然采光模拟方法，可参考行业标准《民用建筑绿色性能计算标准》（JGJ/T 449—2018）中室内光环境采光计算相关要求。通过分析自然采光模拟技术，指导建筑采光设计方法的正确应用，有利于室内光环境设计技术的完善，比其他方法更具成本和时效的优势，也有利于促进可持续建筑技术的深入发展。

2. 自然采光分析应用案例

某酒店主要通过侧面采光改善室内采光环境。为判断该酒店的室内采光是否满足《建筑采光设计标准》（GB 50033—2013）相关要求，对主要功能空间的室内光环境进行模拟分析计算。

项目采用采光系数（value of daylight factor）进行评价分析，该系数也是国际上自然采光的评价指标。

采光系数（C）指在室内给定平面上的一点，由直接或间接接收来自假定和已知天空亮度分布的天空漫射光而产生的照度（E_n/lx），并与同一时刻该天空半球在室外无遮挡水平面上产生的天空漫射光照度（E_w/lx）之比，即

$$C=\frac{E_n}{E_w}\times 100\% \tag{3-7}$$

采光系数使用的是CIE全阴天模型，考虑的是最不利条件下的结果。它考虑了天空组分（SC）、外部反射光组分（ERC）、反射光组分（IRC）三部分采光系数的影响，而室内的

采光系数是以上三个部分采光系数的总和，即

$$C = SC + ERC + IRC \tag{3-8}$$

根据《建筑采光设计标准》(GB 50033—2013)，各采光等级参考平面上的采光标准值参照表 3-12。

表 3-12　各采光等级参考平面上的采光标准值

采光等级	侧面采光		顶部采光	
	采光系数标准值/%	室内天然光照度标准值/lx	采光系数标准值/%	室内天然光照度标准值/lx
Ⅰ	5	750	5	750
Ⅱ	4	600	3	450
Ⅲ	3	450	2	300
Ⅳ	2	300	1	150
Ⅴ	1	150	0.5	75

该项目采用 Dali2016 模拟软件建立物理分析模型并进行模拟计算。Dali2016 以 Radiance 为计算内核，采用经蒙特卡罗方法优化的反向光线追踪算法，计算精度高。

根据《建筑采光设计标准》(GB 50033—2013)及项目资料，设置计算参数如下：

(1) 采用 CIE 全阴天计算模型；

(2) 项目所在地属于Ⅳ类光气候区，光气候系数 $K=1.1$；

(3) 室外天然光设计照度值 $E_s=13\ 500$ lx；

(4) 玻璃的可见光透射比为 0.6；

(5) 根据《建筑采光设计标准》(GB 50033—2013)中所提供的参数，选取各表面的反射比值，如表 3-13 所列。

表 3-13　室内各表面反射比值

表面名称	标准规定范围	模拟选取值
顶棚	0.60～0.90	0.8
墙面	0.30～0.80	0.7
地面	0.10～0.50	0.4

选择每层离地面 0.75 m 高处的平面作为自然采光分析面，如图 3-13 所示。

该项目在设计中考虑了自然采光的相关措施，其玻璃幕墙采用透光性良好的玻璃，采光效果好。通过对该项目逐层进行采光分析，可得不同功能空间的采光系数分布及采光

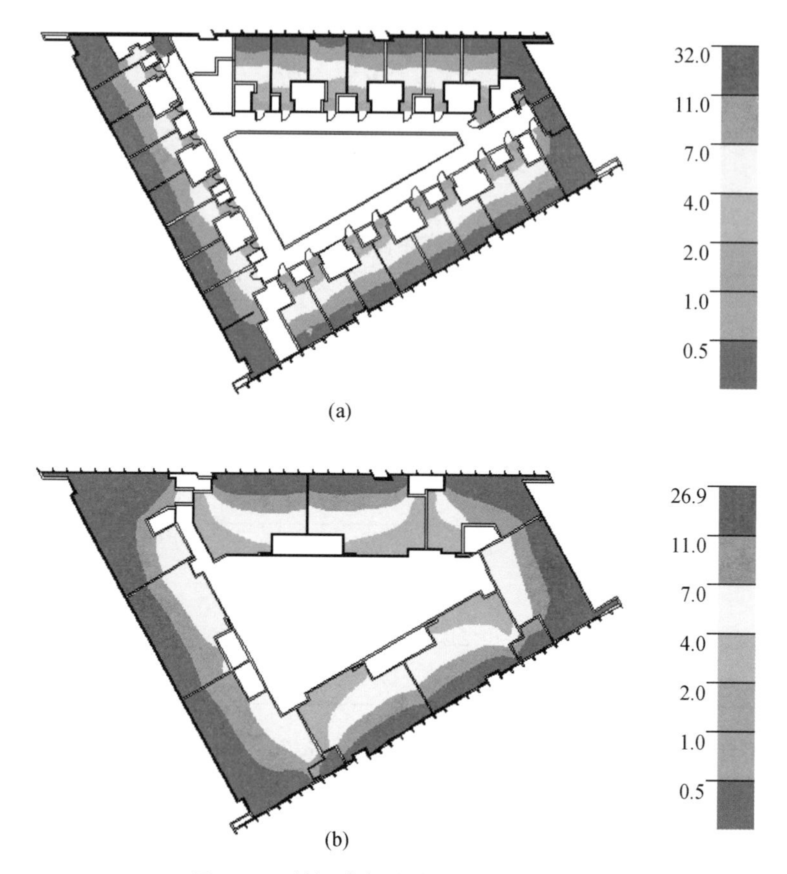

图 3-13　某酒店部分楼层采光系数分布

系数值。经统计，100％的主要功能房间面积满足现行国家标准《建筑采光设计标准》（GB 50033—2013）的要求。

采光分析也可用于建筑优化设计。为分析该项目中庭顶部的遮阳设施对室内光环境的影响，用 Radiance 进行了对比分析。从图 3-14 中可以看出，采用了外遮阳以后，中庭及周边区域的光线较不采用遮阳的情况显得柔和，明暗对比减小，室内光环境也变得舒适而不耀眼。

总体来说，在宾馆建筑中应用自然采光技术，需考虑以下原则：

（1）与地理气候相协调。采光设计应结合所在地的地理条件、气候特征等因素进行考虑，采用的设计方法也应与自然条件（当地云量、日照特征、地理维度、周围物体等因素）相适应，这些自然条件会直接影响建筑自然光的利用。

（2）考虑不同功能区房间的采光要求。不同活动空间，对人员视觉舒适度的要求会有所差异，如一味追求较高采光，可能会造成不必要的成本浪费或能源损耗。在同一工作生活区域内，应避免出现日光强度变化过大而导致的眩光和光帷反射等不利因素。

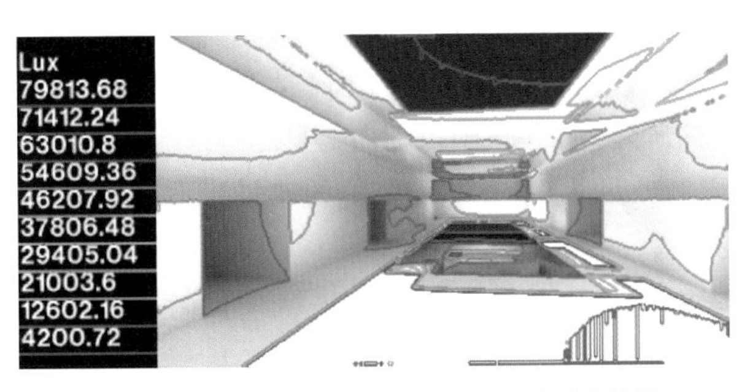

(a) 夏至日12:00未采用遮阳系统时的中庭采光效果

(b) 夏至日12:00采用遮阳系统时的中庭采光效果

图3-14　项目Radiance采光分析

（3）兼顾能源和资源的利用。开窗设计是引入自然光的主要途径，但窗户隔热性能较弱。在设计过程中，如何在利用窗自身特点降低照明能耗的同时，不增大或少许增加室内其他使用耗能负荷，应通过分析进行优化设计，在设计阶段就尽可能避免未来出现“温室效应”等不良现象。选用的采光材料及其设计构造应遵循当地地理气候特征和可持续建筑发展的原则，避免选用性能不稳定、回收率不高的材料。

（4）优先考虑先进控制技术。自然光是极为不稳定的光源，采用可调整、互动性强的自然采光控制系统是十分有必要的。充分利用其灵活互动的功能特点，根据天气情况适时调节自然光的进入量和进入方式，使室内天光适应工作和视觉的需要，也成为控制室内照明能源的重要技术手段。

自然光设计适宜性技术不仅要符合室内光环境的改善技术要求准则，也应有利于室内人员与室外的沟通。人与自然的交流，是建筑美学的良好体现。同时，也应避免室外反射造成的“光污染”和室内阳光直射的危害，符合“以人为本”的设计理念，满足建筑可持续设计的需要。

3.4　遮阳技术

太阳辐射会显著影响室内得热和照明能耗等，其是室内光热环境的主要影响因素，同时也会对建筑能耗产生明显影响。在上海这样的夏热冬冷地区，夏季应尽量回避太阳辐射的影响，冬季则应充分利用阳光取暖，这对于降低空调能耗、提升室内人员舒适度有积极的意义。根据丁云的研究[11]，在全国范围内的夏热冬冷地区，极端最高气温达 41.4℃，年日照时数为 1 200～1 700 h，采取外遮阳措施的建筑比不采取外遮阳措施的建筑，室内空调能耗平均减少 2.2%。

建筑外遮阳类型多样，可分为建筑形体遮阳、固定遮阳或人工调节的遮阳措施，以及更高技术层级的自调节遮阳体系。在星级宾馆的应用中，首先，需要考虑选择最适用的建筑进行室内遮阳措施的应用。根据丁云的研究，在相同条件下，建筑西面设置遮阳可大幅减少建筑能耗。其次，考虑应用环境。有些星级宾馆将室外景观作为酒店房型的卖点，多设置大面积的外窗，因此固定遮阳或者常规活动遮阳百叶将对这类宾馆的视野造成影响，可考虑采用可水平滑动的自调节遮阳措施（图 3-15）以满足客房非使用时段的遮阳效果。此外，对于普通商务型宾馆或无窗外景观优势的宾馆而言，采取常规的遮阳百叶或挡板式外遮阳都可获得有效的节能效果。

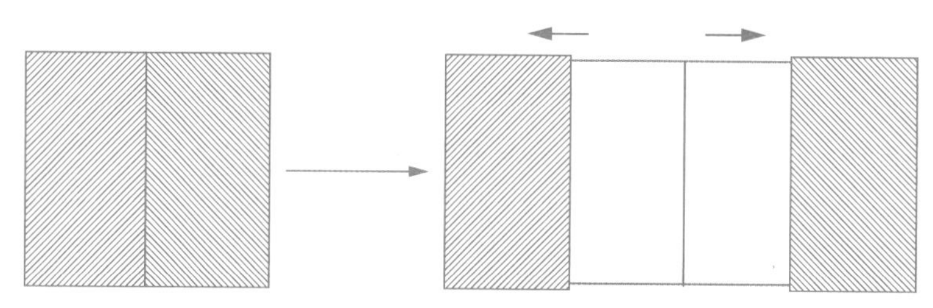

图 3-15　可移动外遮阳示意

3.5　可再生能源

3.5.1　太阳能技术应用

根据《关于推进本市新建建筑可再生能源应用的实施意见》（沪建建材联〔2022〕679 号）等文件要求，新建公共建筑应按要求使用一种或多种可再生能源，除国家机关办公建筑和教育建筑外，其他类型的公共建筑屋顶安装太阳能光伏的面积比例不低于 30%。上海市住房和城乡建设管理委员会发布的《上海市城乡建设领域碳达峰实施方案》（沪建建材联〔2022〕545 号），推进了既有建筑安装光伏的工作进程，为 2030 年实现应装尽装（光伏）提供了可能。

1. 太阳能技术在宾馆建筑中应用需求

度假型酒店因主要提供旅游、度假、疗休养等客户服务，更多位于海滨、景区、温泉、大型游乐园等附近，占地面积大，通常具有较大的屋顶面积，这为安装太阳能光伏板提供了足够的空间条件。光伏板不仅需要面向阳光，还需要一定的安装面积来容纳，以产生所需的电能。部分宾馆的屋顶空间可以很好地满足这些要求。

作为商业性质的建筑，宾馆通常具有相对高的电力需求，以供应客房、大堂、餐厅、会议室、设施和设备等。但电力供应可能受到天气、自然灾害或其他因素的影响而不稳定，太阳能光伏系统可以为宾馆提供一部分或全部的电力需求，以减少对传统电网的依赖，并降低能源成本，提高能源供应的稳定性和可靠性。

能源成本是宾馆经营中的重要费用之一。采用太阳能技术可以降低能源成本，尤其是电力费用。尽管安装太阳能光伏系统需要一定的初期投资，但随着时间的推移，系统的运行和发电成本较低，可以在未来数年内实现降低经营成本的目标。长期来看，太阳能技术的应用可以实现投资回报，并帮助宾馆节省能耗和降低经济成本。

2. 太阳能技术在宾馆建筑中的应用

太阳能技术在宾馆建筑中有多种应用方式，具体包括：

1）太阳能光伏系统

太阳能光伏系统使用太阳能电池板将阳光转化为电能，其可以安装在宾馆建筑的屋顶或立面上，将太阳能转化为电力以供应建筑的各种电器设备和照明系统。太阳能光伏系统可以减少对传统电网的依赖，降低能源成本，使宾馆建筑可持续发展。

2）太阳能光热空调系统

太阳能光热空调系统利用太阳能集热器和吸收式制冷机等设备，将太阳能转化为制冷或供暖能源。它可以为宾馆建筑提供制冷、供暖和空调需求，以减少对传统空调系统的依赖，从而降低能源消耗和运行成本。

3）太阳能遮阳系统

太阳能遮阳系统利用太阳能光伏板或透明的太阳能材料，同时实现遮阳和发电功能。这种系统可以安装在宾馆建筑的窗户、立面或遮阳棚上，不仅具有良好的遮阳和隔热效果，还能通过太阳能发电减少能源消耗。

4）太阳能景观照明

宾馆建筑的景观照明可以采用太阳能灯具。这些灯具通过太阳能电池板储存白天收集的太阳能，在夜晚提供照明，其还具有低能耗、环保和易于安装等特点，被广泛应用于室外花园、露台、泳池等场所。

4　暖通系统的节能设计要点

暖通系统的设计方案需考虑酒店建筑的室内环境舒适性和供冷供热的可靠性，同时应考虑系统运行的节能性。在进行暖通系统的设计时需遵循以下原则：

（1）设计标准应符合酒店管理公司的标准和相关节能标准，并据此准确计算负荷，从而选择经济合理的冷热源方式、水系统输配方式及末端空调方式。

（2）根据宾馆类型、功能、规模和酒店标准，确定采用集中式空调系统或分散式空调。对于建筑规模小、标准低的宾馆建筑，应优先采用分体空调器或多联机空调系统。

（3）根据项目周边的废热、余热能源情况，合理采用相应的节能技术。当有废热或工业余热温度较低时，宜采用热回收热泵技术供热；当废热或工业余热的温度较高时，可采用吸收式冷水机组供冷。

（4）当项目所在区域具备可再生资源时，优先考虑地表水资源或浅层地热能的利用，如地表水源热泵空调系统或土壤源热泵空调系统。

（5）充分利用洗衣房、锅炉房内的空气废热和游泳池蒸发潜热，并把握可同时供冷供热的特点，采用热回收热泵技术为生活热水提供预热热源。

（6）根据使用时间和功能要求，合理划分水系统分区和新风空调系统服务范围，避免分区不合理导致的水输送系统能耗过大和新风空调系统服务范围过大导致的新风能耗过大等问题。

4.1　空调负荷与冷源选型设计要点

4.1.1　宾馆建筑的空调负荷特点

宾馆建筑根据服务对象和经营特点划分，可分为商务型宾馆、度假型宾馆、常住型宾馆、观光型宾馆、公寓式宾馆以及会议型宾馆等。按照等级划分，又可分为一星级、二星级的经济型宾馆和四星级、五星级宾馆。近年来，又出现了一些特色型宾馆，如乐园附属宾馆等。当前，虽然类型众多，但宾馆建筑的主要功能区域还是分为客房区、餐饮区、接待区、娱乐区、后勤区等，因此，其空调负荷具有共同特点。

（1）供冷供热时间长，昼夜均有空调负荷。宾馆建筑的供冷供热时间显著长于同地区的办公、商业建筑，尤其是较高端的商务型或度假型宾馆。宾馆建筑与住宅建筑相类似，全年 24 h 有人员停留，高档宾馆需全年 24 h 连续提供空调服务。客房入住率和宾馆类型均影响宾馆内人员密度变化,会议型、娱乐型宾馆人员密度变化小,客人主要在宾馆内活动;商务型、度假型等宾馆,客人白天在外活动,夜间在宾馆休息;机场枢纽型宾馆主要为过夜旅客提供休息场所。例如,上海地区某涉外五星级酒店,全年冷冻机开启时间长达 10～11 个月。

(2) 存在同时供冷供热需求,部分高端宾馆存在全年供冷的区域。对于容积率大的市区大型宾馆建筑或位于城市综合体内的宾馆,除客房外的其他宾馆配套功能用房基本上设置在面积规模大的裙房内或地下室内,这部分房间的空调负荷受室外气候影响小,存在人员、照明和设备的长期散热负荷,形成了需常年供冷的空调内区。有些接待国外贵宾的宾馆,客房需具有冬季供冷的能力以满足中东等炎热地区客人的需求。此外,高级宾馆的室内游泳池全年开放,游泳池具有散湿量大、室内空气温度高、水温要求恒定等特点,因此空调系统运行能耗也较大。

(3) 宾馆建筑的功能较多,包括餐饮、客房、娱乐设施等。由于各功能区域使用时间及人员流动情况不同,各功能区域的最大空调负荷并不同时发生,因考虑这一因素,故不能简单地将各功能最大空调负荷直接相加。

(4) 宾馆建筑的入住率受所在地理位置、周边经济、酒店品牌、社会活动以及节假日等因素影响,导致新风负荷在内的空调负荷随之变化较大。值得注意的是,酒店入住率最高时段,未必是室外气象条件最热或最冷时段。对于大型复杂的酒店建筑,在设计时需考虑变新风量运行措施,设备配置、系统切分需考虑以上因素,适应人员的变化,使整个空调系统在高效工况下运行。同时,还应进行全年动态负荷计算。

(5) 针对各功能区域,应理性分析其经营状况,确定入住率或使用率。除后勤办公区域外,餐饮、客房、娱乐、健身等区域的使用率不应设为 100%。入住率或使用率也应该依据酒店建筑的规模、档次或经营特点区别对待。例如,度假型宾馆和商务型宾馆相比,其空调负荷往往偏小,原因是度假客人多在外游玩,停留在室内的时间较短。

4.1.2 空调冷源选型要点

宾馆空调冷源应根据规模、用途、建设地点的能源条件、结构、价格以及国家节能减排与环保政策的相关规定等,通过综合论证来确定。空调冷源选型应遵循以下原则:

(1) 在技术经济合理的情况下,采用浅层地能、太阳能和风能等可再生能源。

(2) 不具备上述可再生能源,但在城市电网夏季供电充足的地区,宜采用电动压缩式机组。

(3) 在夏季室外空气露点温度较低的地区,可选择间接蒸发冷却冷水机组作为空调冷源。

(4) 在天然气供应充足的地区,当建筑的电力负荷、热负荷和冷负荷能较好地匹配,充分发挥冷热电联产系统的能源综合利用效率时,宜采用分布式燃气冷热电三联供系统。

(5) 在执行分时电价、峰谷电价差较大的地区,通过经济技术的比较,采用低谷电价能够明显起到对电网“削峰填谷”的作用。为节约运行费用,宜采用蓄能系统供冷供热。

(6) 在全年进行空气调节,且各房间或区域负荷特性相差较大的地区,需要长时间地向建筑物同时供冷供热,通过经济技术比较,宜采用水环热泵空调同时供冷供热。

(7) 夏热冬冷地区以及干旱缺水地区的中、小型建筑宜采用空气源热泵或土壤源地源热泵系统来供冷或供热。

(8) 当有天然地表水等资源可供利用或者有可利用的浅层地下水,且能保证100%回灌时,可采用地表水或地下水地源热泵系统供冷供热。

从调节性能强和布置优越性角度考虑,下列情况宜采用分散设置的风冷、水冷、蒸发冷却式空调机组。

(1) 空调设置面积较小的,采用集中供冷系统不经济的酒店。

(2) 需要设置空调的房间布置过于分散的酒店。

(3) 设有集中供冷系统的建筑,使用时间和要求不同的房间。

(4) 当既有酒店改造需增设空调,但原有系统难以满足时。

各种机组均受到能源、环境、工程状况、使用时间等多种因素的影响和制约,因此应客观全面地对冷热源方案进行技术经济的比较分析,以可持续发展的思路确定合理的冷热源方案。

冷水机组能耗占整个空调系统能耗的60%～70%,冷水机组的选型和运行方案的优劣直接影响建筑物的能耗指标。在选择冷水机组时,不但要考虑机组在额定工况或名义工况下的性能,还应考虑机组的综合部分负荷性能(Integrated Part Load Value, IPLV),以降低全年运行费用。但需注意的是,IPLV重点在于产品的性能,因此不宜直接采用IPLV对整个建筑的全年能效作出分析,当系统中有多台机组时,单台机组的各种负荷运行百分比会有较大差别。

冷水机组台数与单机制冷量的选择应满足空调负荷变化的规律和部分负荷运行条件的调节要求,一般不小于2台。单台制冷机组的容量大小应合理搭配,当单机容量调节的下限已大于酒店的最小负荷时,宜设置1～2台适合最小负荷的小型机组,或采用变频机组来确保机组运行在高效工段,避免出现“大马拉小车”的情况。小型机组的容量应根据酒店在各种情况下的部分负荷进行校核,包括入住淡季时的空调负荷、夜间低负荷以及内区常年供冷的宴会厅等的负荷。

部分高档酒店为保障运行,提出制冷机组备用的概念。例如,冷冻机配置制冷量达到总计算负荷的150%,以保证当单台制冷机组出现故障时,剩余机组仍能满足全部空调负荷。这里必须指出的是,按照《民用建筑供暖通风与空气调节设计规范》(GB 50736—2012)的要求,电动压缩式冷水机组的总装机容量应根据计算的空调系统冷负荷直接选定,不另作附加;在设计条件下,当机组的规格不能符合计算冷负荷的要求时,所选择机组的总装机容量与计算冷负荷的比值不得超过1.1。从实际经验出发,在现有酒店中,很少出现冷源的总冷量不够的情况,甚至许多项目的冷水机组存在闲置情况。单纯增加总装机容量,不但会增加投资,而且单台机组的装机容量也会增加,使其在低负荷工况下运行,能效降低。为保障正常运行,可适当增加主机数量,当 1 台主机故障时,仍保有 60%～70%的总装机容量,即可满足大多数时间或重要场合的制冷需求。理论上,增加主机台数,并采用群控方式运行,单台机组的全年负荷率会更高,也更加有利于提高系统能效,但这需要结合初期投资分析。

由于酒店建筑功能复杂,不同区域存在不同的制冷需求,可结合不同区域空调负荷特点,组合使用不同的冷源设备。对于酒店内部需要常年供冷或独立运营的房间(如食品区、需常年除湿的游泳馆等),可配置独立的小型冷源设备。

4.1.3 高效制冷机房的制冷系统设计

1. 高效机房的定义

高效制冷机房是建筑能效提升和高效制冷的关键环节之一。高效制冷机房是指在满足室内热舒适度和经济合理性的前提下,制冷机房系统综合能效比符合标准规定的制冷机房系统,简称高效机房。根据《高效空调制冷机房评价标准》(T/CECS 1100—2022)规定,其评价指标分为一星级、二星级、三星级三个等级(表 4-1),其中,三星级为最高等级。

表 4-1 冷源系统全年能效比评价指标[12]

气候分区	能效等级		
	三星级	二星级	一星级
严寒/寒冷地区	≥4.5	≥5.0	≥5.5
夏热冬冷地区	≥4.6	≥5.1	≥5.6
夏热冬暖地区	≥4.7	≥5.2	≥5.7

制冷机房系统能效比(Energy Eifficiency Ratio, EER),即制冷机房总输出制冷量和机房总耗电量的比值,是用于衡量制冷机房效率的通用指标,具体可见式(4-1)。据《中国高效空调制冷机房发展研究报告(2021)》,我国大部分制冷机房处于能效一般或亟待改进的阶段,90%的机房实测 *EER* 低于 3.5,高效机房的建设潜力巨大[13]。制冷站能效等级划分见图 4-1。

$$EER = \frac{W_1 + W_2 + W_3 + W_4}{Q(\text{总冷量})} \tag{4-1}$$

高效机房是较为系统性的工程,涵盖了设计选型、施工调试、维护保养和运行控制等多个阶段,需要设计、施工和调试等多个主体单位共同参与。随着多项国家或行业标准的颁布,我国已逐步建立起覆盖高效机房全周期建设的整体技术标准,包含工程技术标准、产品标准、检测标准以及评价标准等。设计院、顾问单位、施工企业等市场主体也提出了整体的高效机房解决方案,并在项目中予以实施,从而进一步推动了高效机房的高质量发展。

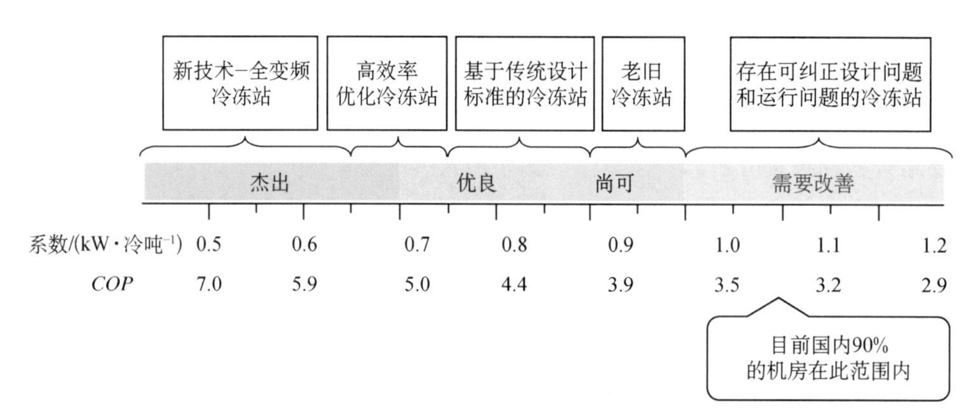

图 4-1　制冷站能效等级划分

2. 高效机房实施路径及适宜技术

1）设计原则

（1）高效机房应以制冷机房系统综合能效比作为约束性目标进行设计，其主要性能指标包括但不限于制冷机房系统设计综合能效比（Energy Eifficiency Ratio，EER）、冷水机组设计综合性能系数（COP）、冷冻水输送系数和冷却水输送系数等。

（2）高效空调制冷机房设计应根据建筑功能和负荷特点，通过经济技术的比较，采用高效设备、优化系统配置及控制策略等手段，以实现其建设目标。论证过程应考虑：空调负荷计算—性能参数确定—设备选型—空调水系统设计—控制策略确定—施工方案—系统调适等。

2）负荷计算

高效机房系统应采取动态负荷计算，除确定峰值负荷外，还应分析全年逐时负荷分布特点（如负荷占比结构、全年/典型日逐时负荷分布和负荷累计概率等特征），这可为后续设计提供依据。

3）设备选型

（1）冷源选型：包括机组类型、容量范围和组合形式等，不仅对应建筑全年动态负荷特性，还要符合空调负荷变化规律，并确定全年运行方式。宜优先选择调节性能及部分负荷性能表现优异的机型，如变频式冷水机组和磁悬浮式离心冷水机组等机型，以提高部分负荷下的运行效率。冷机的冷冻水温及冷却水温应按照高效机房要求进行设定。

（2）冷却塔选型：应在保证系统安全运行的前提条件下，采取措施降低冷却塔逼近度，以满足高效冷水机组设定的冷却水进出温度。在设计工况下，冷却塔逼近度宜取2～3℃。应考虑摆放条件对冷却塔散热的影响，并对其热力性能进行校验。

（3）水泵选型：宜选择高效节能型水泵，水泵运行的工况点应尽量处于高效区；在水泵流量-扬程特性曲线上，工况点附近应比较平缓；当水泵并联或选择集成泵组时，应根据泵组总性能曲线确定工作状态。

4）空调水系统设计

（1）空调水系统设计应在保证系统安全稳定运行的前提下，采取合理措施降低输送能效，具体措施包括采用大温差设计、高效变频水泵、降低管网比摩阻、水力平衡控制以及低阻管件阀门等。

（2）冷冻水系统形式宜根据项目规模、建筑特点和冷源设备情况等综合予以考虑，可采用一次泵变流量系统或二次泵变流量系统等形式。

（3）冷却水系统宜采用变流量控制，当多台冷却塔并联运行时，应设置合理的水力平衡措施；在多台冷却塔之间，应设置管径尺寸合理的连通管，使集管的最大液位差满足连通管阻力。

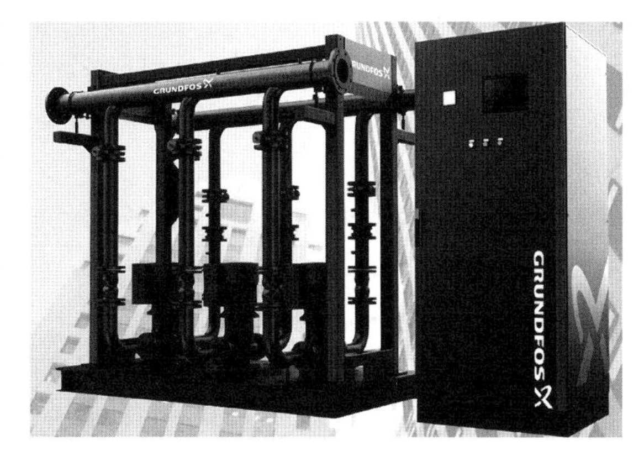

图 4-2 成品泵组

（4）当多台水泵并联时，宜选用相同型号的水泵，并绘制水泵总性能曲线和系统特性曲线，根据曲线特征确定水泵台数控制点。目前，部分水泵生产厂家推出了成品泵组（图 4-2）。除安装便捷外，其最大的优势是以机组作为一个整体来设计验证，标定其总性能曲线；并根据实际需求优化配置，避免出现重复计算安全系数，导致设备选择过大及系统长时间低效运行等问题。

（5）空调水系统管径尺寸的确定，宜根据经济比摩阻选取输配管网管径，根据经济流速选取机房内部管径，并采用大曲率半径弯头和钝角三通等。

（6）选择低阻力的冷水机组、冷却塔以及板式换热器等；采用低阻管件阀门，包括静音式止回阀、多功能一体阀、直角式或导流式过滤器、电磁式热量表或超声波热量表等。为减少不必要的阀门和管件，当主机和水泵之间距离较短时，不建议设过滤器，可减少高阻力的限流阀使用。

（7）宜采用在线检测方式，对水质变化趋势进行分析，综合采用化学和物理等手段进行相应的水质处理。化学加药应缓蚀与阻垢并行，尽可能降低系统中出现结垢、腐蚀和藻类滋生等现象的概率，避免影响换热效率。

5）自控与运维技术

（1）高效机房自控系统应以机房整体能效为目标，选择合理的控制策略，实现系统的高效运行。

（2）除常规的机房自控要求外，高效机房自控系统还应包括以下几个方面：

① 冷冻水及冷却水水温控制。

② 冷水机组负载率控制。

③ 冷冻系统定压(差)控制。

④ 冷却系统定温(差)控制。

⑤ 冷冻水泵和冷却水泵变频控制。

⑥ 冷却塔变频控制。

⑦ 能效监测。

(3) 运行策略包括下列内容:

① 冷水机组台数控制宜根据冷水机组效率与负荷来确定,其在不同负荷下均处于设备的高效运行区间。

② 带有变频控制的冷水机组宜根据冷冻水供回水温度和负载率进行调节。

③ 冷却塔宜采用多台运行模式,降低冷却水温和风机功耗。冷却塔风机变频宜根据供水温度设定进行调节。

④ 水泵的运行台数宜根据水泵(泵组)性能曲线与管路特性曲线比对后设定,使水泵或泵组在不同负荷下均处于高效运行区间。冷冻水泵可根据压差或温差进行变频控制,冷却水泵宜根据温差进行变频控制。

(4) 传感器、调节器和数据采集器等测量用仪器仪表的选用,应符合相关精度要求,并安装在合理的位置,避免影响其测量精度。

(5) 智能控制和运维管理系统是在传统自控技术基础上的迭代升级,其是基于物联网的云平台运维管理系统。该管理系统结合数据挖掘、数据驱动技术及 BIM 技术,具备自学习、自适应和自更新的能力,可实现空调系统的整体高效运维管理。智能控制和运维管理系统包括建筑负荷预测、制冷机房群控、人工智能控制和基于 BIM 的高效空调机房运维管理技术等。

4.2　冷热源的节能措施与设计优化

4.2.1　水冷式电动压缩冷水机组

相对于办公、商业等公共建筑,宾馆建筑具有空调供冷时间长、24 h 连续供冷、供冷负荷变化大、部分负荷频率高以及空调系统能耗大等特点,有些高端宾馆对供冷的可靠性要求极高,通常要求设置备用供冷系统,因此许多有一定规模的高品质宾馆建筑采用具有供冷能效比高、供冷效果好的水冷却电制冷机组作为冷源。

1. 空调冷源装机容量与台数确定

宾馆空调冷源的选型,在保障舒适性与安全性的同时,要充分考虑宾馆运行特点,满足长期低负荷运转时的能效水平。

部分高档宾馆为保障正常运行,提出制冷机组备用的要求,要求当单台制冷机组故障时，剩余机组仍能满足全部空调负荷。根据《民用建筑供暖通风与空气调节设计规范》(GB 50736—2012)规定，冷水机组的总装机容量应根据计算的空调系统冷负荷选定，不另作附加，所选择的机组总装机容量与计算冷负荷的比值不得超过 1.1[14]。实际上现有宾馆中很少出现冷源供冷量不足的情况，大部分宾馆最多运行 2/3 的制冷主机。根据深圳能耗监测平台数据反馈，约 86%的宾馆类建筑的空调主机台数有盈余，主机运转负荷主要分布在 50%～75%区间，约占全年 32%的时间；全年约 53%的时间，主机运转负荷小于 50%。设置备用机组增加了总装机容量、机房面积和设备投资，为保障运行，可适当增加主机数量，主机台数按不少于 3 台进行配置。当一台主机发生故障时，仍可提供 60%～70%的供冷量，即可满足大多数时间或重要场合的制冷需求。

冷水机组台数与单机制冷量的选择，应满足空调负荷变化的规律以及部分负荷运行条件的调节要求，一般不小于 2 台。单台制冷机组的容量大小应合理搭配，当单机容量调节的下限已大于酒店最小负荷时，宜设置 1～2 台适合最小负荷的小型机组，或采用多机头变频机组，确保机组运行在其高效工段。小型机组的容量，应根据酒店在各种情况下的部分负荷进行校核，包括入住淡季时的空调负荷、夜间低负荷以及内区常年供冷的宴会厅等需求。

2. 冷水机组设计要点

宾馆建筑常用的冷源为离心式、螺杆式冷水机组，随着对节能要求的提高，变频机组和磁悬浮变频机组应用案例越来越多。机组选型宜按照不同类型制冷机组性能高效段，通过经济性能比较后确定，具体可见表 4-2。

表 4-2 水冷式冷水机组选型

单机名义工况制冷量/kW	冷水机组类型
≤116	涡旋式
116～1 054	螺杆式
1 054～1 758	螺杆式
	离心式
≥1 758	离心式

采用水冷式电动压缩冷水机组时，还可以采取以下措施提升其能效水平：

(1) 选取合理的供/回水温度。除超高层建筑有隔压要求，需要设置板式换热器外，不宜采取较低的供水温度。较适宜的供水温度(如 6.5～7℃)，一方面有利于提高主机的效率，另一方面有利于末端风机盘管的换热。根据相关主机厂家的研究，供水温度每提高 1℃，主机效率约提高 3%。

(2) 采用高压主机。当单台电动机的额定输入功率大于 900 kW 而小于 1 200 kW 时，宜采用高压配电方式；当单台电动机的额定输入功率大于 1 200 kW 时，应采用高压配电方式。采用高压电机，可以减小运行电流、电缆和母排的铜损与铁损，由于减少低压变压器的装机容量，因此也减少了低压变压器的损耗和投资。

(3) 采用变频主机。酒店建筑制冷主机绝大部分时间处于非额定工况，采用变频主机将大大提高机组在部分负荷下的能效。恒速离心机通过调节导流叶片开度来调节机组输出冷量，最高效率点通常在70%～80%负荷。当负荷降低，单位冷量能耗增加较显著，并存在喘振风险。而变频离心式冷水机组将导流叶片调节与电机转速调节有机结合起来，共同控制压缩机，调节机组的运行状态，变频驱动装置不断监测冷冻水温度、冷却水温度、冷媒压力、导流叶片开度和电机的转速，通过冷机逻辑控制程序，降低压缩机转速并调小导流叶片开度，使机组运行转速最低而效率最高，从而达到能耗最小，这能有效控制离心机组迅速避开喘振点，确保机组的运行安全。

除部分负荷下的节能特性外，变频离心机组的节能性还体现在冷却水温下降时。当处于夜间或过渡季节时，冷却水温随室外温度下降。定频离心机组需要有恒定的蒸发压力与冷凝压力，当冷却水温度降低、冷凝压力随之降低时，只有关小进口叶片，减少输气量，从而调整压缩机的工作点，以适应降低的冷凝压力，但同时也降低了机组的效率。变频压缩机可以通过调节转速以适应冷凝温度的变化，利用冷却水温降低的有利条件，达到更好的节能效果。

随着节能要求的提高，生产厂家在变频离心机组之后又推出变频螺杆机组。定频螺杆机组压缩机依靠滑阀控制，而滑阀开度受制冷剂的压差和电磁阀通断的控制，存在一定的滞后性。变频压缩机频率受模拟量控制，响应更快，控制更加平稳，并能得到更高的部分能效系数。

变频主机的最佳效率区间是40%～80%，最高效率区间是55%～60%，推荐采用部分负荷优先加(减)载策略，配合全变频效果更好。

(4) 采用磁悬浮离心机。磁悬浮离心式冷水机组压缩机采用磁悬浮轴承(图4-3)，利用磁力作用使转子处于悬浮状态，在运行时不会产生机械接触，因此不会产生运转摩擦损耗，从而无需润滑油系统，免除了润滑油系统的各类问题。同时，无润滑油运转使离心式压缩机的叶轮可以实现更高速的运行，通过减少叶轮直径、提高转速使得离心式制冷机满足制冷量为0.2～1 MW的供冷需求，扩大了离心式制冷剂的应用范围。

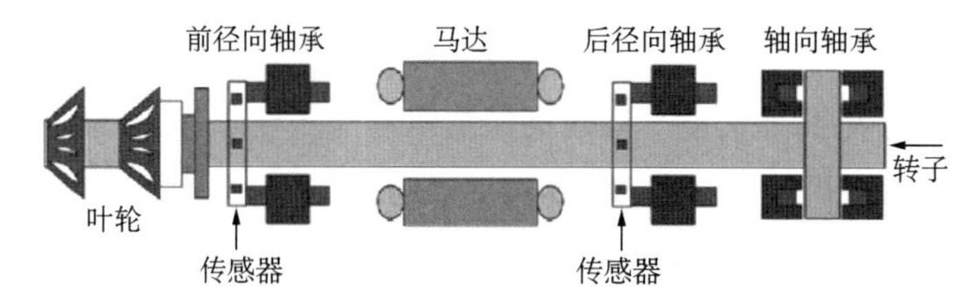

图4-3　磁悬浮轴承结构示意

磁悬浮离心机与变频离心机类似，是依靠变频运行来实现节能的，但其调节性能更优于变频离心机，当冷却水温低于19℃时，磁悬浮离心机的效率明显高于变频离心机，在低负荷及低冷却水温的环境下，可以实现更高的效率，见图 4-4。对于酒店建筑来说，供冷时间较长，在整个供冷期内，冷水机组大部分时间处于部分负荷运行，考虑到在冷却水温较低的过渡季节，磁悬浮离心机的优势更为明显。

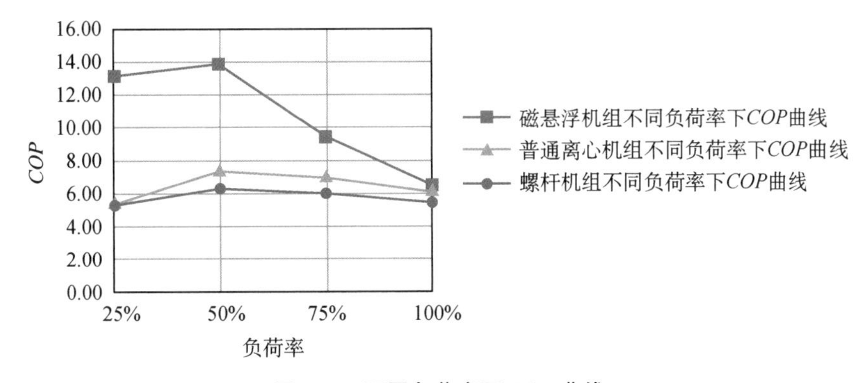

图 4-4　不同负荷率下 *COP* 曲线

(5) 冷凝器胶球清洗装置的应用。清洗制冷主机的冷凝器可以有效提升制冷主机的效率。

冷却水系统通常为开式系统，空气中的灰尘、微生物积聚在冷却塔内，形成的污泥、藻类与水中的钙镁离子进入冷水机组，附着在冷凝器换热管内表面，影响机组换热效率，从而降低冷水机组 *COP*。胶球在线清洗装置(图 4-5)利用特制海绵胶球在水压下周期性通过并擦拭冷凝器换热管内壁，以清理污垢，可有效减少传热损失，使冷凝器始终保持较高的换热效率，降低机组能耗，相对于积垢严重的冷凝器，其节能效果为 5%～10%。

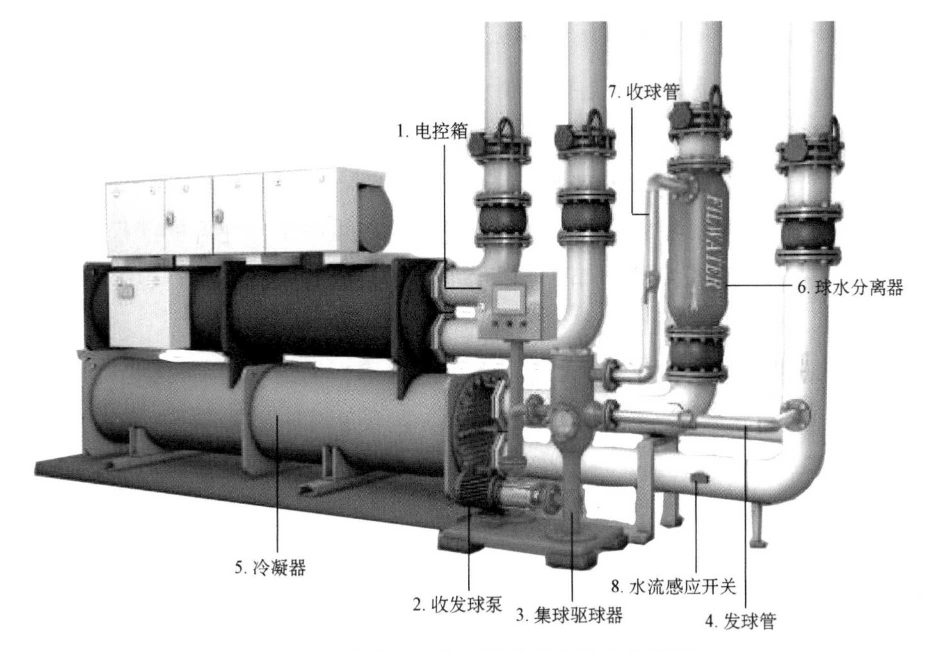

图 4-5　冷水机组冷凝器胶球在线清洗装置

冷凝器胶球清洗装置可有效确保机组冷凝器在换热小温差工况下运行。冷凝器小温差越小,冷凝器的换热效率则越高,从而减少机组能耗。根据某项目实测,运行多年的冷水机组在安装胶球在线清洗装置后,冷凝器小温差从 3～4℃下降且稳定维持在 1℃左右(图 4-6),按照冷凝器小温差每降低 1℃,冷水机组能效提升 4%计算,安装胶球在线清洗装置,可提升冷水机组能效约 8%。

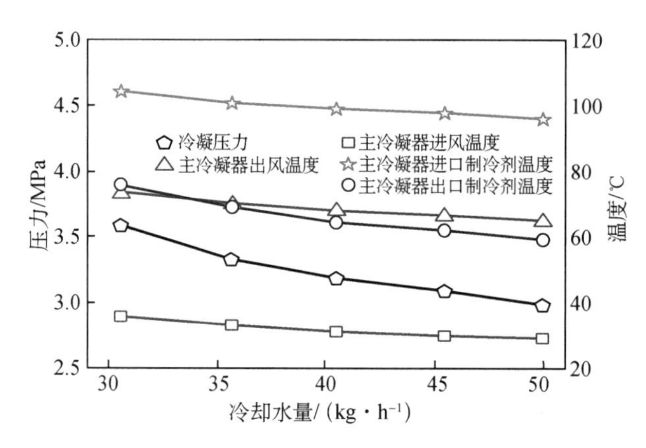

图 4-6　某项目冷水机组冷凝器小温差变化曲线

4.2.2　空调热源设备

酒店建筑的热源包括空调供热热源和生活热水热源,使用最多的热源设备为燃气热水锅炉。当空调与生活热水共用热源时,热源的装机容量不是二者所需热量的简单叠加,而应结合生活热水用热规律,分析其供热高峰时段及频率与每日、月供热需求差异等影响,进行统筹考虑,再选择适合的热源设备。酒店建筑的入住率受多种因素影响,空调负荷随之变化较大,因此,酒店热源选择必须充分考虑部分负荷下的效率问题。

热源设备的台数与单机容量的选择,应满足用热负荷变化规律并符合部分负荷运行条件的调节要求,一般不少于 2 台,单台热源机组的容量,应满足经营淡季时的最小需求,不出现单台热源机组容量远大于最小负荷的情况。在经济条件允许的前提下,宜增加主机台数,以便根据负荷变化情况调节输出负荷,在部分负荷条件下,可使热源设备在高效段运行。

部分高端酒店管理公司要求冷热源设备设置备用。如前所述,宾馆建筑的热源设备承担了空调耗热、生活热水耗热等,其最大负荷通常不会同时出现;同时,宾馆建筑常常有较多内部得热,大中型建筑具有一定热惰性;生活热水耗热也是间歇运行。因此,热源设备通常不需要设置备用设备。

1. 燃气热水锅炉

热水锅炉就是生产热水的锅炉,是指利用燃料燃烧释放的热能或其他的能源(如电能、太阳能等)把水加热到额定温度的一种热能设备。《特种设备安全监察条例》所定义的锅炉是指利用各种燃料、电或者其他能源,将液体加热到一定温度,并对外输出热能的设备。其范围规定为容积大于或者等于 30 L 的承压蒸汽锅炉;出口水压大于或者等于 0.1 MPa(表压),且额定功率大于或者等于 0.1 MW 的承压热水锅炉、有机热载体锅炉。

酒店建筑除空调供暖用热负荷外,通常还需要大量的生活热水,生产热水最方便快捷的手段即燃气锅炉,因此燃气锅炉是酒店建筑(尤其是大中型酒店)最常用的热源形式。常用燃气热水锅炉主要为承压型燃气热水锅炉(图 4-7),蒸汽锅炉及常压锅炉由于其能耗、安全性、使用寿命等问题,近年来已很少使用。

图 4-7 承压型燃气热水锅炉

燃气锅炉常见为干背式锅炉和全湿背式锅炉。干背式锅炉的烟气折返空间是由耐火材料围转而成的,全湿背式锅炉的烟气折返空间是由浸在水中的回燃室组成的。干背式锅炉虽然结构简单,但炉胆后部的耐火材料容易损坏,且后管板经常受到高温烟气的直接冲刷,温差较大;全湿背式锅炉虽然结构复杂,但避免了折返空间的烟气密闭问题,更适合微正压燃烧。所以,锅炉选型宜考虑三回程全湿背式锅炉。

燃气热水锅炉的能效提升措施主要包括:

1) 烟气余热回收

排烟热损失是影响锅炉热效率的重要因素。锅炉排烟温度一般为 160～250℃,此时烟气中的水蒸气仍处于过热状态,不可能凝结成液态的水而放出汽化潜热。当以天然气为燃料时,由于天然气中含有大量甲烷,导致其燃烧烟气中水蒸气的容积占比约为 20%,这部分水蒸气含有大量汽化潜热,占燃料高位发热量的 10%～11%,由于锅炉热效率是由燃料低位发热值计算所得,所以传统锅炉热效率一般只能为 88%～92%,如图 4-8 所示。

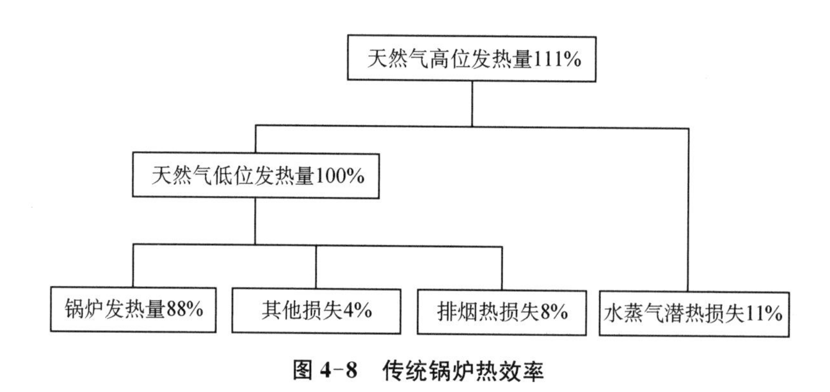

图 4-8　传统锅炉热效率

采用冷凝式余热回收锅炉，排烟温度可降低至 50～70℃，降至烟气的露点温度以下，回收烟气中的显热和水蒸气的凝结潜热，从而可以大大提升热效率。若以燃料的低位发热值计算，冷凝式余热回收锅炉的热效率可超过 100%。

烟气冷凝式换热器分为直接接触式和非直接接触式，直接接触式换热器包括多孔板鼓泡型、填料层型、折流盘型等，其具有传热传质系数高、潜热回收能力较大等特点。冷凝过程中发生传热传质现象，可较好地净化烟气，喷淋溶液稀释了烟气冷凝水的酸度，对设备有冲洗作用，设备防腐要求较低；但是水与烟气直接换热时，水吸收烟气中的有害物质，从而降低水质，使水的再利用受影响。直接接触式换热器包括热管式换热器、翅片管式换热器和板式换热器等，特点是换热时烟气与水不接触，换热后水质不受影响，其对烟温、水温的控制能力较好。

2）气候补偿技术

气候补偿技术被普遍认为是实现按需供热的重要手段之一。气候补偿系统主要由气候补偿器、电动调节阀、室外温度传感器以及供水温度传感器等组成。气候补偿技术可以根据室外气候的温度变化和用户设定的不同时间的室内温度要求，按照设定的曲线计算出当前较合理的供水温度，并依据该温度控制调节电动调节阀的开度，调整锅炉出水与热水管网回水的混合比例，从而自动控制供水温度，实现供热系统供水温度的气候补偿。另外，该技术还可以通过室内温度传感器，调节供水温度，实现室温补偿的同时还具有限定最低回水温度的功能。

3）采用真空型燃气热水锅炉

近年来，真空锅炉的应用越来越广泛，且因其极佳的安全性和承压供热特点非常适合作为建筑物的热源。

（1）工作原理。真空锅炉是利用水在低压下沸点低的特点，快速加热密封炉体内的热媒水，使热媒水沸腾蒸发成高温水蒸气，水蒸气凝结在换热管上，加热换热管内的冷水，从而得到适宜的热水温度。

真空型燃气热水锅炉的结构见图 4-9，其是由燃烧室（火炉）、水管、负压蒸汽室、热交换器和热媒介水等组成。机体内部为真空状态，与外部空气隔绝，形成密闭状态。热媒水覆盖着火炉和水管并密闭在机体内部，因负压蒸汽室内的压力保持在大气压下，当密闭在内的热媒水燃烧加热后，会立即沸腾，从而产生与热媒水相同温度的蒸汽。机内产生的蒸汽在上升过程中，接触到配置在负压蒸汽室内的热交换器表面，由于热交换器内的水温低于蒸汽温度，蒸汽会在热交换器表面上冷凝并放出大量汽化热，加热热交换器中的水，冷凝水在重力作用下又重新回到热媒水中。因此，热媒水不断在封闭的机体内进行"沸腾—蒸发—冷凝—热媒水"的循环。该锅炉无须补充冷凝水，也无空烧的危险。热交换器中的水被加热后输送给用户用于空调和卫生热水。

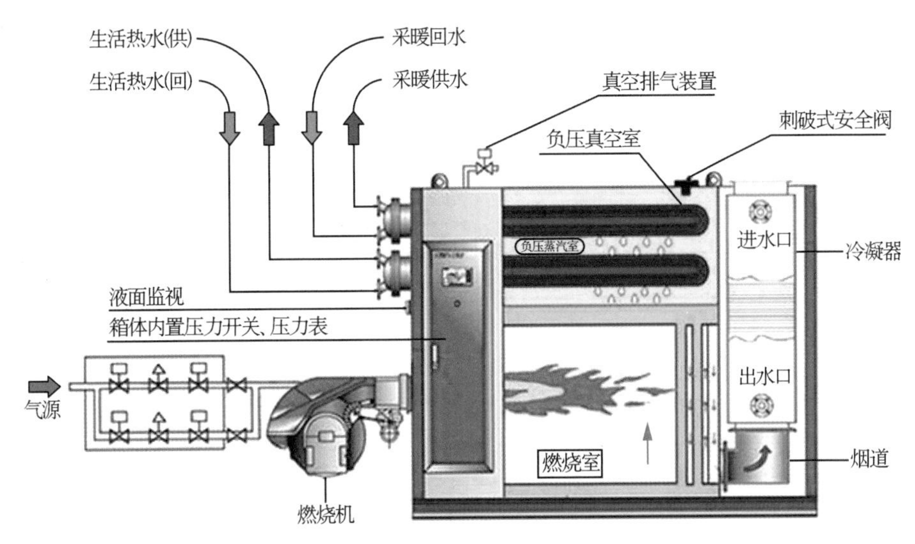

图 4-9 真空型燃气热水锅炉

(2) 主要优势。①负压运行无爆炸危险；②由于热容量小，升温时间短，所以启停热损失较低，实际热效率高；③本体换热，可直接供应空调或符合生活热水所需的水温，既实现了供热系统的承压运行，又避免了换热器散热的损失与水泵功耗；④与"锅炉＋换热器"的间接供热系统相比，投资与占地面积均有较大节省；⑤热媒水间接换热，不洁净的循环水不接触受热面，因此没有水质问题，保证效率，无排污热损失等。

(3) 案例分享。上海虹口三至喜来登酒店建筑面积 70 000 m^2，客房 400 余间，设置 2 台额定发热量 2.8 MW 的真空型燃气热水锅炉作为空调热源，1 台额定发热量 2.1 MW 的真空型燃气热水锅炉作为空调热源和生活热水热源，2 台额定发热量 1.75 MW 的真空型燃气热水锅炉作为生活热水热源。

4) 采用模块化锅炉

(1) 工作原理。将若干模块化设计的小型锅炉并联组合，自控系统可根据系统热负荷的大小，自动调节模块启停，当每个模块达到满负荷时再启动另一个模块，从而保证系统的输出热量始终与实际需求热负荷相匹配。在调节过程中，单体锅炉的燃烧工况不变，确保每台锅炉均在较高效率状态下运行，最大限度地提高了整个系统的运行热效率，解决了大型锅炉在部分负荷下运行效率较低的问题。控制系统也可以自动平衡每个模块的工作时间，延长系统整体使用寿命。同时，模块化锅炉的水容量较小，散热损失仅为传统卧式燃气锅炉的10%～15%，其在部分负荷下的效率亦能保持较高水平。

模块化锅炉水容量较小，当采用一次泵变频系统时，锅炉运行易受到热水流量变化的影响；当部分锅炉关闭时，仍会有高温水流经锅炉，不仅有本体散热，也会有锅炉烟道散热，虽然可以配备电磁阀，但在调节过程中，流量存在瞬间变化，造成欠水现象。因此，更推荐使用二级泵系统（图4-10），确保锅炉流量稳定，避免因旁流而影响锅炉流量和待机锅炉的热量损失；实现热源与热网的解耦，当末端负荷频繁变化时，流经锅炉的流量稳定，使锅炉在安全、稳定的条件下工作。

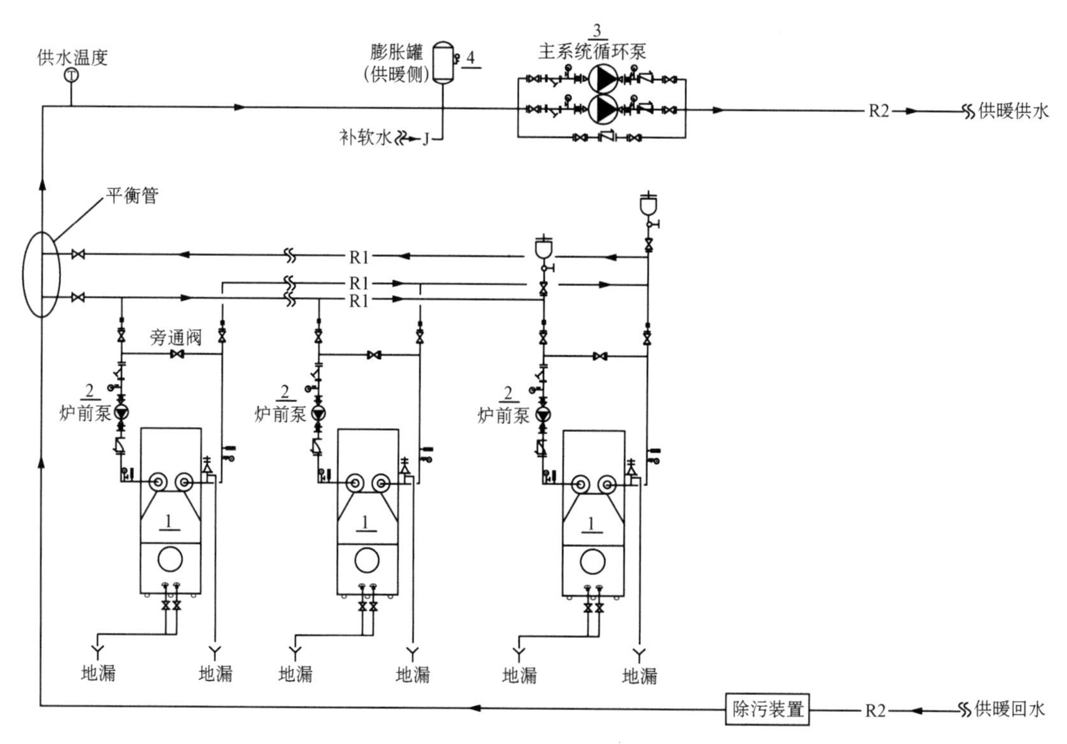

图4-10　模块锅炉二级泵系统示意

（2）案例分享。南京某五星级酒店热源改造。原设计采用2台8 T/h油气两用锅炉，除洗衣房蒸汽外，空调热水及生活热水均采用汽-水换热器供应。改造方案采用6台额定热功率1 020 kW的模块锅炉供应空调及生活热水，锅炉全工况下热效率大于95%。一次水供/回水温度为85℃/65℃，2台1 t/h蒸汽发生器供应蒸汽需求，水系统为二级泵供暖系统。

锅炉自带主从机控制系统，控制上选定其中1台锅炉设置为系统主机，其他锅炉设置为系统从机。自带系统温控、室外温度补偿、锅炉进/出水温控等功能可以根据锅炉进/出水温度、系统供/回水温度、水箱温度等信号点进行调节。改造后燃气消耗量减少了约50%,改造节能率可见表4-3。

表4-3 改造节能率

年份		锅炉天然气耗量/m^3	节能率/%
改造前	2015年	1 045 296	—
	2016年	999 225	—
	2017年	935 419	—
	2018年	878 175	—
改造后	2019年	718 704	18
	2020年	452 657	37

注:节能率为相比于前一年的节能率。

5)解决锅炉水质问题

锅炉水质与锅炉的安全经济运行密切相关,锅炉水质不好,会使受热面上结水垢,影响传热效果,浪费燃料,严重的还会造成锅筒鼓包,管子堵塞而引起事故。炉水中含有的各种杂质,还会腐蚀金属,缩短锅炉的使用寿命。因此,须重视锅炉水质治理,采用有效的防垢、除垢技术。

软化水设备可以去除水中钙、镁等离子,软化水质,合理控制锅炉的排污率,从而减少水垢,提高锅炉热效率。除此之外,加化学药剂也是对锅炉水除氧、阻垢、缓蚀的有效方法。

4.2.3 空气源热泵

空气源热泵机组利用室外空气作为热源和冷源来制取空调热水和空调冷水,在业界被认为是一种间接利用太阳能的可再生能源利用技术。与宾馆建筑常用的燃气热水锅炉相比,空气源热泵机组供热的用电费用通常低于锅炉供热的燃气费用,且无需占用室内机房面积,无燃气配套费用,管理简单方便,运行安全,因而在中小型宾馆建筑中得到大量的应用。相对来说,电价比较稳定,而燃气价格受国际能源价格的影响而逐年升高,2022年上海非居民用户燃气价格调整为5.18元/m^3,空气源热泵机组供热的经济性优势愈发明显,对于建筑运行费用比较敏感的宾馆建筑来说,空气源热泵机组的使用将越来越多。

空气源热泵向室外空气中散热制取空调冷水或者从室外空气中吸热制取空调热水,其制冷、制热性能和运行耗能与室外空气密切相关,在应用时需考虑宾馆所在气候区的因素。对于夏热冬暖地区,供冷时间较长,几乎无供热需求,通常采用水冷却电制冷机组供冷,很少有宾馆项目采用空气源热泵。对于夏热冬冷地区,每年12月至次年3月份需要供热，供热时间相对较长，采用空气源热泵供热则经济性较好，因而是空气源热泵比较适用的气候区，实际应用案例多。对于寒冷地区，空气源热泵的供热能力受低温空气影响而衰减较大，适用性较差，随着近年来喷气增焓等技术的应用，空气源热泵在低温环境下的供热能力和供热质量大幅提高，因而在寒冷地区的使用也更为广泛。

1. 四管制空气源热泵系统

近年来，随着制冷剂流量精确分配技术和供冷、供热温度控制技术的发展，可同时供冷和供热的四管制空气源热泵机组产品已较为成熟，现大量应用于医院的净化手术室中，也逐步在宾馆建筑中得到应用。

四管制空气源热泵机组由压缩机、冷凝器、蒸发器和可变功能风侧翅片式换热器等组成。蒸发器生产冷冻水，作为系统的冷源；冷凝器生产热水，作为系统的热源。翅片式换热器既可作为蒸发器也可作为冷凝器，根据系统需要进行蒸发器功能和冷凝器功能的切换，进行冷热量平衡调节。按制冷剂回路的不同，四管制空气源热泵机组分为双独立回路系统和单回路系统两种。

1）双独立回路系统

双独立回路系统包括 2 台压缩机、2 个管壳式冷凝器、1 个管壳式蒸发器和 2 个翅片式换热器。该系统一年四季可实现三种运行模式：单制冷、单制热、制冷＋制热（设备自动平衡冷热量）。

单制冷运行模式的工作原理如图 4-11 所示，管壳式冷凝器不工作，翅片式换热器作为冷凝器进行散热，管壳式蒸发器换取空调冷水。

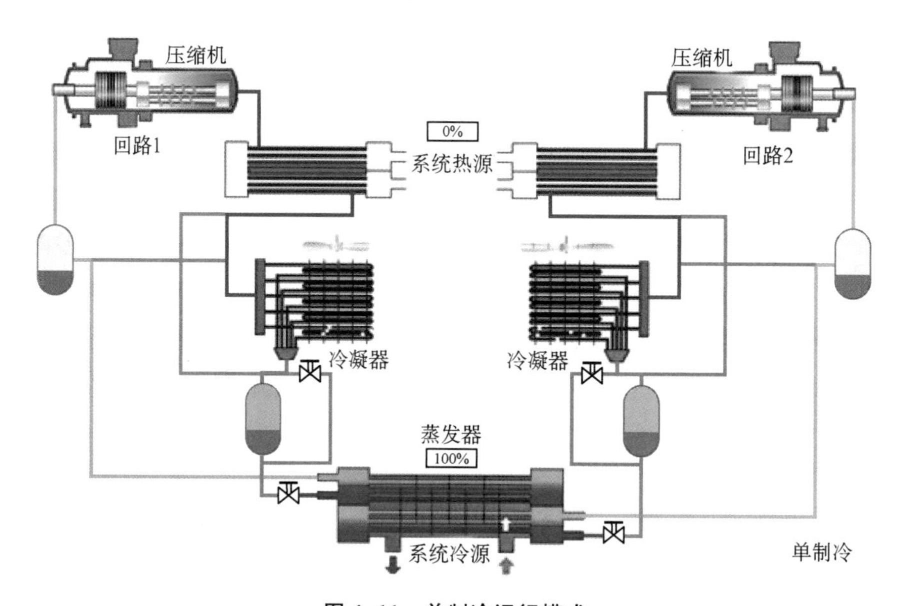

图 4-11　单制冷运行模式

单制热运行模式的工作原理如图 4-12 所示，管壳式蒸发器不工作，通过制冷剂管路切换，翅片式换热器切换为蒸发器进行吸热，管壳式冷凝器换取空调热水。

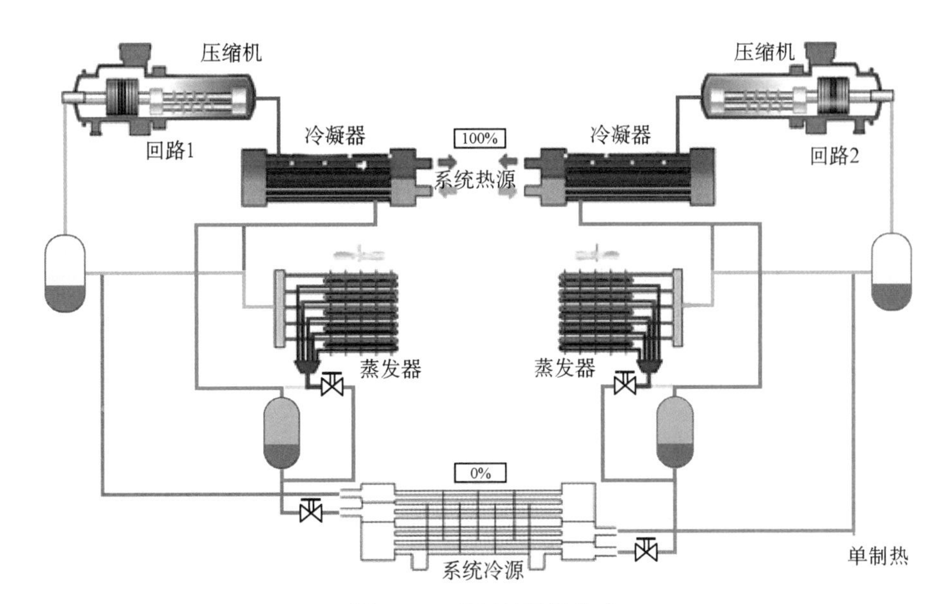

图 4-12　单制热运行模式

同时制冷＋制热运行模式可分为以下三种：

(1) 制冷量、制热量均为 100%满负荷工况，其工作原理如图 4-13 所示。翅片式换热器不工作，管壳式冷凝器换取空调热水，管壳式蒸发器换取空调冷水。

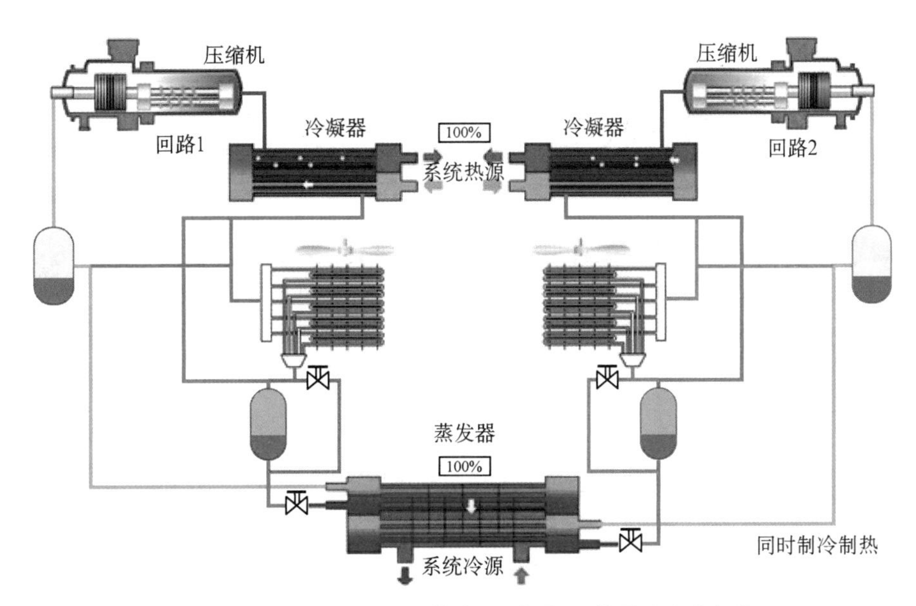

图 4-13　制冷＋制热运行模式(制冷量、制热量均为满负荷)

(2) 制冷量大于制热量工况，其工作原理如图 4-14 所示，管壳式冷凝器换取空调热水，管壳式蒸发器换取空调冷水，翅片式换热器切换为冷凝器进行散热。

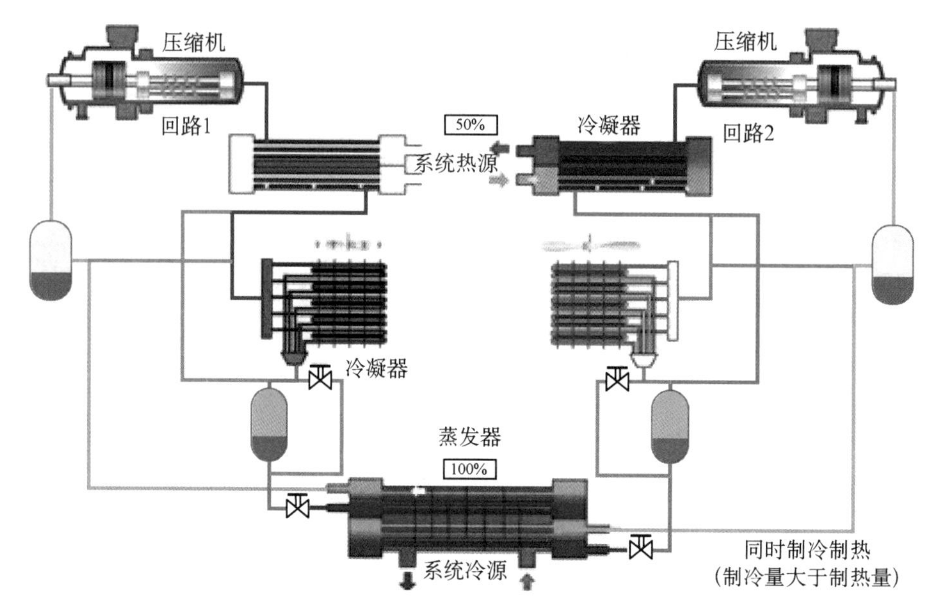

图 4-14　制冷+制热运行模式(制冷量大于制热量)

(3) 制冷量小于制热量工况，其工作原理如图 4-15 所示，管壳式冷凝器换取空调热水，管壳式蒸发器换取空调冷水，翅片式换热器切换为蒸发器进行吸热。

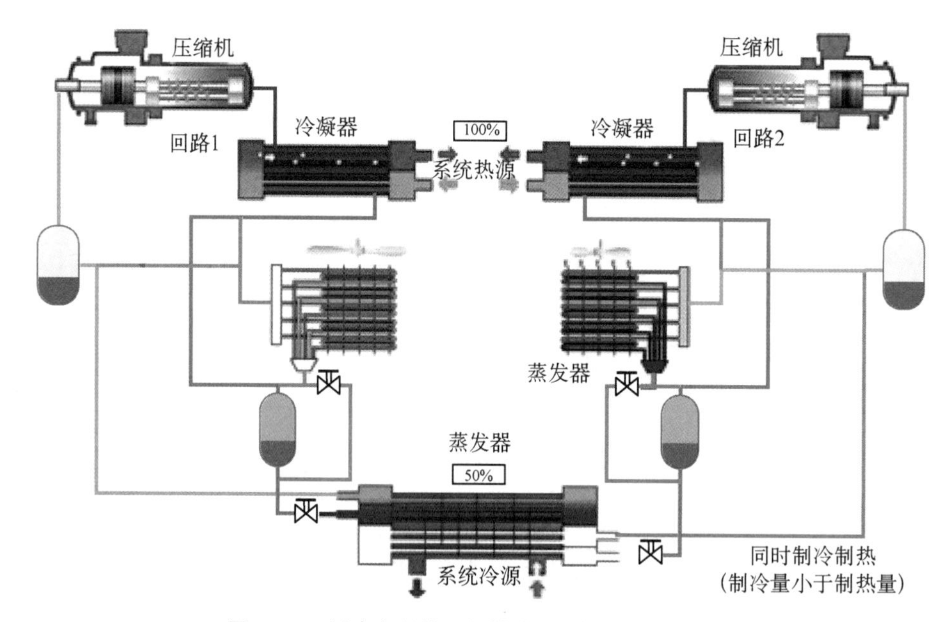

图 4-15　制冷+制热运行模式(制冷量小于制热量)

2）单回路系统

单回路系统包括1台压缩机、1个管壳式蒸发器、1个板式冷凝器、三通换向阀、电子膨胀阀、单向阀和1组翅片式换热器。通过三通换向阀、电子膨胀阀以及单向阀的切换，翅片式换热器进行冷凝器和蒸发器的功能转换，其工作原理见图4-16至图4-18。

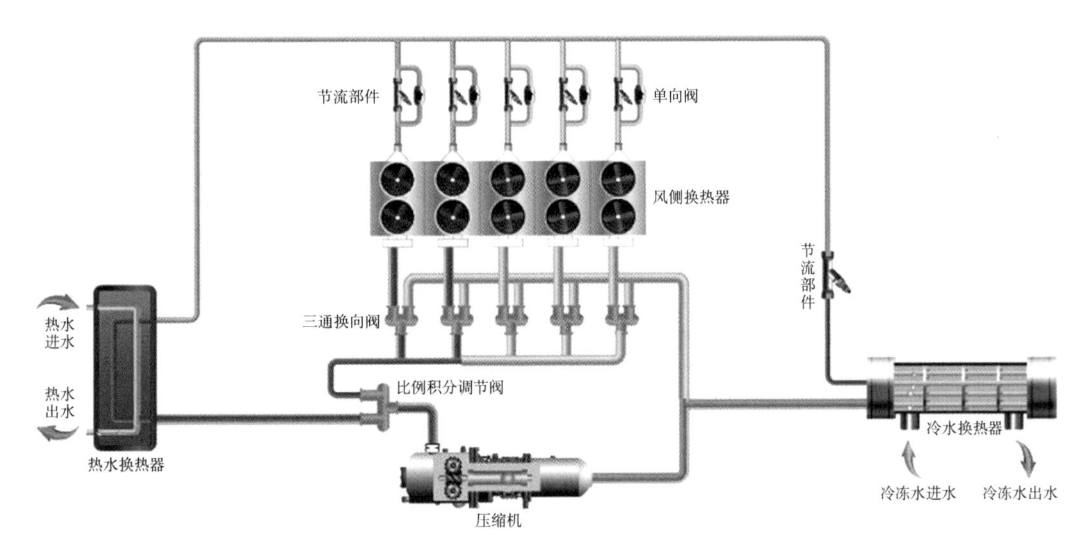

图4-16 同时制冷、制热运行模式(制冷量大于制热量)

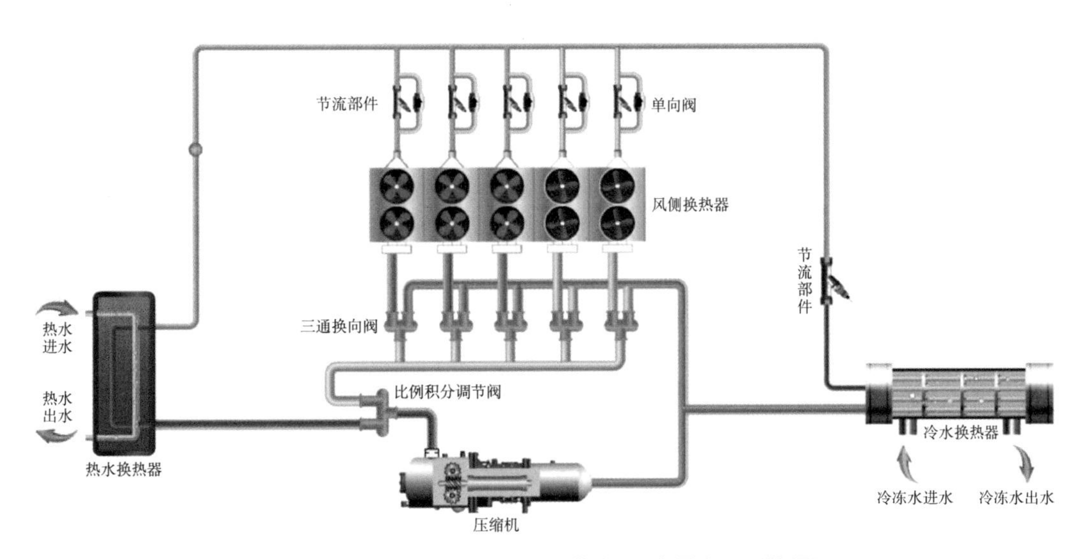

图4-17 同时制冷、制热运行模式(制冷量小于制热量)

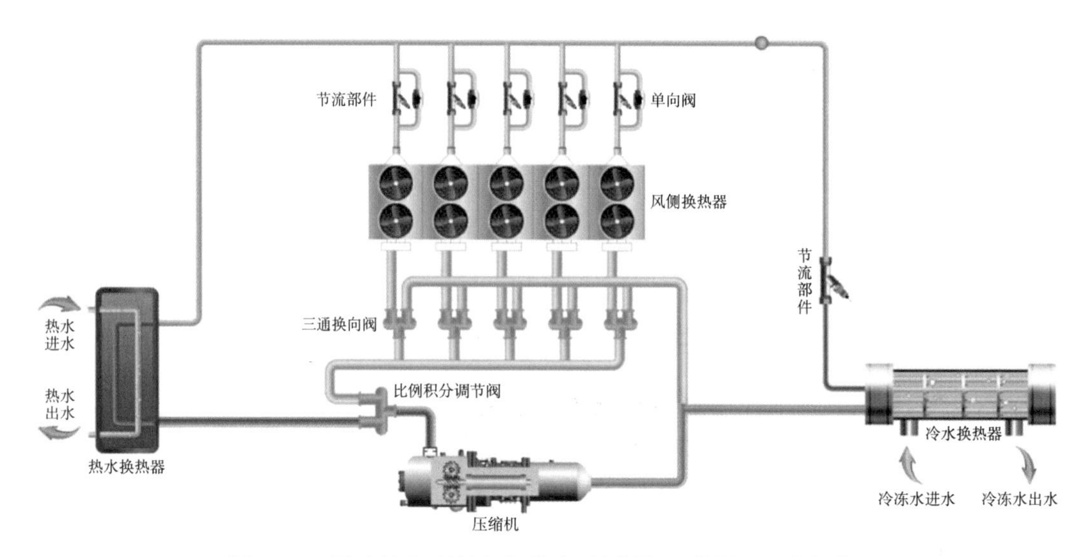

图 4-18　同时制冷、制热运行模式(制冷量、制热量均为满负荷)

图 4-19 为制热运行除霜模式,风侧换热器可逐级分步除霜,对出水水温的影响较小,能实现不间断供热。

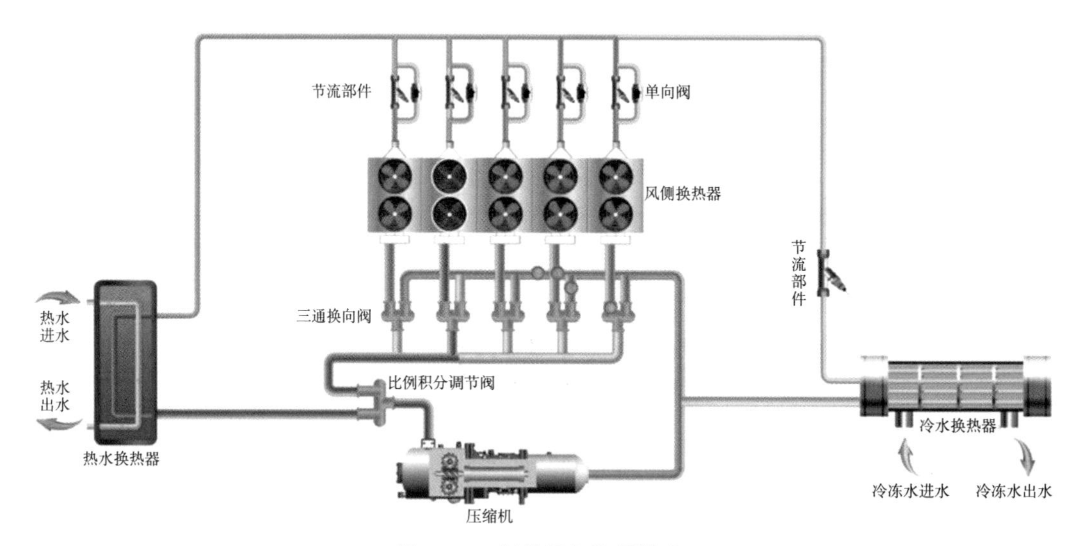

图 4-19　制热运行除霜模式

2. 蒸发冷却空气源热泵

与水冷却电制冷冷水机组比较,利用空气冷却的空气源热泵机组在额定工况下的制冷 *COP* 要低 30%～40%,为了提高空气源热泵机组制冷 *COP*,降低供冷用电量,一些空调厂商开发了带有蒸发冷却冷凝器的双冷凝器空气源热泵机组。当供热时,空气冷凝器运行,蒸发冷却冷凝器关闭;当制冷时,空气冷凝器关闭,蒸发冷却冷凝器运行,或者空气冷凝器与蒸发冷却冷凝器串联运行，制冷 *COP* 可达到 4.15 及以上。

图 4-20 和图 4-21 为麦克维尔模块式蒸发冷却热泵机组，热泵机组设有二级冷凝器，第一级冷凝器为风冷翅片换热器，第二级冷凝器为蒸发冷却换热器，制冷时从压缩机出来的高温制冷剂先流经铜管铝翅片换热器进行一级换热，再通过风机驱动空气把冷凝热带走。制冷剂从翅片式换热器出来后，再经过蒸发冷换热器进行二级加强换热，小功率冷却水泵把冷却水送至蒸发冷换热器上端的喷嘴，均匀地喷在蒸发冷换热器上，形成水膜，风机驱动空气，把水蒸发的汽化潜热排至大气中，进一步强化冷凝换热。由于蒸发冷却热泵机组的特性，环境干球温度升高对机组的制冷能力影响小，35℃以上高环境温度条件下机组制冷量最大提升 20%。

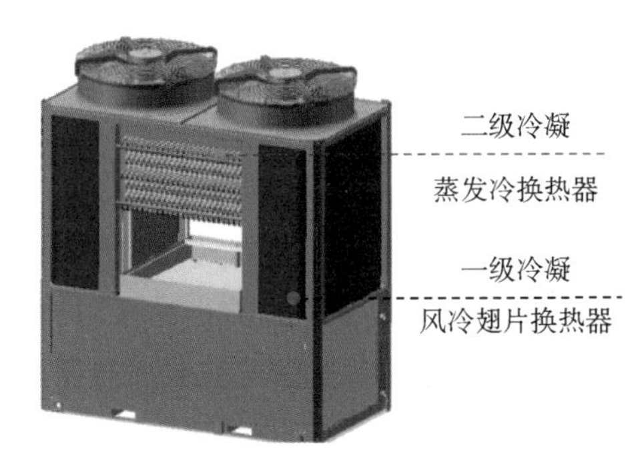

图 4-20 蒸发冷却空气源热泵构造

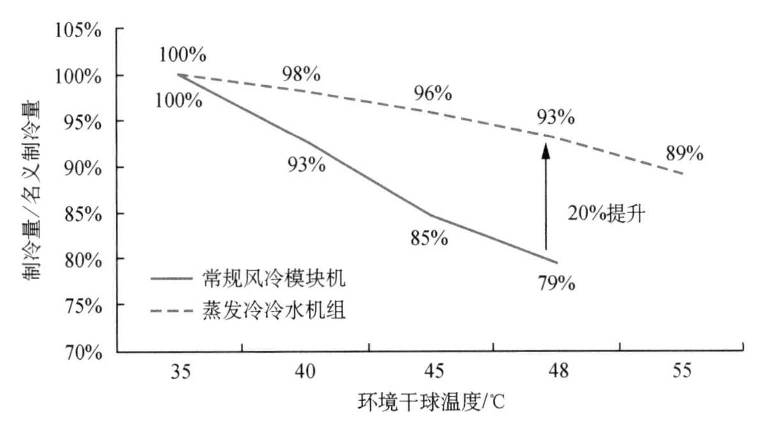

图 4-21 制冷量变化曲线

3. 空气源热泵设计要点

空气源热泵压缩机主要有涡旋式和螺杆式。涡旋式机组容量小、噪声低、机组尺寸小，其中制冷量 130 kW 的模块式机组因使用灵活而得到较多应用，适用于入住率变化大、空调负荷变化大的中小型宾馆建筑。与涡旋式机组相比，螺杆式机组 *COP* 较高，其中变频螺杆的制冷 IPLV 可达 4.4 以上，螺杆式热泵机组供冷供热量大，单台供冷最大可至

1 500 kW。定频与变频螺杆式机组性能曲线见图 4-22。

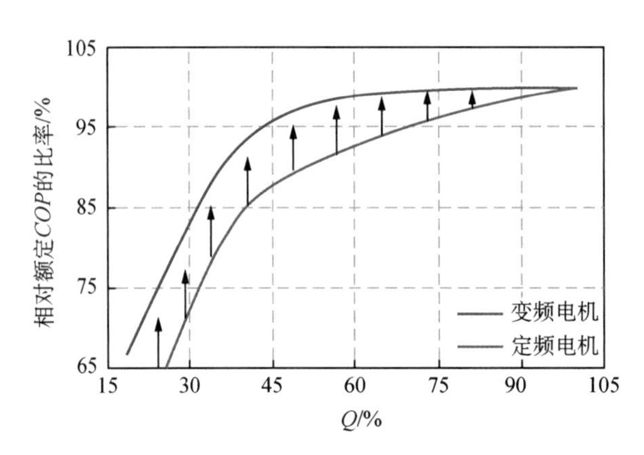

图 4-22　定频与变频螺杆式机组性能曲线

空气源热泵的供冷能力和供热能力与室外空气干球温度和湿球温度相关，其也受机组安装位置的通风条件的影响。在空气源热泵机组选型和设计时应考虑以下因素：

(1) 空气源热泵在冬季供热需考虑结霜引起的供热量急剧衰减等问题，由于宾馆建筑全天 24 h 运行，凌晨低温环境下的建筑需热量与热泵供热量应达到平衡。

(2) 宾馆建筑全年的最低负荷通常出现在春秋两季，为保证空调系统的经济运行，空气源热泵机组台数不应少于 3 台，优先采用多台压缩机的机组。

(3) 空气源热泵机组安装位置应具备良好的通风条件，机组进风面的间距应确保 2 m 以上，出风口高度与屋面女儿墙齐平，出风口上部不能有实心板遮挡，如上部有格栅顶应确保开口率不小于 80%。

(4) 近年来，冬季气温低于规范规定的室外设计气象参数的情况越来越多，低温天气时空气源热泵出水温度难以达到 45℃，建议空调箱和风机盘管的供热工况按供水温度 40℃选型。

(5) 采用四管制空气源热泵时，在夏季等非供热季节供冷时，应考虑将供热侧为生活热水预热提供热源。

4.2.4　自由冷暖多联机空调系统

1. 工作原理

自由冷暖多联机空调采用制冷剂三管制系统，即系统的制冷剂共用管由高/低压气管、吸入气管和液管三根管道组成，并通过 BS 装置附于一个或一组室内机上，专供个别室内机的工况转换控制，使一个或一组室内机可根据自身实时的制冷或制热要求，实现室内机气管与高/低压气管、吸入气管的相应转换连接，以及在同一套系统内同时制冷和制热，原理见图 4-23。

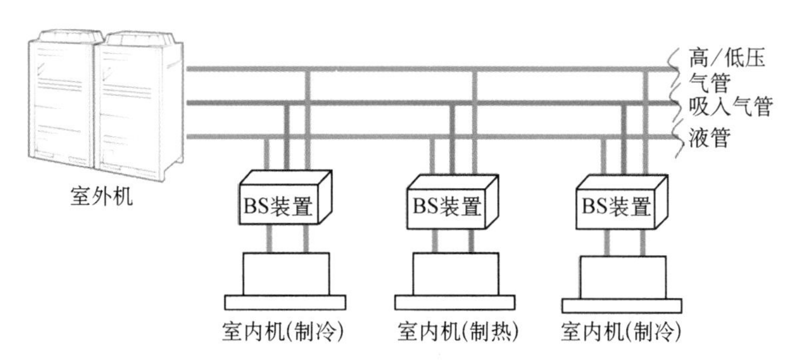

图 4-23 自由冷暖多联机空调系统

在夏热冬冷地区的过渡季节，由于太阳辐射的影响南向客房需要供冷，北向客房需要供热；甚至在冬季阳光强烈的天气时，具有大面积玻璃幕墙的南向客房也需要供冷，来自炎热地区如中东、非洲的客人也有供冷需求。

1）自由冷暖多联机空调具有的特点

（1）室内机同时制冷和制热，更灵活地满足了过渡季节用户个性化的需求。

（2）利用空调供冷的废热进行供热，有效提高了系统能效。

（3）多联机压缩机采用直流变频技术，部分负荷时的能效较高。

2）运行工况

自由冷暖空调系统通过 BS 装置的切换，可以满足同一套空调系统中，室内机实现同时制冷和制热。根据供冷量和供热量的差异，包括下列三种系统的运行工况。

（1）在制冷需求大于制热需求的情况下，总散热量大于吸热量，室外机放热，系统将制冷运转过程中产生的热量回收用于制热，如图 4-24 所示。

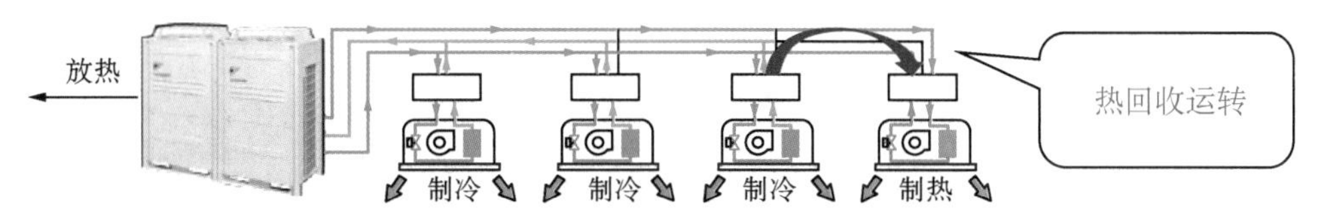

图 4-24 制冷需求大于制热需求

（2）在制热需求大于制冷需求的情况下，总散热量小于吸热量，室外机吸热，系统将制热运转过程中产生冷量回收用于制冷，具体可见图 4-25。

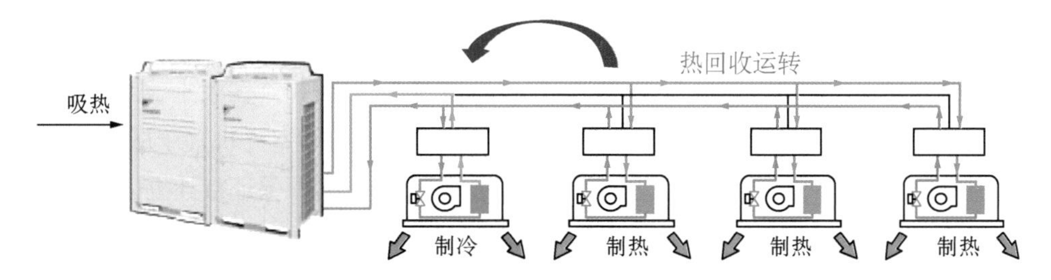

图 4-25 制热需求大于制冷需求

(3) 制冷需求与制热需求基本一致时，总散热量等于吸热量，系统处于热平衡状态，室外机不放热也不吸热；制冷、制热室内机互相回收热量，此时系统最节能，如图 4-26 所示。

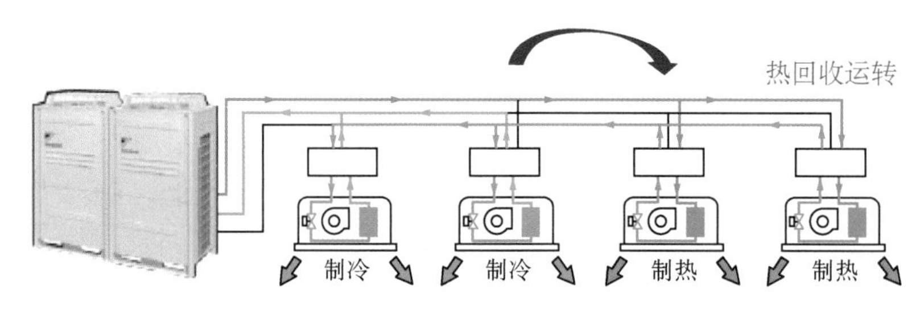

图 4-26　制冷需求与制热需求基本一致

2. 案例分享

美憬阁・索菲特酒店由万新集团福建滨海投资公司开发，美国波士顿集团规划设计，法国雅高集团运营管理，坐落于中国福建香山湾，是集团厦门・香山湾开发建设项目中重点标志性建筑之一。项目总建筑面积 50 000 m^2，建造时间历经 1 年(2016 年 6 月至 2017 年 6 月)，一期共 33 间客房。为了能更好地应对不同人群对冷暖的不同需求，在一期的 33 间客房中全部使用了自由冷暖多联机，以满足同时制冷制热的需求。

图 4-27　美憬阁・索菲特酒店

餐厅等公共区域配置多联机总容量为 376 马力[①](Horse Power, HP)，客房配置自由冷暖多联机总容量为 166 HP，新风系统配置多联机总容量为 102 HP。在大堂、走廊等大面积区域，使用自由静压风管机以及中静压风管机。由于屋顶为斜顶，室外机置于屋顶上可能会出现气流短路、散热不良等问题，所以在外机上加装了导流风帽，以保证室外机运转正常。

① 1 马力约等于 0.735 kW。

(a) 屋顶集中摆放

(b) 屋顶风口细节

图 4-28 酒店空调情况

4.2.5 余热回收系统

1. 冷凝热回收系统

冷凝热回收系统回收空调系统在制冷过程中产生的冷凝热并加以利用,能降低空调制冷系统运行中产生的热量,并减少对周围大气环境的热污染,减少"热岛效应",可起到节约能耗的作用。在宾馆建筑中冷凝热回收系统的目的多用于生活热水的预热或加热。

冷凝热回收系统按照制冷主机冷却方式的不同,可分为水冷机组冷凝热回收系统和风冷热泵机组冷凝热回收系统。按照热回收方式的不同,可分为直接式冷凝热回收系统和间接式冷凝热回收系统。直接式冷凝热回收系统是指制冷剂从压缩机出来后进入热回收装置直接与生活热水进行热交换,或与生活热水的加热循环水进行热交换,后者主要用于对生活热水品质要求较高的场所,如星级宾馆等场所。一般生活热水不允许直接进入制冷机,而是进入主机热回收冷凝器与制冷剂进行换热的热水作为加热热媒,通过换热器与生活热水进行热交换;间接式热回收是指利用常规制冷机的冷凝器侧排出的高温冷却水或者高温冷冻水回水与水-水热泵机组联合运行以制备生活热水,如热泵热回收系统。按照冷凝热回收的程度可以分为部分冷凝热回收和全部冷凝热回收系统,部分冷凝热回收是指主要回收压缩机出口制冷剂蒸汽显热,回收量较小;全部冷凝热回收是指利用回收制冷剂回收蒸汽的全部冷凝热,包括显热和潜热,回收热量较大。

1) 水冷冷水机组冷凝热回收系统

水冷冷水机组冷凝热回收系统,通常采用以下五种热回收方式:①辅助冷凝器的部分热回收系统;②并联双冷凝器的全部热回收系统;③单冷凝器的全部热回收系统;④热泵机组的冷却水热泵热回收系统;⑤热泵机组的冷冻水热泵热回收系统。

(1) 设置辅助冷凝器的部分热回收系统。

设置辅助冷凝器的部分热回收系统在压缩机和冷凝器之间增设一个辅助热一个热回

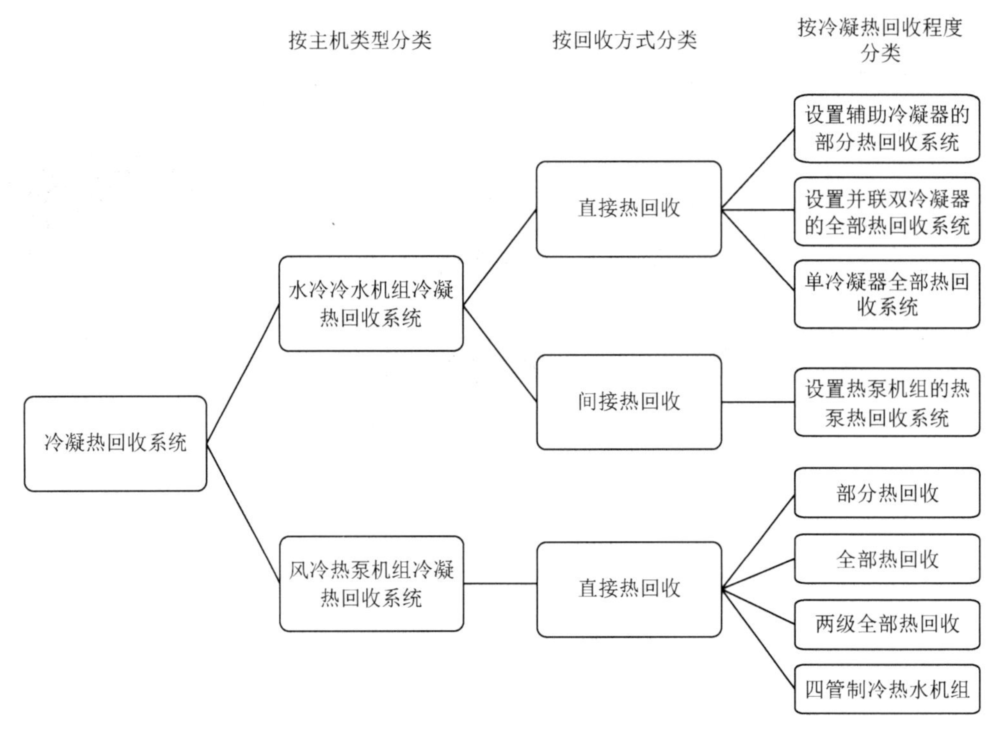

图 4-29　冷凝热水系统的分类

收冷凝器,即部分热回收。从压缩机排出的高温高压制冷剂气体先通过热回收冷凝器,再进入常规冷凝器,热回收冷凝器将部分热量传递给生活热水,剩余的热量通过常规冷凝器将热量传递给冷却水,再通过冷却塔释放到环境中去,其基本原理如图 4-30 所示。

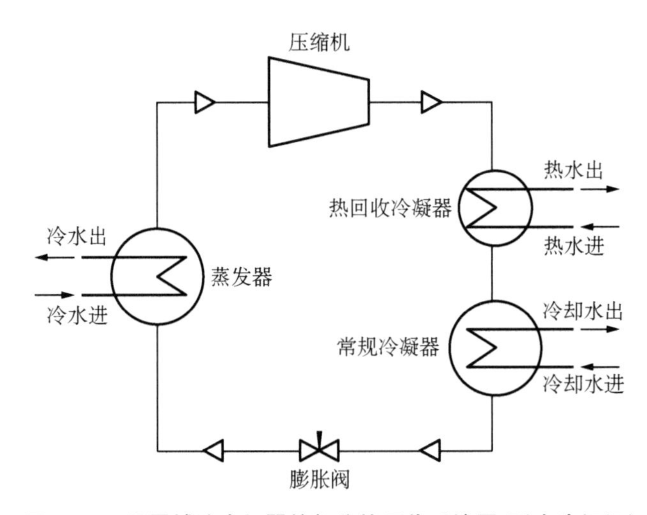

图 4-30　设置辅助冷凝器的部分热回收系统原理(水冷机组)

设置辅助冷凝器的部分热回收系统回收压缩机出口蒸汽显热,蒸汽的显热一般只占全部冷凝热的 15%左右,所以部分热回收系统的回收热量较少,通常为标准工况制冷量的 15%～20%。设置辅助冷凝器的部分热回收系统的主要特点如下：

① 可获得较高的热水温度，理论上可以无限接近压缩机的排气温度，制冷机多采用螺杆式冷水机组，热水温度最高可达 60℃，设计时供/回水温度一般可取 30℃/55℃，或 40℃/45℃，当采用 30℃/55℃时，可利用温差高达 25℃。

② 由于只回收显热，热回收装置的压降小，对机组的冷凝压力影响较小，对机组运行效率影响较小，机组制冷工况 *COP* 较高，冷水机组运行工况稳定，对于部分冷水机组而言，增加辅助换热器相当于增加了冷凝器的换热面积，因此可降低冷凝温度。根据厂家提供的机组性能参数，部分冷凝热回收后，若冷却水流量不变，机组的制冷量可提高 4%左右，机组综合能效比为制冷能效比的 1.25 倍，对于螺杆式制冷机组，热回收工况下其制冷时性能系数 *COP* 一般可达 4.2～5.0。

③ 热回收热量较小，热回收率较低，因此无法满足宾馆建筑大量生活热水的使用需求，必须设置辅助热源。

④ 与常规冷水机组相比，此类机组成本增加较少，一般仅增加 8%～10%[15]。

⑤ 机组进行热回收的前提是建筑物有制冷需求，当机组停止制冷时，无法进行热回收，所以机组热回收的时间受制于建筑物的供冷需求，热回收量与制冷负荷需求成正比。

（2）设置并联双冷凝器的全部热回收系统。

设置并联双冷凝器的全部热回收系统属于潜热回收，也称全热回收系统。基于常规冷水机组，在原有冷凝器旁并联一个等容量的冷凝器（热回收冷凝器），常规冷凝器与冷却塔相连，热回收冷凝器与生活热水系统相连。在普通工况下，从压缩机排出的高温高压制冷剂气体进入常规冷凝器，热量传递给冷却水再通过冷却塔释放到环境中；在热回工况下，热回收冷凝器压缩机排出的高温高压制冷剂气体进入热回收冷凝器，热回收冷凝器回收的热量用于生活热水供应，工作原理如图 4-31 所示。

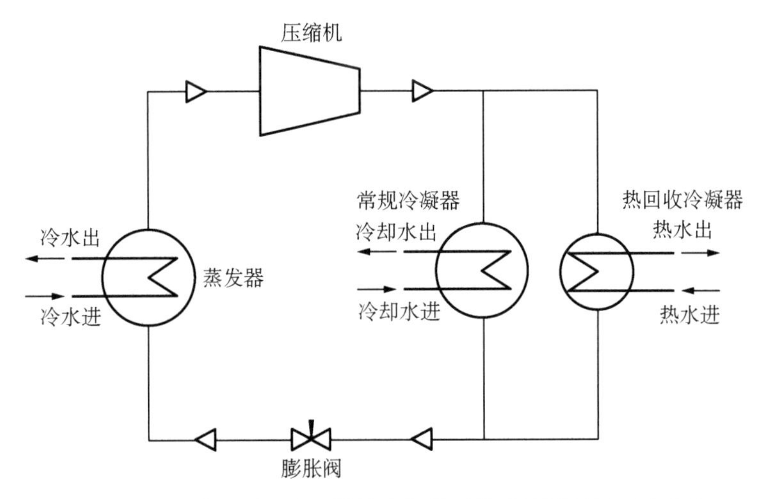

图 4-31 设置并联双冷凝器的全部热回收系统原理（水冷机组）

设置并联双冷凝器的全部热回收系统热回收量较大，回收量一般为制冷量的115%～125%。设置并联双冷凝器的全部热回收系统具有以下特点：

① 可获得热水温度相对较低。回收率较高时，热水回收温度较低，制冷机组一般采用螺杆式冷水机组或离心式冷水机组。对于离心式冷水机组热水最高温度可达43℃，一般供/回水温度设计值为30℃/41℃或35℃/41℃。

② 对机组冷凝压力和机组运行效率影响较大，机组制冷工况 *COP* 较低，影响幅度取决于回收率及热水的温度。随着出水温度的升高，影响逐渐增大，冷水机组运行工况稳定性差，对于螺杆式冷水机组，冷凝器温度每提高1℃，其制冷量将下降为0.8%～2%，其热回收工况下的制冷时性能系数一般为3.3～3.6；对于离心式冷水机组，冷凝器温度每提高1℃，其制冷量将下降约3%，其热回收工况下的制冷时性能系数一般为3.9～5.0。

③ 两组冷凝器不能同时运行，只能在普通工况和热回收工况下切换运行。

④ 热回收热量较大，热回收率高，夏季制冷时段可以做到不用或很少使用辅助热源加热就能满足生活热水的供热需要，可仅在非制冷期配置辅助热源。

⑤ 与常规冷水机组相比，此类机组成本增加较大，一般需增加20%～25%。

⑥ 机组进行热回收的前提是建筑物有制冷需求，当机组停止制冷时，无法进行热回收，机组热回收的时间受制于建筑物的供冷需求，热回收量与制冷负荷需求成正比。

(3) 单冷凝器全部热回收系统。

该系统与并联双冷凝器的全部热回收系统原理相同，如图4-32所示。二者区别在于：在单个冷凝器内增加热回收盘管，冷凝器内设置两组并联盘管，其中一组盘管为常规冷却水盘管，接至冷却塔，将热量释放给冷却塔。另外一组为热回收盘管，提供加热生活热水。这种双管束单冷凝器的结构形式实际是分体并联模式的简化形式。一些厂家有回收率较高的产品，当回收率较高时，其热水回收温度较低，一般为35～45℃；但降低机器成本是其重要的出发点，因此不会将冷凝器做得太大，回收热量比例不会太高，从多数厂家现有的产品样本来看，热回收率控制在10%～15%，回收热水温度控制在55℃左右。

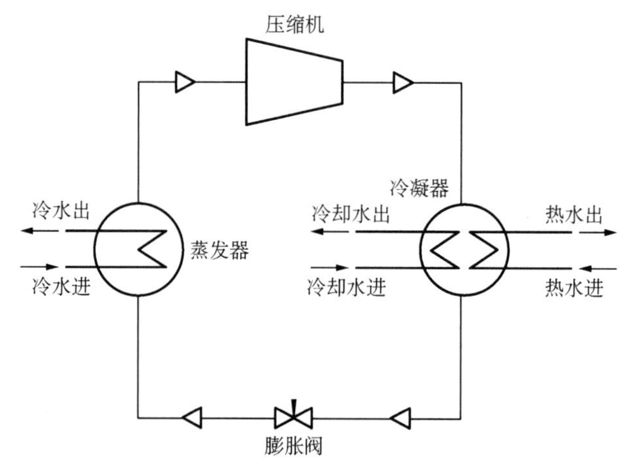

图4-32　单冷凝器全部热回收系统(水冷机组)

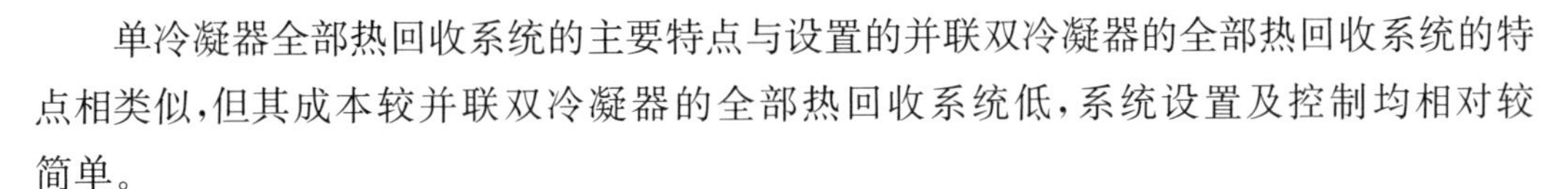

单冷凝器全部热回收系统的主要特点与设置的并联双冷凝器的全部热回收系统的特点相类似，但其成本较并联双冷凝器的全部热回收系统低，系统设置及控制均相对较简单。

（4）设置热泵机组的热泵热回收系统。

该系统属于间接式全部热回收系统，设有两组制冷系统，主要包括设置热泵机组的冷却水热泵热回水系统和设置热泵机组的冷冻水热泵热回水系统，两种形式见图 4-33 和图 4-34。图 4-33 为设置热泵机组的冷却水热泵热回水系统，制冷机冷凝器的出水温度为 37℃，37℃的冷却水通过一个旁通分成两路，一路进入水-水热泵热回收机组的蒸发器。37℃高温冷却水作为水-水热泵机组的低温热源，经过换热后与另外一路冷却水混合后流经冷却塔进行散热，根据用户侧的用热需求调节进入热泵热回收机组和进入冷却塔的冷却水流量。该系统可回收制冷机的部分冷凝热，适用于排气量大、排气温度较低的离心式冷水机组。由于水-水热泵机组的热源侧水温较高，热泵热回收机组的性能系数大大提高。

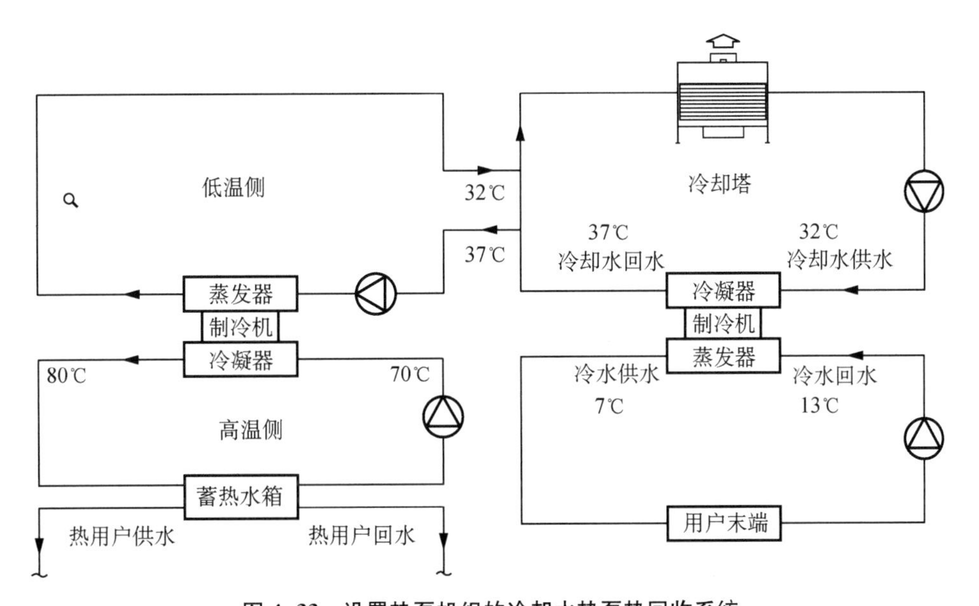

图 4-33　设置热泵机组的冷却水热泵热回收系统

在热泵机组高温侧宜设置蓄热水箱，避免热水需求变化而导致的热泵机组的频繁启停，以便保护热泵机组，同时确保供热系统的稳定。图 4-34 为设置热泵机组的冷冻水热泵热回水系统，制冷机蒸发器的回水温度为 13℃，13℃的冷冻水在进入冷水机组前通过一个旁通分成两路，一路进入水-水热泵热回收机组的蒸发器，13℃高温冷却水作为水-水热泵机组的低温热源，经过换热后和另外一路冷冻水回水混合后流回冷水机组，根据用户侧的用热需求调节进入热泵热回收机组和进入冷却塔的冷却水流量。该系统可回收制冷系统末端的热量，热回收量较小。由于冷冻水侧的冷水温度低于冷却水温度，其热泵热回收效率要低于采用冷却水侧的热泵热回收的系统，且由于热回收系统设置在冷冻水侧，对供冷系统的稳定性有一定影响。

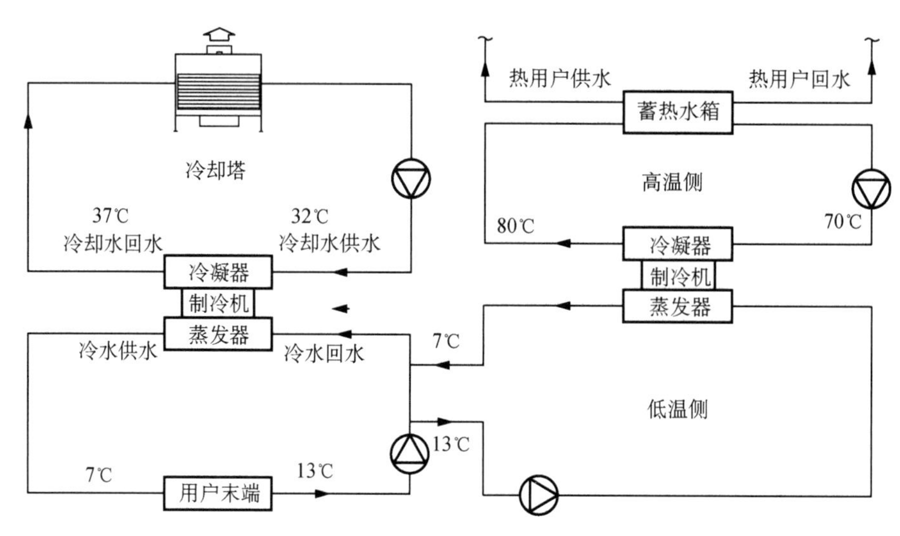

图 4-34　设置热泵机组的冷冻水热泵热回水系统

2）风冷热泵机组冷凝热回收系统

风冷热泵机组冷凝热回收系统，通常采用以下四种主要热回收方式：①设置辅助冷凝器的部分热回收系统；②设置并联双冷凝器的全部热回收系统；③设置两级串联的全热回收热泵；④设置四管制热泵机组。

（1）设置辅助冷凝器的部分热回收系统。

基本原理与水冷机机组设置辅助冷凝器的部分热回收系统相同，在普通的空气源热泵机组内增加 1 个串联的热回收器，独立连接生活热水系统。增加的热回收器设于压缩机与冷凝器之间，换热面积比冷凝器小，用以回收冷凝热的显热，可制取 55～60℃的高温热水，如图 4-35 所示，其主要特点除了与设置辅助冷凝器的水冷机组部分热回收系统的特点①—⑤相同外，还具有如下特点：冬季无法单独制取生活热水，在冬季，当空调系统的热水进/出水温度为 45℃/40℃，生活热水出水温度为 55～60℃时，如果空调系统与生活热水同时需要热量，部分热回收机组有热泵功能，则在热泵工况下可同时为空调和热水系统制热。但是冬季空调与生活热水系统需要的热量比例变化较大，当空调系统不运行时，仅制取生活热水的热量，机组的冷凝温度需要提高到热水出水温度以上，这需要在极低负荷的状态下运行，可能会导致无法开机，使热水系统的热量需求无法得到满足。因此部分热回收机组在冬季一般不能作为空调和生活热水系统的热源，只能被闲置。由于宾馆建筑冬季热水的热负荷比夏季大，因此只能另设冬季空调及生活热水的热源设备，这会增加总投资，同时增设的热源设备在夏季闲置，造成不必要的浪费。

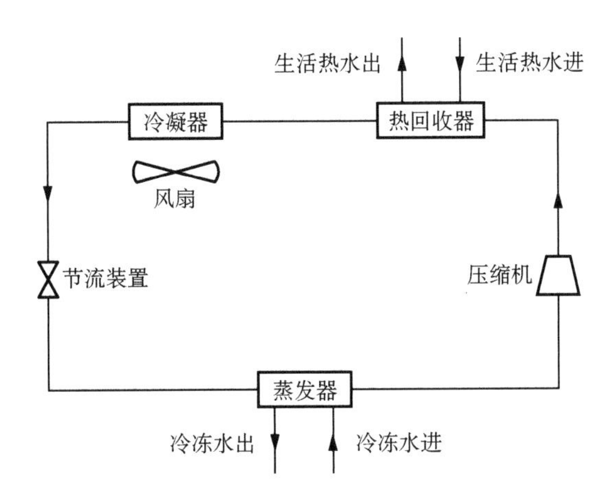

图 4-35 设置辅助冷凝器的部分热回收系统原理(风冷热泵)

(2) 设置并联双冷凝器的部分热回收系统。

基本原理与水冷机机组设置并联双冷凝器的部分热回收系统相同,如图 4-36 所示,主要特点除了与设置并联双冷凝器的水冷机组部分热回收系统的特点①—⑥相同。该系统可在如下 5 种工况下运行:

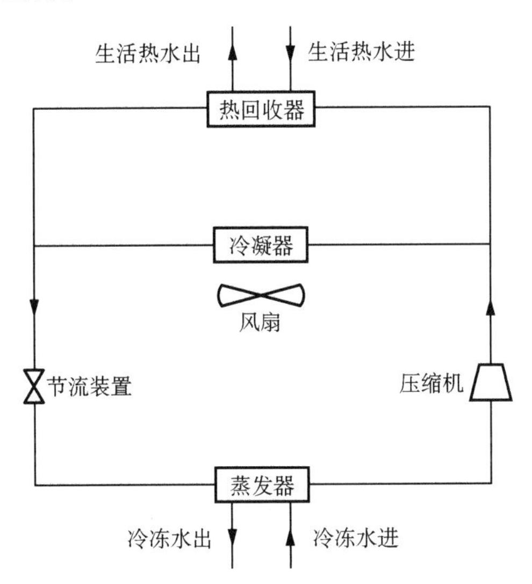

图 4-36 设置并联双冷凝器的全部热回收系统原理(风冷热泵)

① 空调制冷工况:空调制冷系统正常运行,冷凝器排放全部冷凝热。

② 制冷+热回收工况:空调制冷系统正常运行,同时回收全部冷凝热量用来加热生活热水。

③ 空调制热工况:在热泵工况下运行,全部制热量供给空调系统。

④ 生活热水制热工况:在热泵工况下运行,全部热量供给生活热水系统。

⑤ 加热生活热水与空调系统制热,要进行工况切换,或者采用不同的机组分别给空调和热水系统供热。

(3) 设置两级串联的全热回收空气源热泵机组。

两级串联的热回收空气源热泵机组是指在空气源热泵机组的基础上,设置两级串联的热回收器,分别制取不同温度的生活热水的机组,该机组无需改变空调制冷工况、冷凝温度工况和冷凝温度,可实现全部热量回收,包括过冷热的回收。

这种新型全热回收机组每级热回收器分别对应一个热水系统。第一级热回收器靠近压缩机出口,能回收冷凝热的显热部分,虽然显热量相对较少,但是可以制取高达 60℃以上的热水,与热水系统组成高温热水系统。第二级热回收器回收剩余的冷凝热及过冷热,冷凝温度一般为 43～50℃,与热水系统组成中温热水系统,若换热器冷凝温度与水温按 2℃温差考虑,中温热水温度可达 41～48℃。两级串联的全热回收机组热回收示意见图 4-37[16]。

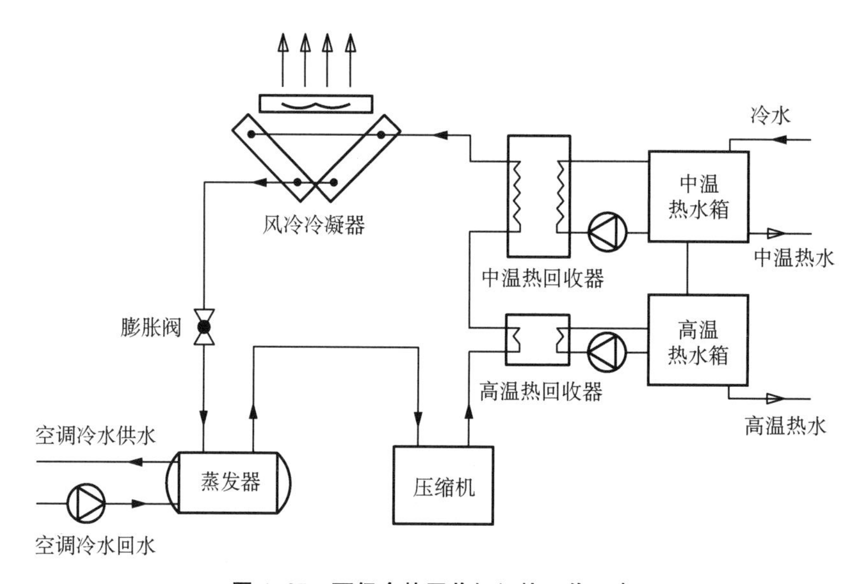

图 4-37　两级全热回收机组热回收示意

两级串联全热回收机组的优点主要包括:

① 两级热回收器可以完成所有的冷凝热的回收,热量可按需回收,无需额外的费用。由于中温热水系统温度低,还可加大过冷度,增加冷凝热量及空调制冷量,提高制冷能效比和冷热能综合能效比。

② 中温热水系统的出水可作为高温热水系统的补水,实现梯级回收。

③ 高、中温热水系统可以根据用户需求选择其中的一个系统单独运行,或者两个系统的水按比例混合,形成多种温度的水以供用户选择。

两级全热回收机组的缺点为:由于设置了 2 个热回收器,设备的初投资略有增加。该机组也可以在 5 种工况下运行,其中 3 种工况与传统的全热回收机组相同,以下 2 种工况与传统的有所不同。

① 制冷＋热回收工况:空调制冷系统正常运行,两级串联热回收器可以根据热水系

统的需要，灵活调节回收的热量，可在总冷凝热量 0～100%范围内任意调节，余下的冷凝热由冷凝器排至室外。

② 同时为生活热水与空调系统制热：机组同时给空调系统及高、中温热水系统提供热量。不需要大幅提高冷凝温度，只需要满足空调热水的出水温度。热水系统与空调系统可按比例取热。

冷凝热回收系统的控制目的是最大限度地回收和利用制冷机制冷过程中排出的冷凝热，并在提高制冷机热回收性能系数的同时，尽量降低对制冷性能系数的影响。冷凝热回收装置通常采取的控制方法为：依据生活热水的需求，合理调节冷凝热回收装置的回收量、冷凝器回水温度及辅助加热量，使三者运行合理有效。

冷凝热回收系统在宾馆建筑中的设计要点及注意事项主要包括：

① 分析项目空调负荷特性与生活热水的负荷特性。

② 根据热回收形式确定热回收供/回水温度，大多数情况下热回收温度一般设定在55℃，设置热泵机组的热泵热回水系统热回收温度较高，可以达到 70～80℃。

③ 由于冷凝热回收与生活热水使用存在不同步的问题，从生活热水供应的可靠性方面以及热回收运行稳定性考虑，一般需要设置蓄热水箱及辅助热源。

(4) 设置四管制冷热水机组

近年来，某厂家研发的风冷热泵的四管制冷热水机组技术结合了"热回收"与"冷回收"，专门用于同时供冷供热的四管制空调水系统中，工作原理如图 4-38 所示。

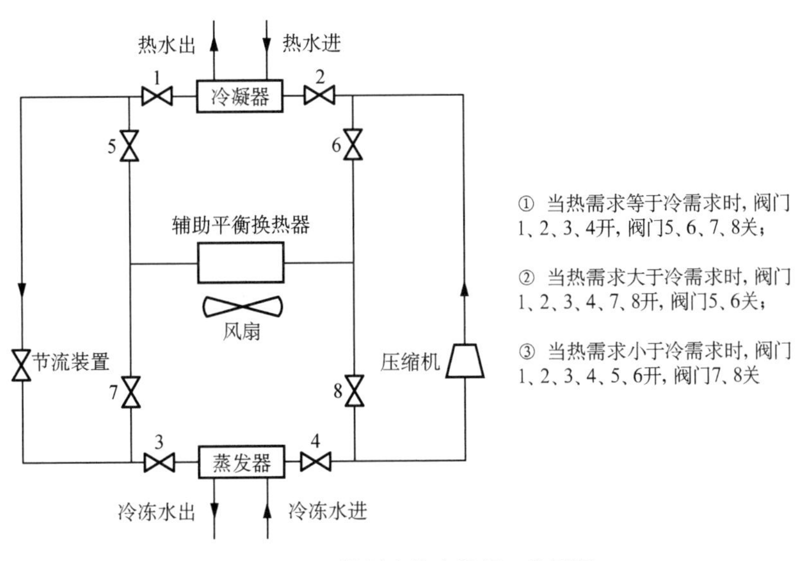

图 4-38 四管制冷热水机组工作原理

四管制风冷热泵机组的四种工作模式切换灵活，可最大限度地节省运行费用，并实现以下四种工况：

① 传统的制冷模式。

② 当过渡季节冷负荷大时，制冷优先运行，实现热回收，冷热负荷之间无确定比例关系。

③ 当过渡季节制热量大时，制热优先，实现冷回收，冷热负荷之间无确定比例关系。

④ 可以实现制热的同时，提供生活热水。

根据图 4-38，能量提升机采用了辅助平衡换热器，当冷热负荷需求相等时，阀门 1、2、3、4 打开，阀门 5、6、7、8 关闭，此时辅助平衡换热器关闭；当冷负荷需求大于热负荷时，主机处于制冷优先状态，图 4-38 中阀门 1、2、3、4、5、6 开，阀门 7、8 关闭，此时冷凝器就是一个热回收器，平衡器才是真正意义上的冷凝器；当热负荷需求大于冷负荷时，主机处于制热优先状态，此时图 4-38 中阀门 1、2、3、4、7、8 开，阀门 5、6 关闭，蒸发器就是个冷回收器，辅助热平衡器才是真正意义上的蒸发器。风冷热泵能量提升机可以根据外部负荷需要，任意调整制冷或制热优先，在其标定的最大制冷、制热范围内实现制冷或制热任意比例负荷，满足楼宇冷热负荷的需求，实现夏热冬冷地区过渡季节同时制冷、制热的需求。从图 4-38 中可以看出，该系统已不存在常规风冷热泵切换制冷制热模式所必需的四通换向阀门。

2. 废热回收热泵热水机组系统

1）废热回收热泵热水机组原理与特点

废热回收热泵热水机组主要是利用酒店中冷冻机房、锅炉房、热交换机房和洗衣房等空间的大量散热，作为热泵的热源提供生活热水并适当为该场所降温。

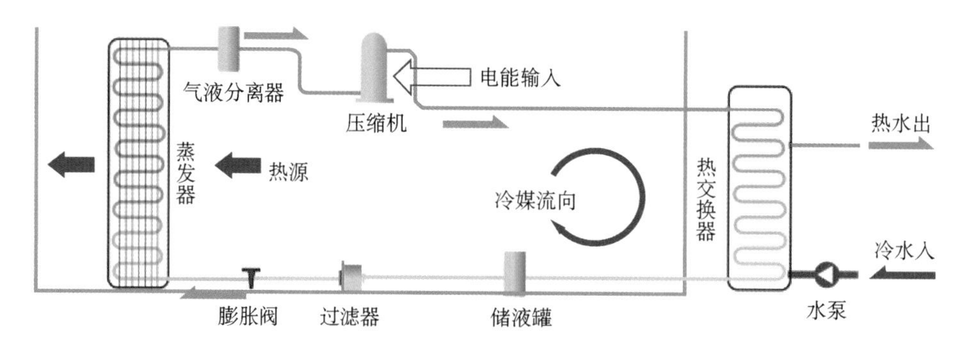

图 4-39　废热回收热泵热水机组工作原理

(1) 废热回收热泵热水机组的主要优点

① 利用废热提供生活热水，可大大减少酒店锅炉运行时间，节约运行费用。

② 间接减少锅炉烟气的排放量，环保效益明显。

③ 在提供生活热水的同时，能为机房、洗衣房提供冷空调，降低该场所的环境温度，延长设备使用寿命，改善室内工作环境。

④ 由于热水热泵布置在室内，提高热泵机组使用寿命，以避免室外气象变化对热泵

热水机组出水温度波动的影响。

⑤ 该系统与原锅炉热水系统互为备用，提高了酒店热水系统的可靠性。

(2) 废热回收热泵热水机组系统分类与组成。

废热回收热泵热水机组系统通常由热泵机组、循环水泵、储热水箱以及生活热水供热水泵等组成。其主要分为两大类：循环式热泵热水机组系统与直热式热水循环系统。

① 循环式热泵热水机组系统指热泵热水循环系统与生活热水循环系统的两个水系统之间设置换热器的热水循环系统，生活热水系统不直接参与热泵循环系统。

② 直热式热水循环系统指热泵热水系统直接供给生活热水的系统。

考虑到生活热水对水质要求高，同时生活热水为开式系统，水系统中含氧较高，为降低对热泵机组管路腐蚀等影响，建议采用循环式热泵热水机组系统。

2) 废热回收热泵热水机组设计要点

(1) 确定适合废热回收热泵热水机组设置的场所。

通常宾馆建筑中的冷冻机房、锅炉房、热交换机房和洗衣房等这类场所的设备散热量较大，适合设置废热回收热泵机组。目前有部分宾馆建筑在变电站内也设置该系统。考虑到循环水管需要接入机器，防止水管泄漏的隐患，笔者不建议在变电站这类电气场所设置循环水管。

(2) 根据上述场所的设备散热量选择废热回收热泵热水机组合适的容量。

(3) 废热回收热泵产生的热水建议就近利用的原则。

通常宾馆建筑锅炉房、冷冻机、热交换机房等场所毗邻生活热水机房布置，因此对于上述用房设置废热回收热泵产生的热水宜集中供生活热水使用。而对于设置在洗衣房内的废热回收热泵的热水系统建议就近为洗衣房服务。这一设置原则有利于降低系统输送能耗，减少管道和安装空间，便于运行和维护。

(4) 确定合适的储热容积热交换器的容量。

储热容积式热交换器的容量通常按存储 1 h 的废热热泵生产的热量来设定，这与生活热水系统储热量一致。

(5) 废热回收热泵循环系统水力平衡措施。

由于废热回收热泵采用多组分散布置的方式，各组热泵循环热水集中至容积式热交换器，因此需要采取必要的水力平衡措施，通常可以在每组泵组支路设置压差控制阀和动态平衡阀等，以平衡管路差异带来的水力失调问题，从而保证每台设备的循环水量。

(6) 需要关注废热回收热泵的噪声对工作场所的影响。

对于废热回收热泵设置在洗衣房等工作场所，需要关注废热回收热泵噪声对洗衣房工作人员噪声的影响。

4.2.6　水源热泵系统

水源热泵技术是随着全球能源危机和环境问题的出现而逐渐兴起的一种节能环保技术。水源热泵利用地球表面浅层水源（如地下水、河流和湖泊）中吸收的太阳能和地热能而形成的低温低位热能资源，并采用热泵原理，通过少量的高品位电能输入，实现低位热能向高位热能转移。按热源侧类型，水源热泵可分为水环热泵、地埋管（土壤源）热泵、地下水热泵、地表水（海水、河水、湖水）热泵和污水源热泵，按用途可分为供生活热水型、空调供冷兼供热型以及采暖供热型。

宾馆建筑有季节性的空调与供热采暖的需求以及全年的生活热水需求，因此供冷和供热的时间较长，为缩短采用水源热泵系统等节能技术的回收期提供有利条件。一些宾馆具备良好的低位热能资源条件，如能因地制宜地采用适合的水源热泵，可节约供冷或供热的能耗，降低运行费用。

水源热泵应用在宾馆建筑中具有以下优点：

(1) 高效节能。水源热泵可利用的低位热源水体温度相对稳定在一定范围内，水体温度夏季则低于环境空气温度，使冷却效率高于风冷式热泵和冷却塔冷却的冷水机组，从而提高机组供冷效率。冬季水体温度高于环境空气温度，供热效率高于空气源热泵，供热费用低于燃气锅炉。空调供冷和供热运行费用的降低，有利于控制宾馆建筑的运营成本。

(2) 节水省地。水源热泵以低位热源为散热源，无需冷却塔向大气散热，节省了冷却塔和冷却塔补水。水源热泵可以提供部分热负荷甚至全部热负荷，因此可减少锅炉容量或者甚至可以取消锅炉，节省锅炉房及配套设施。

(3) 环保效益显著。避免了冷却塔的噪声影响，降低了冷却塔漂水带来的军团菌传播的风险，避免了锅炉燃烧废气排放的空气污染。对于度假型酒店建筑，冷却塔放置位置、对庭院的噪声影响、漂水问题和烟气排放产生的景观问题均得到完美的解决。

宾馆建筑地理位置及服务功能的多样性、全年的空调及热水需求，为采用各种水源热泵系统提供了前提条件，水环热泵、地埋管（土壤源）热泵、地下水热泵、地表水（海水、河水、湖水）热泵以及污水源热泵均在宾馆建筑中得到了应用。

1. 水环热泵

1) 水环热泵系统概述

水环热泵系统用二管制的水环路将数量较多的水-空气热泵机组并联，利用建筑物内部余热或外部的低位热源进行供暖、供冷，带压缩机的热泵机组分散设置在各空调房间内，取代了集中设置的冷水机组，水环路的温度范围通常为15～40℃。图4-40为典型的水环热泵系统，由室内的水-空气热泵机组、二管制水循环管路系统和辅助冷热源设备（如冷却塔、加热设备、空气源热泵等）三部分组成。

当空调房间需要供冷时，房间的水-空气热泵机组按制冷工况运行，热泵机组将热量排放到水管路中；当空调房间需要供热时，房间的水-空气热泵机组按供热工况运行，热泵机组从水管路中吸热。当部分房间供冷而向水管路中放热时，其他房间供热可从同一水管路中吸热，这就有效利用了房间余热。当系统放热量与吸热量不平衡时，水管路的循环水温度将升高或降低，在水温超出热泵机组的工作范围时，需要通过辅助冷热源设备运行。

在工程应用中常见的辅助冷源一般为开式冷却塔＋板式换热器，辅助热源有燃气热水锅炉、电蓄热装置、空气源热泵热水机组、地源热泵（土壤源、地表水等）。燃气热水锅炉是利用天然气生产高温热水来降温使用，是能源的“高质低用”，不利于节能减碳减排，因此在特殊情况外不建议作为水环热泵系统的辅助热源。电蓄热装置通常为电热热水锅炉，利用低谷电力在夜间将蓄热罐放热后的20℃水温加热到90℃进行蓄热，蓄热罐的容积可按70℃的温差计算。空气源热泵热水机组的能源利用效率高于燃气热水锅炉和电蓄热装置，热泵热水出水温度通常为45℃，热水出水温度越低，热泵机组供热效率就越高，由于压缩机的最小压缩比限制，热泵机组热水出水温度不低于30℃。

图4-40为空气源热泵机组在不同环境温度下不同热水出水温度的*COP*变化曲线图，当空气源热泵热水机组作为辅助热源时，热水出水温度建议为30℃。土壤源、地表水、地下水和污水源等全年水温通常低于35℃，在水温适宜时可直接或通过板式换热器换热后作为水环热泵的辅助冷热源，这种方式最有利于提高水环热泵系统的*COP*，节能减排效果显著，运行费用最低。在冬季气温较低，土壤源、地表水、地下水以及污水源等热源水温低于15℃时，需设置水源热泵机组提高出水温度供应给水环热泵系统。

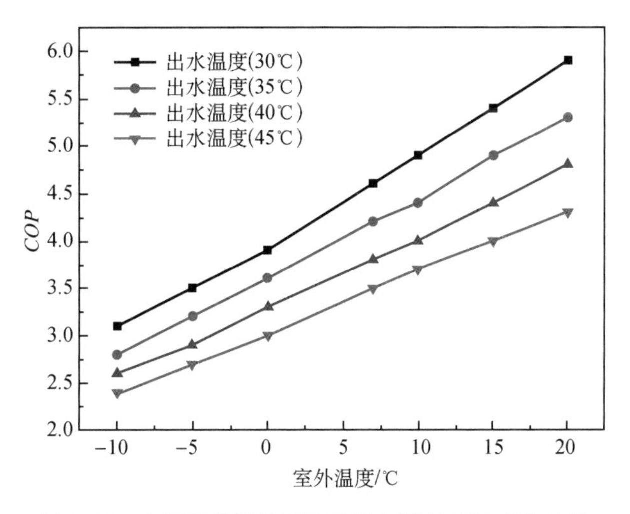

图4-40　空气源热泵机组不同出水温度*COP*变化曲线

水环热泵系统的空调末端通常采用小型的水-空气热泵机组，机组的制冷*COP*远低于大型水冷却电制冷机组，且设备维护工作量大，因而很少用于集中管理的宾馆建筑中，在空调计量要求高的酒店式公寓中有一些应用案例。

2）水环热泵系统适用场景

宾馆建筑采用水环热泵具有以下适用性：

（1）宾馆全年需保证室内舒适性的温度，在夏热冬冷地区的冷热交替季节；或在冬季时，建筑为南北朝向，其较长时间存在同时供冷和供热的需求。

（2）每套客房设有独用的水-空气热泵机组，对于开房率变化较大的宾馆，可节约机组的运行能耗。

（3）宾馆全年需供应生活热水，在夏季和过渡季节，生活热水热泵可从水环路中吸热，节约加热能耗。

3）宾馆建筑采用水环热泵要点

（1）有条件时，优先利用土壤源、地表水、地下水、污水源等低品位热源，无条件时可采用低温供热水的空气源热泵机组作为辅助热源。

（2）需进行全年负荷分析，确保水环热泵的经济性。

（3）水环路的温度在制冷季节应保持 20～40℃，制热季节应保持在 15～30℃。

（4）需要独立温度控制的小房间（如客房等），应采用分体式热泵机组，压缩机部分放置在卫生间吊顶内，并进行隔振降噪处理。

（5）大堂、餐厅、宴会厅等大空间，可采用大容量的整体式热泵机组，机组应设置在专用空调机房内，并做好隔振降噪处理。

（6）空调水环路的管径、循环水泵按供冷工况或供热工况中的最大容量进行设计。

（7）热泵机组的水流量为定流量，回水管上设置电动二通阀，根据机组的启停进行开关控制。

（8）水环路可采用变流量控制，水泵根据最不利管路的压差值进行变频运行。

（9）系统的冷却水量散热量包括建筑冷负荷和热泵机组的功耗，系统的加热量应为建筑热负荷减去热泵机组的功耗。

2. 地埋管（土壤源）热泵

1）地埋管（土壤源）热泵概述

地埋管（土壤源）热泵因地下（常温）土壤温度相对稳定的特性，可通过深埋于建筑物周围的管路系统与土壤进行换热，与此同时，热泵实现为建筑物供冷或供热的功能。热泵系统冬季从土壤中取热，向建筑物供暖；夏季则向土壤排热，为建筑物制冷。地下土壤温度全年较稳定，一般为 10～25℃，高于冬季室外温度，又低于夏季室外温度，因此与空气源热泵相比，地源热泵的效率提高较大。此外，土壤具有良好的蓄热性能，热泵冬季供热运行时从土壤中吸热，从而降低了土壤温度，蓄存了冷量供夏季使用；热泵夏季供冷运行时，利用土壤蓄存的冷量为建筑物降温，同时将热量蓄存在土壤中供冬季使用，这进一步提高了空调系统全年的能源利用效率。

地埋管(土壤源)热泵系统主要由地埋管换热系统、热泵机组和空调侧系统三个系统组成。地埋管换热系统为高密度聚乙烯管(HDPE)组成的、在地下循环的封闭环路,循环介质为水或防冻液。对于小型热泵机组,供热循环和制冷循环可通过热泵机组的转换阀(四通阀)使制冷剂的流向改变;对于大、中型热泵机组,供热循环和制冷循环时,制冷剂的流向并未改变,而常采用互换热泵机组的蒸发器和冷凝器的水侧进/出口而实现供热循环和供冷循环模式的切换。

2) 地埋管(土壤源)热泵适用场景

宾馆建筑采用地埋管(土壤源)热泵具有以下适用性:

(1) 地埋管换热系统深度 100 m 的单根埋管占地面积约 20 m^2,提供的供冷量约 5 kW,供热量约 3 kW,要求宾馆建筑有较大面积的绿化和庭院。若在城市郊区的酒店和度假型酒店往往拥有大面积的室外场地。

(2) 对于度假型酒店的别墅区域,其建筑面积小、空调负荷低,建筑周边有一定面积的埋管场地,热泵系统可承担全部的空调负荷以及生活热水负荷。

(3) 对于建筑面积较大的宾馆,用于埋管的室外场地面积限制,地埋管换热系统无法承担全部的空调负荷,还需配置常规的空调冷热源。

3) 宾馆建筑采用地埋管(土壤源)热泵设计要点

(1) 土壤热物性的勘察。土壤热物性是地埋管(土壤源)热泵方案设计的基础,其关系到土壤换热能力的确定及热泵机组的容量计算。土壤热物性参数中,如比定容热容、热导率和热扩散率及含水率影响土壤温度的变化规律,是必须通过测量或计算的,通过土壤热响应试验的方法来获得。另外,需要取得土壤层的地质结构、冻土层厚度等资料,便于评估地埋管换热器施工难度和初投资。根据以上勘察资料评估地埋管换热系统实施的可行性与经济性,并确定整个宾馆建筑的冷热源方案。

(2) 土壤的热平衡。全年土壤的吸热量和放热量不平衡,会导致地埋管区域土壤温度持续升高或降低,从而影响地埋管换热器的换热性能,降低热泵机组的工作效率。因此,必须考虑土壤全年冷热量的平衡设计,采用全年动态负荷计算的方法,以一年为计算周期进行地源热泵系统总释放热量与总吸热量的平衡计算和上层岩土温度场数值模拟。若二者无法平衡时,应考虑设置辅助热源或冷却塔辅助散热的方式来解决,同时需设置地温场监测系统对埋管区域的土壤温度进行测量,据此制定辅助热源和辅助散热的运行策略。

宾馆建筑需要 24 h 空调运行,当土壤的热扩散率不够快时将导致土壤温度快速变化,此时应间断运行地埋管换热系统。

(3) 地埋管换热器设计。由于场地面积有限,宾馆建筑的地埋管换热器通常采用垂直埋管方式,并将地埋管布置在室外绿化带和地面停车场下,由于施工难度过大,不建议采用地下室桩间埋管的方式。设计过程中应注意以下问题:

① 地埋管形式的选择。单U管和双U管施工简单，技术成熟，是应用最多的地埋管形式。钻孔孔径一般为110～150 mm，井深一般为60～100 m，钻孔间距一般为4～6 m，埋管内管直径一般为25 mm或32 mm。

② 地埋管环路的水力平衡。采用深埋管方式时，一般采用并联方式将各个井联系在一起，为使各井的水流量一致，应采用同程式系统。

③ 地埋管环路的压力控制。地埋管一般采用高密度聚乙烯管道(HDPE)，公称压力为1.25 MPa，采用冷却塔辅助散热时需注意冷却塔安装高度对地埋管工作压力的影响，如导致地埋管工作压力超过其公称压力时，需采取必要的措施，如冷却塔高度放低，或者采用板式换热器将冷却塔与地埋管环路进行压力隔绝。管路承受的最大压力按式(4-1)计算。

$$p = \Delta h \rho g + 0.5 p_h \tag{4-1}$$

式中　p——管路承受的最大压力，Pa；

ρ——埋管中的流体密度，kg/m^3；

h——埋管的最低点与冷却塔最高水位的高度差，m；

g——当地重力加速度，m/s^2；

p_h——水泵扬程，Pa。

3. 地下水水源热泵

1) 地下水水源热泵概述

地下水的水温常年稳定，常温带的地下水温度范围一般在10～22℃，稳定的地下水温度有利于水源热泵机组的高效运行。与其他水源热泵相比，地下水水源热泵系统的水温和水流量相对稳定，热泵机组运行能效比高，机组运行更为可靠稳定，无需辅助散热设备和辅助加热设备。热泵系统可供暖以及供空调系统使用，还可供生活热水，对于常年需空调和热水的宾馆建筑，在很短的时间内就可回收初投资。但同时该系统也有一定的应用限制：

(1) 适用于地下水资源丰富的地区，并且须得到当地资源管理部门的开采许可。

(2) 受水层地理结构的限制，当从地下抽水回灌使用时，必须考虑到使用地的地质结构，确保可以在经济条件下打井找到合适的水源，同时还应当考虑当地的地质和土壤条件，保证使用后尾水的回灌可以实现。

如图4-41所示，宾馆建筑典型的地下水源热泵系统由地下水换热系统、热泵系统和用户系统三部分组成。由于地下水含砂量、硬度等水质原因，一般采用间接供水系统，以防止热泵机组出现结垢、腐蚀、泥渣堵塞等现象。当水质符合表4-4的标准时，可采用直接供水系统。

表 4-4 地下水水质参考标准

指标名称	允许值
含砂量(体积比)	<1/200 000
浊度/(mg·L^{-1})	≤10
pH 值	7.0~9.2
Ca^{2+}、Mg^{2+}/(mg·L^{-1})	<200
Fe^{2+}/(mg·L^{-1})	<0.5
Cl^{-}/(mg·L^{-1})	≤1 000
SO_4^{2+}/(mg·L^{-1})	≤1 500
硅酸/(mg·L^{-1})	≤175
游离氯/(mg·L^{-1})	0.5~1.0
矿化度/(mg·L^{-1})	<3
油污/(mg·L^{-1})	<5(不应超过此值)

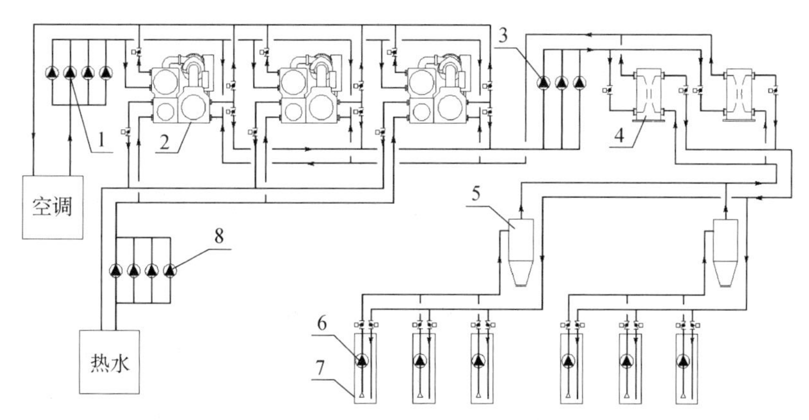

1—空调供冷热水泵；2—热回收型热泵机组；3—热源水泵；4—板式热交换器；
5—旋流除砂器；6—潜水泵；7—地下水井；8—生活热水泵

图 4-41 宾馆典型地下水源热泵系统

2) 地下水水源热泵系统设计要点

(1) 在方案设计前,应根据热泵系统对水量、水温和水质的要求,勘察工程场区的水文地质条件。勘察内容包括:地下水类型、含水层岩性、地下含水层分布、埋探及厚度、含水层的富水性和渗透性、地下水径流方向、速度和水力坡度、地下水水温及其分布、地下水水质以及地下水水位动态变化等。

(2) 应进行水文地质试验,试验应包括抽水试验、回灌试验、测量出水水温、取分层水样并化验分析分层水质、水流方向试验、渗透系数计算等。

(3) 地下水系统设计时必须采取可靠的回灌措施,确保置换冷量或热量后的地下水全部回灌到同一含水层，并不得对地下水资源造成浪费及污染。抽水井与回灌井的比例按1∶2配置，并能相互转换。系统投入运行后，应对抽水量、回灌量及其水质进行定期监测。

（4）为平衡宾馆热水峰谷负荷，应设置一定容积的蓄热罐，当热泵机组供热水温低于60℃时，需考虑热水消毒杀菌措施。

4. 地表水源（河水、湖水、海水）热泵

1）地表水源热泵概述

地表水源热泵利用河水、湖水及海水等自然水体作为低温热源，通过直接利用或间接换热的方式来制取空调冷水、空调热水或生活热水。根据我国水资源分布情况，南方地区包括夏热冬冷、夏热冬暖和温和地区，河水、湖水资源丰富，夏季河水、湖水的水温通常低于冷却塔降温后的水温，可用于热泵机组供冷运行时的冷却；冬季河水、湖水的水温通常高于气温，供热时 *COP* 要高于空气源热泵，因而供热的运行费用也低于燃气热水锅炉，对于具有较长时间供冷和供热特征的夏热冬冷地区宾馆建筑，采用地表水源热泵的经济性要优于其他气候区。根据2017年中国海洋环境生态状况公报（表4-5），黄海、东海和南海表层月平均水温最低为8.7℃，最高为29.7℃，海水夏季温度低于河水、湖水温度，冬季温度则高于河水、湖水温度，因而海水源热泵供冷供热的能效比要高于河水、湖水源热泵系统。综上所述，对于邻近河边、湖边、海边的宾馆建筑，经过经济性比较分析等综合评价后，采用地表水源热泵系统为建筑供冷、供热及供应生活热水可获得良好的经济效益。

表4-5　2017年各月平均海洋表层水温统计[17]

海区	月均海洋表层水温/℃											
	1月	2月	3月	4月	5月	6月	7月	8月	9月	10月	11月	12月
渤海	2.0	1.2	4.8	10.4	16.5	21.5	26.0	27.1	24.5	17.1	10.8	4.3
黄海	10.3	8.7	9.6	12.5	17.5	22.0	26.9	28.4	25.0	20.8	16.7	12.4
东海	17.0	16.6	16.2	18.9	23.0	25.2	28.5	29.3	28.2	25.4	21.0	18.6
南海	25.6	25.1	26.1	27.4	29.3	29.7	29.2	29.3	29.3	28.7	27.5	25.9

（1）地表水源热泵系统主要由地表水换热系统、水源热泵机组、供冷供热水系统构成。其中，地表水换热系统可分为开式地表水换热系统和闭式地表水换热系统两种形式。开式地表水换热系统在水体中设有取水口和排水口，地表水通过带有粗过滤装置的取水口，进入机房内进行再次过滤处理，如图4-42(a)所示。开式地表水换热系统按换热的方式分为直接换热和间接换热，直接换热方式指经过过滤的地表水直接进入热泵机组换热器；间接换热方式指经过过滤的地表水通过板式换热器与热泵机组换热。河水中泥沙、垃

圾等杂质较多，海水腐蚀性较强，通常采用间接换热方式；湖水水质相对比较干净，杂质少，可采用直接换热方式。

表 4-6　　直接换热与间接换热比较

	直接换热	板式换热器间接换热
设备	蒸发器和冷凝器均需自动清洗装置，冷凝器及蒸发器换热管改为镍铜合金管（光管），海水源热泵采用钛合金管	增加板式换热器及1组冷却水循环泵
投资	小	大
系统效率	镍铜光管换热器 *COP* 比常规机组（螺纹高效铜管）*COP* 低 10%～15% 蒸发器和冷凝器污垢系数不低于 0.086 m^2·K/kW	损失约 2℃的换热温差，*COP* 将降低 6%左右；换热器的压降造成总水泵功率增加，系统 *COP* 降低 4%左右。污垢系数为 0.017 6 m^2·K/kW
维护管理	季节切换时需清洗江水侧换热器和管路，需更换自动清洗装置的小球或管刷	一年清洗板式换热器 1～2 次
供热可靠性	低水温时，机组换热器将存在冻结的危险，需要辅助加热系统	机组换热器与板式换热器之间的环路加入乙二醇水溶液
适用条件	水质较好，冬季水温应高于 7℃	水质较差

（2）闭式地表水换热系统将塑料换热盘管按特定的排列方式置于一定深度的地表水体中，换热介质通过换热盘管管壁与地表水进行换热所示[图 4-42(b)]。闭式地表水换热系统通常用于湖水水源热泵[18]，换热介质根据冬季水温情况采用清水或乙二醇防冻液。闭式系统不需要进行水过滤处理，但盘管外表面易结泥垢，从而影响换热效率；塑料盘管的换热性能小于采用不锈钢板片的板式换热器，因此换热介质温度与水体温度存在 2～7℃的传热温差，降低了热泵机组的 *EER* 或 *COP*；换热盘管为卷曲形状，管道较长，其输送水泵的扬程略大于开式系统中的直接换热方式，但小于开式系统中的间接换热方式。与开式系统相比，闭式地表水换热系统换热量小，投资少，施工难度小，适用于中小型宾馆建筑。

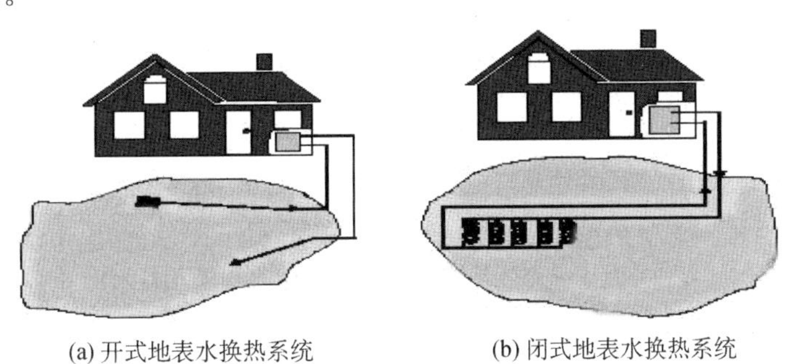

(a) 开式地表水换热系统　　(b) 闭式地表水换热系统

图 4-42　地表水换热系统

2）地表水源热泵系统设计

在进行地表水水源热泵可行性方案时应考虑以下影响因素：

（1）应关注项目所在地的水源用水管理政策，了解当地的用水审批制度（如收取用水费用），考虑水费对热泵系统的经济性影响。

（2）应考虑冬季热泵系统供热的可靠性问题，进入热泵机组蒸发器的水温过低时换热器存在冻结危险。在夏热冬冷地区，冬季河水、湖水的水温通常较低，如上海黄浦江在冬季最冷时段的温度为 2～5℃，冬季供热时不能直接使用，需增加乙二醇防冻液作为换热介质。

（3）应考虑夏季供冷的经济性问题，地表水深度 12 m 以上的水温通常受太阳辐射、大气气象条件的影响。在夏热冬冷地区，夏季河水水温低于空气干球温度，但高于空气湿球温度，因此在夏季采用河水冷却的热泵机组的制冷效率与采用冷却塔冷却的单制冷机组比较优势并不明显，如综合考虑河水输送系统效率，系统 *COP* 甚至会更低。

（4）需考虑取水、排水管路较长导致输送能耗大的经济性问题，宾馆建筑与地表水的距离决定了取水管、排水管的长度和输送能耗。

（5）需考虑换热系统换热性能劣化和设备的防腐蚀问题，水体污染物极易堵塞、腐蚀换热器或管道设备，应重点关注泥沙、藻类等固态杂物的过滤与除藻技术，取水口位置与取水口形式的选择也会影响取水的水质。

（6）对于湖水、水库水等作为城市生活用水的水源，最好采用板式换热器间接换热方式，以避免热泵系统对水源的污染。

3）宾馆建筑地表水源热泵设计要点

（1）项目在进行可行性方案设计时应考虑表 4-7 中的影响因素。

表 4-7　　地表水源热泵设计影响因素

影响因素	要求
径流流量或水体体积	反映了所能提供的冷热量，决定排热导致的地表水温升值
水位	了解历史高水位、低水位，确定取水口的高度
水温特性	需了解表面平均温度、冬季最低温度、夏季最高温度、取水口深度温度（实时数据），这些数据决定水源热泵的经济性和运行稳定性
水质	用于确定水源热泵的系统形式及换热器类型； pH 值、氯离子——防腐蚀性能，确定换热器材质和输送管道材质； 浊度、悬浮物、含沙量：确定水过滤装置的选型； 硬度：结垢影响因素，决定机组污垢系数和防结垢措施
潮汐	沿海江水的涨潮倒灌，影响排水口与取水口的距离
排水温升	对水体微生物影响，应符合《地表水环境质量标准》（GB 3838—2002）人为造成的环境水温变化应限制在周平均最大温升小于 1℃，周平均最大温降小于等于 2℃

（2）设置生活热水独用的高温水源热泵机组，当水体水温低于 20℃时，可采用二级水

源热泵串联方式，出水温度可达 70℃左右。

(3) 根据水体不同深度的水温数据结合水位变化情况，确定取水口的深度，20 m 以下的水温比较恒定，夏季水温低于 20℃时地表水可直接供应给四管制空调末端进行预冷。

(4) 根据水质情况选择地表水过滤系统，地表水含砂量大时应采用旋流除砂器，杂质较多时可选用齿耙式除污机和自动反冲洗过滤装置(图 4-43、图 4-44)。

(5) 经过换热后的排水可回到水体中，如水质较好也可用于园艺灌溉和水景。

(6) 热泵机组通过水侧管路切换进行供冷、供热转换(图 4-45)，如采用直接换热需设置清洗配管(排污阀等)，以避免水体侧的水质污染空调末端水系统。

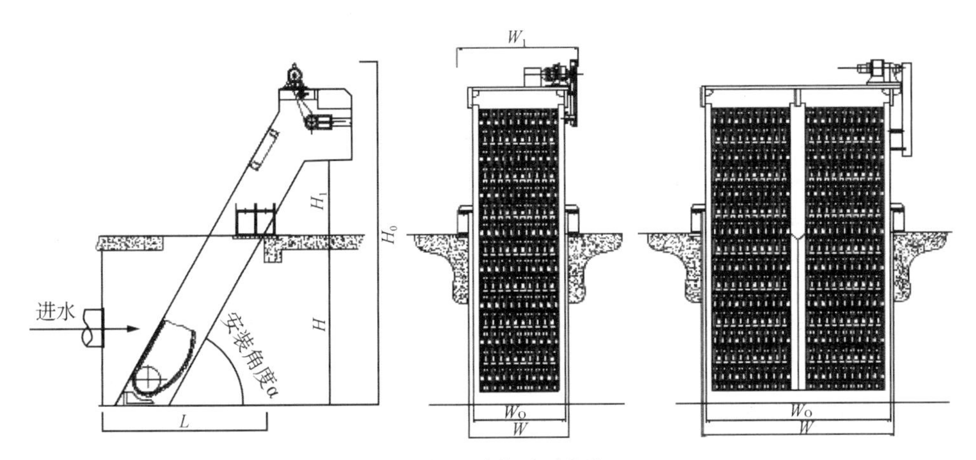

图 4-43 齿耙式除污机

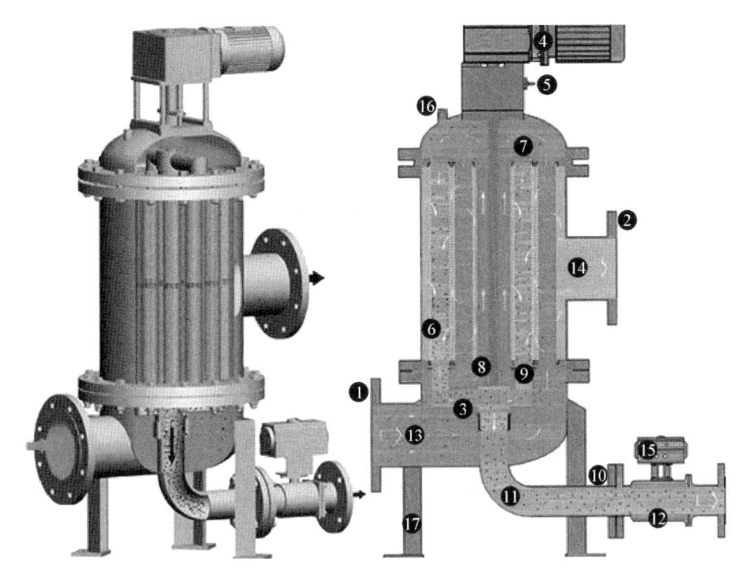

图 4-44 自动反冲洗过滤器

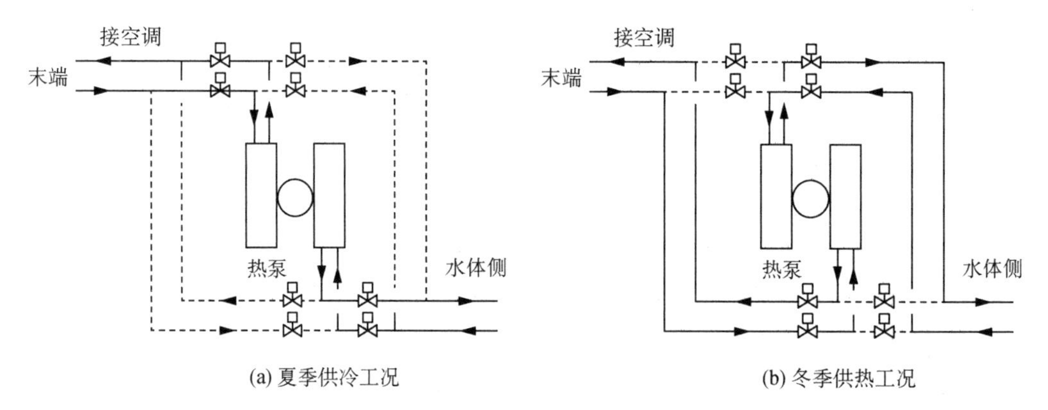

(a) 夏季供冷工况　　(b) 冬季供热工况

图 4-45　热泵机组供冷、供热转换

4）湖水源热泵空调设计系统案例[19]

（1）项目概况。某国际五星级酒店位于千岛湖边，三面临湖，该项目园区共布置 10 幢单体建筑，建筑占地总面积为 290 000 m²。酒店为 2 号楼单体建筑及裙房，建筑面积为 97 090 m²，其中酒店面积为 78 500 m²、夜总会面积为 2 510 m²、车库面积为 16 080 m²，主楼建筑共 18 层，高度为 69 m。

（2）空调冷热源系统。空调主机采用水源热泵机组，主机用水取自千岛湖 20 m 深度以下的地方，夏季和部分过渡季时段采用双冷源二级供冷方案，千岛湖水作为免费冷源，用于第一级辅助供冷，可承担部分室内负荷与大部分新风负荷，制冷主机为第二级供冷冷源。冬季和部分过渡季利用千岛湖水为内区直接供冷，水源热泵机组作为热源为其他区域供热，系统综合能效高。该项目冷热源一次侧水源采用区域湖水，一、二次水之间采用水板式换热器隔离，二次水源侧环路采用串联方式，可减少湖水取水量。一组为湖水供冷泵，湖水作为高温冷源，组成湖水供冷回路，即免费供冷系统；另一组由冷水泵、热水泵与热泵主机组成冷水供冷（热水供热）回路，具体见图 4-46。该系统可实现以下 3 种运行模式：①夏季二级供冷；②过渡季可实现同时供冷供热，即实现部分区域供冷、部分区域供热；③冬季同时供冷供热，即实现部分区域供冷、部分区域供热。

（3）空调末端系统。国际五星级酒店对空调品质要求高，空调水系统一般采用四管制，常规四管制系统中热水盘管夏季不工作。针对这一特点，该项目利用四管制系统原有的两个盘管，将冷盘管与热盘管改造为冷盘管（以下均称一级盘管）与冷、热两用盘管（以下均称二级盘管）。供冷时，一级盘管作为一级表冷器，采用千岛湖湖水直接供冷，承担部分室内负荷和大部分新风负荷，二级盘管作为二级表冷器，采用热泵机组供冷，主要用于承担室内湿负荷和部分显热负荷，实现天然冷源与人工冷源相结合的双冷源二级供冷方案。供热时，二级盘管作为加热器，采用热泵机组供热，热盘管与常规四管制热盘管运行工况一致。

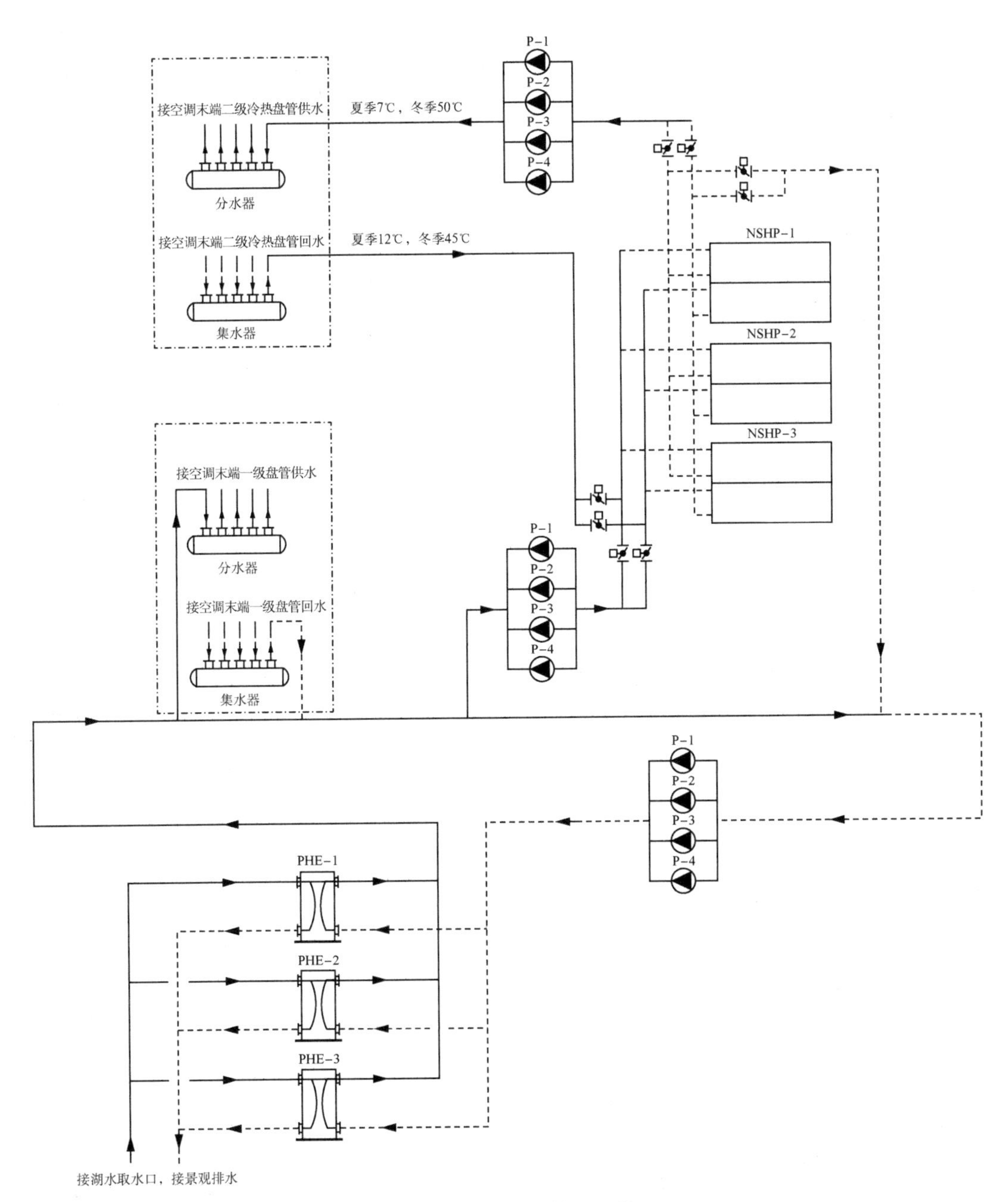

图 4-46 湖水源热泵系统

(4) 空调运行策略。空调运行策略根据季节不同有所差异，尤其是夏冬两季。

夏季：在系统供冷时，采用湖水免费供冷优先原则，即系统冷负荷优先由一级盘管（湖水盘管）承担，不足的部分由二级盘管（冷热水盘管）补充。当系统处于部分负荷时，由于一级盘管承担的冷负荷不变（取决于空气进风工况和湖水进水温度），二级盘管补充的冷负荷随着空调冷负荷的减小而减小。因此，在部分负荷下，系统负荷越小，免费供冷所占的比例就越大。由于系统大部分时间均在部分负荷下运行，尤其是过渡季，随着湖水进水温度降低，空调冷负荷减小，免费供冷的比例将快速提高。在实际运行中，为保证空调末端最大限度地利用自然冷源，确保室内参数符合酒店管理公司技术标准，采用湖水免费供冷优先原则。制冷运行时，原则上一级盘管的控制阀按最大开度运行，二级盘管的控制阀根据室内参数进行调节。当二级盘管的控制阀全部关闭时，室内参数切换为一级盘管控制阀控制。

冬季：二次水源侧环路采用串联方式，冬季及过渡季可减少一次水源侧取水量和区域供水泵的输送能耗。当空调系统在冬季存在同时供冷和供热需求时，可采用湖水供冷回路与热泵机组供热回路串联方式，二次水源侧湖水通过内区供冷后，提高了热泵机组的进水温度，也提高了机组制热*COP*，减少了区域湖水的需求量。实际上是通过水源侧热回收系统将内区的热量转移到了外区，实现免费供冷或供热。

(5) 空调运行效果。某酒店于2010年4月营业至今，空调系统运行状况良好，以2018年为例，酒店建筑面积78 500 m^2，全年非供暖能耗指标为84 kW·h/(m^2·a)，远小于《民用建筑能耗标准》(GB/T 51161—2016)中所规定的旅馆建筑非供暖能耗指标引导值135 kW·h/(m^2·a)。全年空调运行耗电量209.27万kW·h，单位建筑面积年运行费用约26.60元/(m^2·a)；全年空调运行制冷耗电量139.00万kW·h，单位建筑面积制冷年运行费用约17.70元/(m^2·a)；全年空调运行供热耗电量为70.27万kW·h，单位建筑面积供热年运行费用约8.90元/(m^2·a)。每年可节省大笔空调运行费用，提高酒店营业利润。

4.2.7　冷却塔免费供冷系统

1. 冷却塔免费供冷系统概述

过渡季或冬季采用冷却水免费供冷系统是指在冬季、过渡季有供冷需求的建筑中，当室外湿球温度低到一定范围时，关闭冷水机组，利用冷却塔与室外较低的空气温度进行热湿交换获取一定温度的冷却水，以流经冷却塔的循环冷却水直接或间接向空调系统供冷，提供建筑物所需要的冷负荷，通过减少冷水机组运行时间，达到节能降耗的目的。

1) 冬季主要应用冷却水供冷的宾馆建筑具备的特点

(1) 宾馆内区或部分朝西、朝南的外区存在发热量，需要全年供冷或供冷时间较长的功能房间。

(2) 过渡季或冬季无法利用加大新风量来进行免费供冷。

(3) 过渡季或冬季室外具备获得冷却塔供冷所需冷水温度的气象条件。

(4) 建筑物内外分区，内区的空调设备能够独立供冷水。

2）冷却塔免费供冷系统的供冷时间主要影响因素

在相同的室外气象条件下，冷却塔免费供冷系统的供冷时间受以下几个主要方面的影响。

（1）负荷侧冷冻水供冷温度。负荷侧所需要的供冷温度越高，冷却塔免费供冷时间越长。

（2）冷源侧冷却水供冷温度。冷源侧可提供的冷却水供冷温度越低，冷却水塔免费供冷时间就越长。降低冬季冷却塔免费供冷的供水温度主要包含以下几种措施：

① 降低冷却水供/回水温差。在一定空气湿球温度下，冷却塔冷却水供/回水温差越小，所对应的冷却水供冷温度越低。在冷却塔供冷工况下，冷却塔供/回水温差一般取2～3℃。可通过多开冷却水泵，增大冷却水流量的方式降低冷却塔冷却水供/回水温差。

② 降低冷却塔负荷率。在一定空气湿球温度下，冷却塔负荷率越低，所对应的冷却水供冷温度越低，冷却塔供冷时间就越长。这是因为冷却塔在部分负荷工况下，冷却水水量减少，相当于增加了冷却水与空气的热交换面积，所以冷却塔冷却能力增大。当冷却塔供冷时，在一定的湿球温度下，可通过同时开启多台冷却塔的方式，使每台冷却塔都在部分负荷下运行，以达到降低冷却水供冷温度的目的。所以在一定的供冷温度条件下，通过降低冷却水供/回水温差，降低冷却塔负荷率，可以减少冷却塔供冷工况下的冷幅高，降低冷源侧供水温度，从而延长冷却塔供冷时间。

2. 冷却塔免费供冷系统类型

冷却塔免费供冷系统按照是否设置有板式换热器可分为直接供冷系统和间接供冷系统。

1）冷却塔直接供冷系统

冷却塔直接供冷系统（图 4-47）是一种通过旁通管道将冷冻水环路和冷却水环路连在一起的水系统。在夏季设计条件下，系统如常规空调水系统一样正常工作。当过渡季室外湿球温度下降到某个值时，就可以通过阀门打开旁通，同时关闭制冷机，转入冷却塔供冷模式，继续提供冷量。冷却塔直接供冷系统可将冷却水直接输送到空调末端，其对冷却水水质有较高要求，由于开式冷却塔中的水流与室外空气接触换热易被污染，从而造成系统中管路腐蚀、结垢和阻塞，必须在冷却塔和管路之间设置水处理装置，以保证水系统的清洁，由于冷却水质难以控制，冷却塔直接供冷系统被较少采用。

2）冷却塔间接供冷系统

冷却塔间接供冷系统是在原有空调水系统中增设 1 台或多台板式换热器用以隔离冷却水环路和冷冻水环路。在过渡季切换运行时，冷却水系统与冷冻水系统通过板式换热器隔绝，如图 4-48 所示，这种设置对冷冻水环路的卫生条件影响较低，冷却水泵可直接利用原有冷却水泵和冷冻水泵。但是由于设置了板式换热器，这带来了 1℃ 的温差损耗。由于间接式免费供冷系统避免了因冷却水水质较差对空调冷冻水管路及末端产生的消极影响，因此间接式免费供冷系统应用更为广泛。

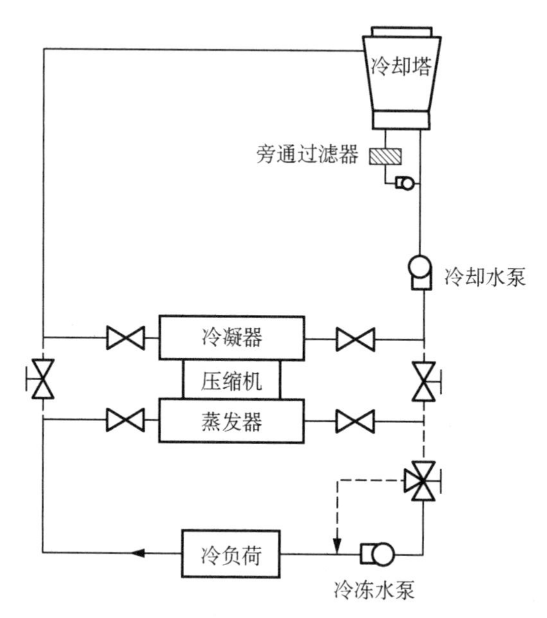

图 4-47　冷却塔直接供冷系统

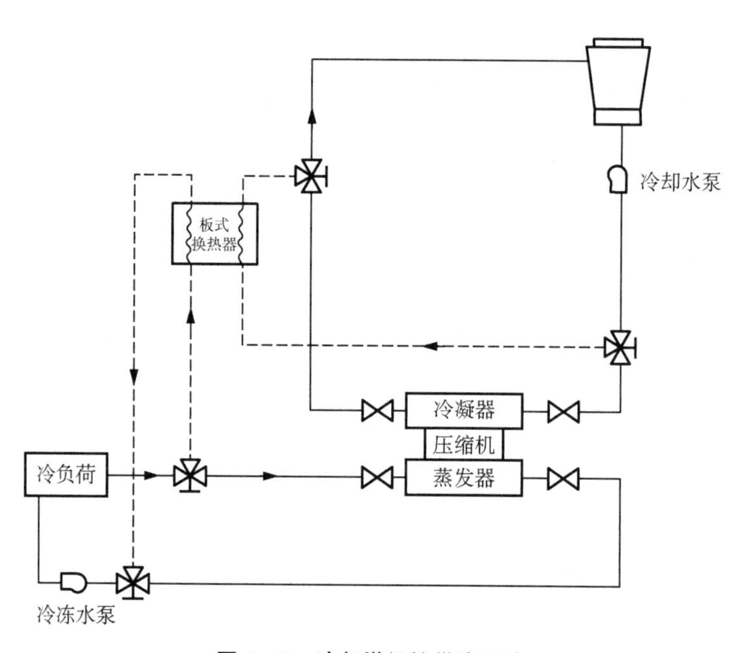

图 4-48　冷却塔间接供冷系统

对于空调水系统采用二次泵系统的空调水系统，二级泵为变频变流量运行。此系统除为冬季冷却塔供冷增加了板式换热器外，负荷侧不需要增加新设备，是较为经济的配置。其注意事项如下：

(1) 宜利用二级泵作为冬季空调冷水的循环泵使用，不再另外设置循环泵。系统接管应注意冬季使用板式换热器时不使用定流量运行的一级泵。

(2) 进行二级泵的台数和规格配置时,应同时考虑夏季和冬季的冷负荷量、流量及其调节范围。

(3) 应校核在冬季空调冷水流量和阻力变化的情况下二级泵流量、扬程的影响。

对于空调水系统采用一次泵变流量的空调水系统,一级泵为变频变流量运行。此系统除了为冬季冷却塔供冷增加了板式换热器外,负荷侧无需增加新设备,直接利用一次泵系统的空调水泵是较为经济的配置。

3) 冷却免费供冷系统设计要点

冷却塔供冷系统的设计主要关注:过渡季节或冬季供冷负荷以及冷却塔供水温度。合理地确定冷却塔免费供冷系统形式,确保满足末端使用要求,延长冷却塔供冷时间,降低冷源运行能耗,降低运行费用。

(1) 冷却塔免费供冷用于舒适性空调的供冷量和供水温度确定。

需结合空调风系统的形式来确定需要冷却塔免费供冷的总冷量。宾馆项目过渡季节和冬季需要供冷的区域主要在内区以及朝西、朝南的客房,其中内区一般为餐厅、宴会厅等空间,其空调系统形式通常为全空气空调系统,可采用提高新风比的形式直接利用室外新风供冷。对于采用新风+风机盘管系统的客房区域,可采用冷却塔免费供冷,在确定过渡季节或冬季供冷客房区域的负荷前,应当经过计算和分析。

以一个 35 m^2 的五星级标准客房为例,其总冷负荷为 2 477 W,各组成部分负荷构成占比如图 4-49 所示。

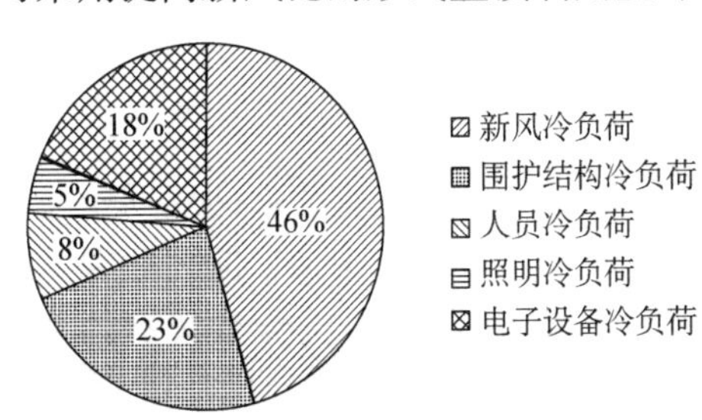

图 4-49 标准客房设计日冷负荷构成

过渡季节或冬季客房冷负荷按照式(4-2)进行计算:

$$q = q_w + q_z + q_r + q_d - q_x \tag{4-2}$$

式中 q——客房过渡季节或冬季客房冷负荷,W;

q_w——客房围护结构冷负荷,客房围护结构冷负荷主要为太阳辐射负荷,W;

q_z——客房照明冷负荷,W;

q_r——客房人员冷负荷,W;

q_d——客房电子设备冷负荷,W;

q_x——客房新风所承担的室内负荷,客房新风送风温度可按照 18~20℃选取,客房室内温度按照 25~26℃选取,W。

(2) 冷却塔免费供冷供水温度的确定。

① 冷却塔供冷时需要重点关注冬季冷却塔可提供的冷量和出水温度。

② 夏季与冬季冷却塔冷幅高差异大。夏季空气温度高,空气饱和含湿量也较高,蒸

发水量较大，因此冷却塔出水温度与空气湿球温度的差值(冷幅高)较小，一般夏季冷却塔的冷幅高可达4～5℃。在过渡季节或冬季，当空气温度下降后，空气的饱和含湿量减小，水分的蒸发会减少，水温的下降也会减少，冷却塔冷幅高会变大。

③ 冷却塔供/回水温差影响冷区塔供水温度。在一定空气湿球温度下，冷却塔供/回水温差越小，所对应的冷却水供冷温度越低，冷区塔供冷时间就越长。在冷却塔供冷工况下，建议冷却塔供/回水温差一般取2～3℃。

④ 冷却塔供冷负荷率对供冷温度的影响。在一定空气湿球温度下，冷却塔的负荷率越低，所对应的冷却水供冷温度越低，冷却塔供冷时间越长。冷却塔的负荷率控制在50%左右时免费供冷时长最长[20]。

4.3　空调水系统选择及划分

4.3.1　常见宾馆建筑的布局及特点

以酒店建筑为例来阐述宾馆建筑的布局及特点。酒店建筑因其类别(如商务型酒店、度假型酒店等)不同，往往导致建筑风格、选址、平面布局等存在较大差异。商务型酒店的接待活动往往是商务出差和商务宴会等，酒店选择往往多位于市中心或交通便捷的场所。该类型酒店因地段较好，占地面积适中，其需要增加客房数量时往往是通过增加建筑高度来实现的，图4-50为典型的商务型酒店。

图4-50　上海明天广场JW万豪酒店

度假型酒店因主要提供旅游、度假、疗养与休养等客户服务，其选址往往与商务型酒店相反，度假型酒店需要远离喧嚣的城市商业中心和繁华的大都市，其更多位于海滨、景区、温泉、大型游乐园等附近。度假型酒店往往是占地面积更大，楼层反而不高，图 4-51 是典型的度假型酒店。

图 4-51 三亚丽思卡尔顿酒店

在空调水系统设计时，空调水系统形式、环路划分、管道布置等不仅跟酒店的建设标准(或酒店管理公司标准)、运营管理等有关，而且跟酒店的建筑形态、总体平面布局、局部功能分区等密切相关，需要在设计时综合考虑多项因素。

1. 两管制、四管制及分区两管制空调水系统

目前常见的空调水系统有两管制水系统和四管制水系统，三管制水系统因存在冷热混合抵消而造成能耗损失较大，现在基本已不被采用。除了两管制和四管制以外，为了减少四管制系统的投资，同时又避免两管制系统因不能区分朝向及内外区的问题，又出现了分区两管制系统。两管制、四管制及分区两管制各系统因冷热源、管路、末端等设计及使用原则不一样，能实现的功能也各有不同。

(1) 图 4-52 表示了两管制系统的工作原理，从图中可以看出，冷、热源集中在主机房(冷冻机房、锅炉房、热交换机房)切换，出主机房后，就成为一个整体的空调水环路，故各末端也仅需设置一套水盘管。此系统夏季开启冷源，向大楼供应空调冷冻水，热源关闭；冬季开启热源，向大楼供应空调热水，冷源关闭；过渡季根据需要可以提供空调冷冻水或者空调热水。由此，该系统大楼的各房间在同一时段，只能同时制冷或同时制热。

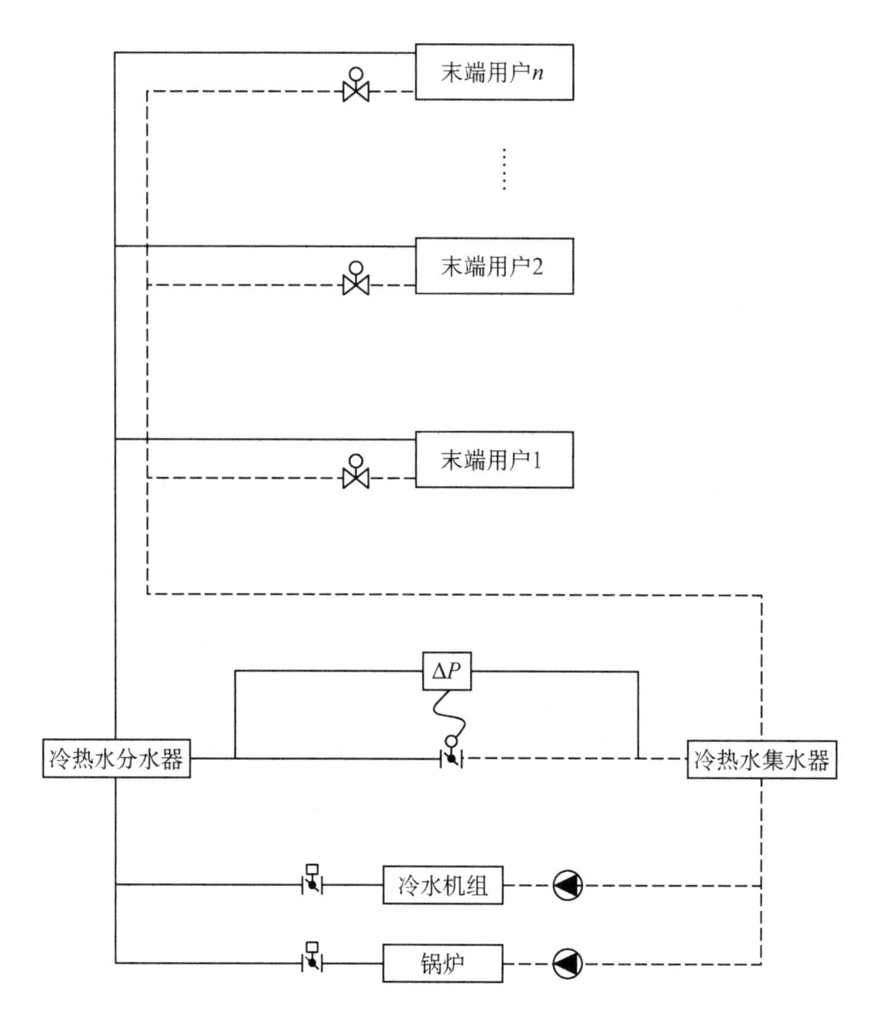

图 4-52　两管制系统原理

这种两管制系统因使用功能较为单一、管路布置简单等，占用建筑管井、净空也较少，投资也最低，目前在一些要求稍低的酒店中被大量使用。

(2) 图 4-53 为四管制系统的工作原理，从图中可以看出，冷、热源分别从主机房(冷冻机房、锅炉房、热交换机房)供出，出主机房后分为两个独立的空调水环路，故各末端需要设置两套独立的水盘管，一个盘管接入空调冷冻水系统，另一个盘管接入空调热水系统。此系统根据各房间的制冷、制热需求，可以同时开启冷源、热源并分别向大楼提供空调冷冻水和空调热水，根据不同的房间末端制冷、制热需求，可满足大楼内不同房间同一时间独立制冷、制热的功能。

这种四管制系统各房间可独立供冷供热，管路布置最复杂，占用建筑管井、净空最多，且末端均为冷热两套盘管，投资也最高，目前主要应用在一些高档酒店中。

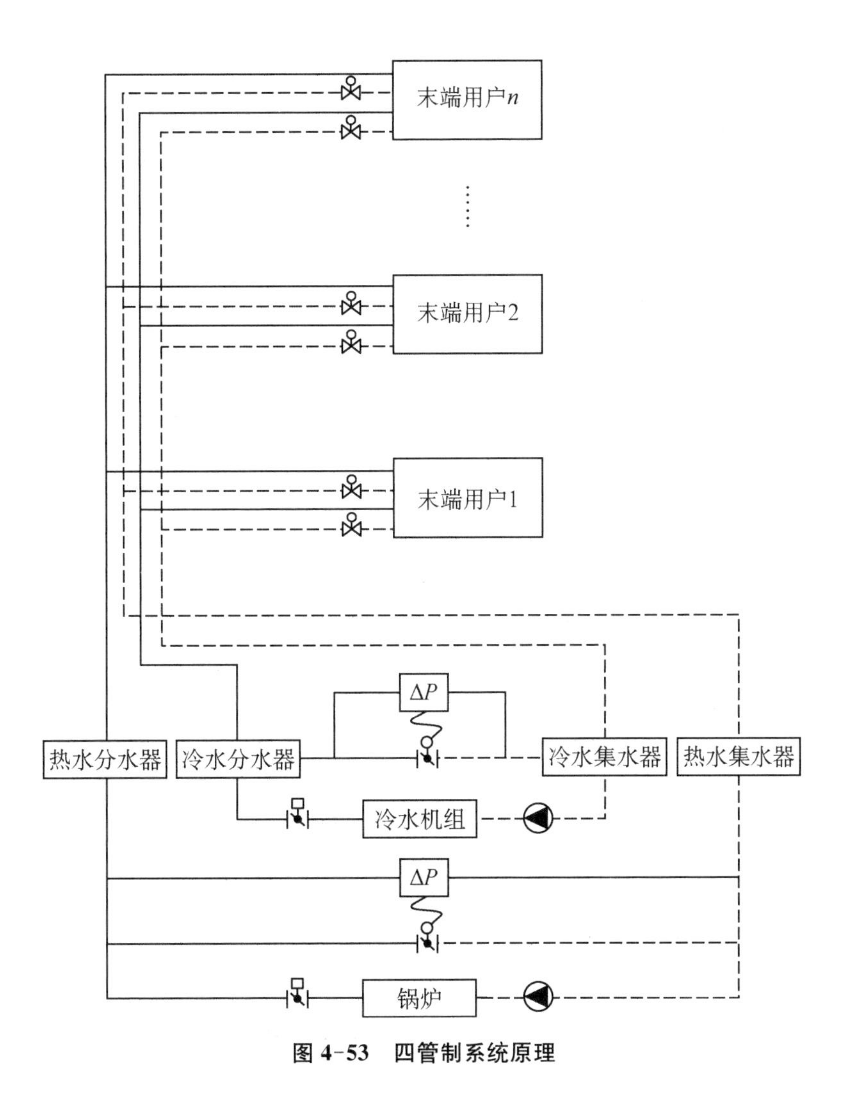

图 4-53 四管制系统原理

(3) 图 4-54 表示了分区两管制系统工作原理，从图中可以看出冷、热源分别从主机房（冷冻机房、锅炉房、热交换机房）供出或切换后分不同环路供出，可根据建筑的不同朝向、内外区等特性来设置不同的切换环路，不同环路供至按需求划分的末端，故各末端同两管制水系统一样，也仅需要设置一套水盘管。此系统根据不同朝向以及内外区的不同制冷、制热需求，可以同时开启冷源、热源，按切换的环路分别向建筑提供空调冷冻水和空调热水，可满足建筑在同一时刻，不同朝向房间、内外区等不同的制冷、制热需求。

这种分区两管制系统应用在酒店中时，主要应用于按朝向分区需求较强或常年具有稳定内区的酒店中。

从上面的分析可以总结出两管制、四管制及分区两管制系统的不同特点，如表 4-8 所列。

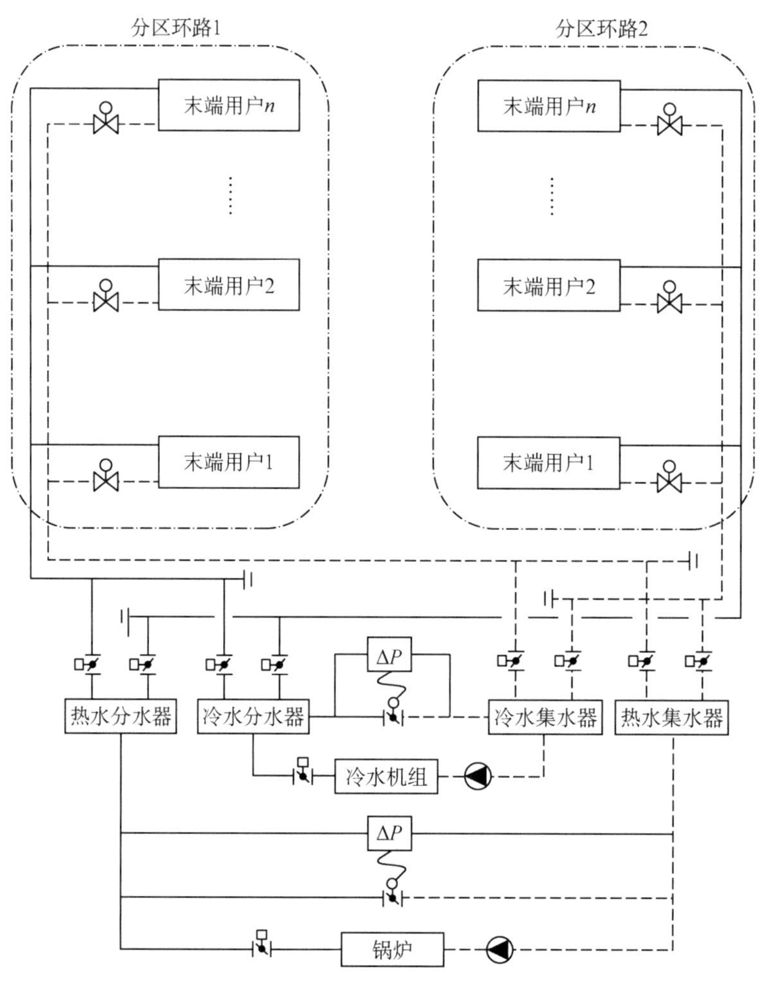

图 4-54　分区两管制系统原理

表 4-8　两管制、四管制及分区两管制系统的特点

系统及特性	两管制系统	四管制系统	分区两管制系统
系统功能	整个建筑统一制冷或制热	各房间独立制冷制热	按朝向或按内外区独立制冷制热
管路特点	两根管，管路简洁	四根管，管路复杂	分环路两根管，介于两管制和四管制之间
末端特点	单一水盘管	两套盘管，及冷盘管和热盘管	单一水盘管
管井特点	占用管井或吊顶空间最少	占用管井或吊顶空间最多	介于两管制和四管制之间
系统投资	最低	最高	介于两管制和四管制之间

由此，对于酒店选用两管制还是四管制空调水系统，需要根据项目的功能定位、投资和项目实际特点来综合考虑。对于一些高档酒店（如五星级酒店），投资方或酒店管理公

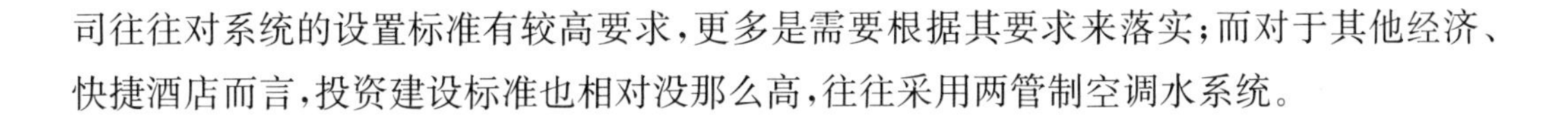

司往往对系统的设置标准有较高要求，更多是需要根据其要求来落实；而对于其他经济、快捷酒店而言，投资建设标准也相对没那么高，往往采用两管制空调水系统。

2. 酒店空调水系统环路布置

一个完整的酒店，往往包含客房区、公共区（如大堂、宴会厅、报告厅、餐厅、健身房、游泳池等）以及后勤区（如后勤办公、厨房、设备用房）等。不同的区域因人员特点和使用时间的不一致，使各区域的建筑平面布局、空间特性、空调形式等均存在较大差异，加之受到不同运营要求的影响，故在空调水系统环路布置时，往往需要考虑上述特点来设置水系统环路。

图 4-55 为某酒店空调水系统按酒店裙房、客房区、B1 后勤区分环路设置。

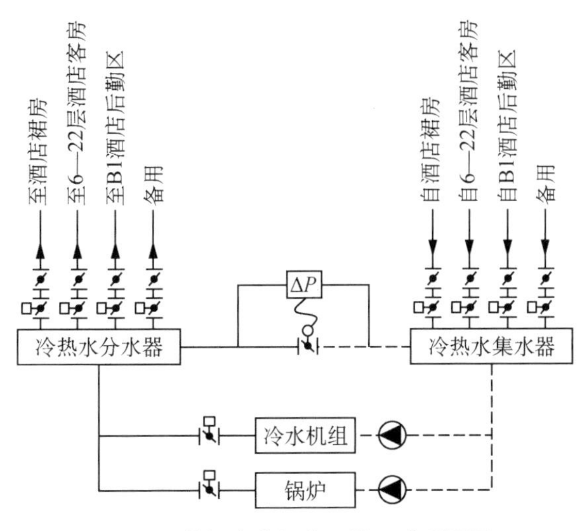

图 4-55　某酒店空调水系统环路设置原理

在实际酒店空调水系统选用时，往往需要根据建筑本身的特性，如朝向、内外区特点，以及酒店建设方、酒店管理公司的相关标准来综合考虑。在空调水系统环路划分时，通常需要根据酒店的使用功能、平面布局特点、空间特性及不同的运营需求等因素，综合考虑来划分和设置空调水系统环路。

4.3.2　变流量系统

1. 变流量系统的发展

冷水机组以往利用不可变流量来运行，所以早期采用的一级泵变流量系统的水泵是长期定频运行的（主机、水泵定流量，末端变流量）；后来为了节省用户侧变流量时水泵的输送能耗，以及为适应不同单体用户之间的阻力差异等，出现了二级泵系统（主机及一级泵定流量，用户侧二级泵变流量）。再后来，冷水机组可接受一定范围的变流量运行，又出现了一级泵变频变流量系统(主机、水泵、末端均变流量)。对于一个独立单体的建筑,通常情况是下一级泵变频变流量系统比二级泵系统更节能,控制也更简单。但是,对于多单体建筑共用能源中心,且各单体输配距离差异较大时,一级泵系统不适用此类情况,因一级泵系统需要按阻力最大的环路去配置水泵扬程,对于近端单体资用压头富裕太多,只能靠阀门去消耗多余的压头从而造成输配能耗的大量浪费。多级泵系统尤其适合一个能源站应对多单体建筑群,且各单体输送距离差异较大的情况;若单体群较多、布局复杂或末端有不同水温需求等,有时甚至会用到三级泵、四级泵系统[21]。

2. 变流量水系统的形式及特点

前文概要性地介绍了变流量水系统的发展,在此对常用于宾馆建筑的变流量水系统的形式和特点作简要介绍。

(1) 一级泵变流量系统(水泵定频)。图 4-56 为一级泵变流量系统。该系统末端采用两通双位阀或两通调节阀,根据房间的温度自动调节流经末端的水流量,实现末端系统流量随负荷的变化而变化。而主机侧因流量不可减少,故水泵定频运行。末端因调节而减少的流量经压差旁通阀从系统供水干管流经回水干管。压差旁通阀满足了末端流量变化和主机流量恒定的不同需求,始终确保系统总供/回水干管的压差维持在恒定的压差值 Δp_0。此系统水泵因保证主机满流量而长期定频运行,不能随着末端负荷的变化而变化,浪费了较多的水泵输配能源。

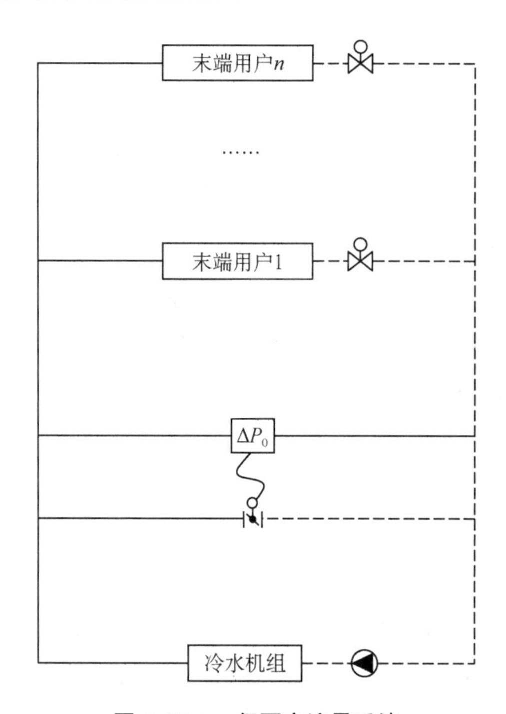

图 4-56　一级泵变流量系统

(2) 一级泵变流量系统(水泵变频)。图 4-57 为一级泵变频变流量系统。该系统运行特点为:末端采用两通双位阀或两通调节阀,根据房间的温度自动调节流经末端的水流量,实现末端系统流量随负荷的变化而变化。而主机因可以接受一定范围内的变流量,故水泵可以在设定的频率范围内(即对应的最小压差值 Δp_{min})变频运行。在水泵变频的运行过程中,末端需求的流量和主机需求的流量可以相匹配,系统干管上的压差旁通阀始终处于关闭状态,水泵可以按末端的实际需求来输送冷冻水流量,此时段系统可以很好地减少水泵的输配能耗。随着水流量的减小,系统干管上的压差也逐渐减小,而当水泵频率降低至某一值,使得系统总供/回水干管上的压差值等于系统干管设定的最小压差 Δp_{min} 时(最小压差 Δp_{min} 是主机需求的最小流量下系统供/回水干管的压差),水泵频率不再减小,此时水系统的控制转化为一级泵变流量(水泵定频运行)的控制,即靠开启系统供/回水干管上的压差旁通阀来匹配主机此时定流量需求及末端的变流量需求,始终使供/回水干管的压差保持为 Δp_{min}。而当末端负荷逐渐增大时,末端的控制阀开度增加,系统干管的压差变小,此时水泵的运行频率增加,始终确保系统干管压差不小于设定的最小压差值 Δp_{min}。

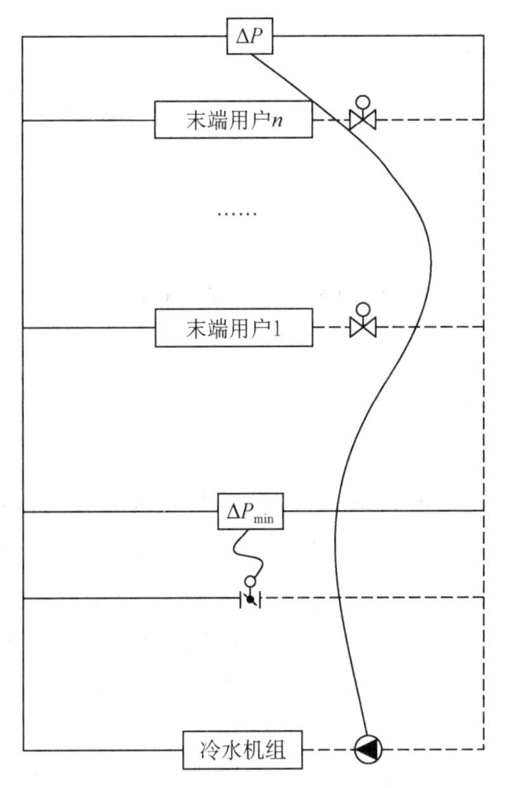

图 4-57　一级泵变流量系统(水泵变频)

（3）二级泵变流量系统。图 4-58 为二级泵变流量系统。该系统将水系统分为冷源侧和用户侧，并各自配置循环水泵。一级泵负担机房内的冷冻水循环功能，往往定频运行；二级泵根据末端的压差 Δp_1 来变频控制，而在冷源侧和用户侧之间设置的平衡管，在一定范围内解决了冷源侧和用户侧流量不平衡的问题。

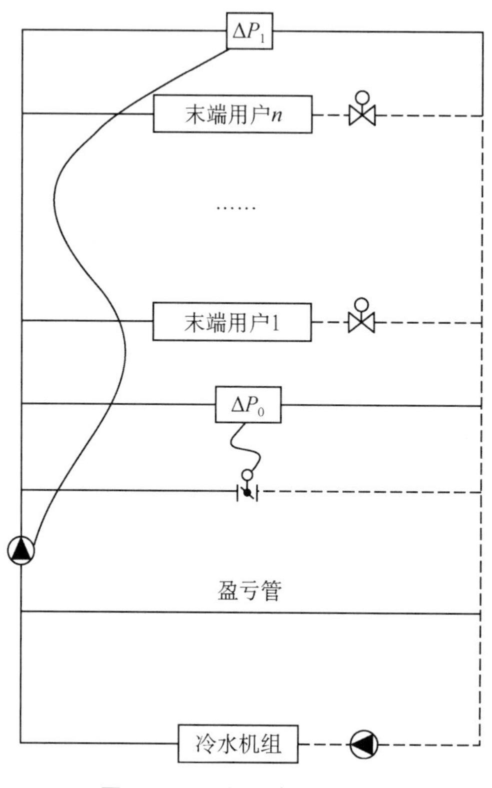

图 4-58　二级泵变流量系统

3. 建筑采用变流量系统的必要性

（1）一天 24 h 的变流量需求。

不同功能的建筑，人员的使用特性一般存在较大的差异，如办公建筑，在工作时间段内人员集中程度高，而到非工作时段则几乎无人或少数加班人员，工作时间段和非工作时间段人员的较大差异导致空调负荷差异较大。而对于宾馆建筑的人员特性则几乎相反，白天因大量客人外出或者在宾馆内会务，客房区几乎无人，客房区的空调负荷在白天时间段变得很小；而到了晚上因外出的客人大量回到客房，主要的空调负荷集中在客房区域，此时段客房区空调负荷需求变大。

国家规范《公共建筑节能设计标准》（GB 50189—2015）中，对于宾馆人员一天 24 h 在室率给出了相关建议值，见表 4-9。

表 4-9　　宾馆房间人员逐时在室率

运行时段	1	2	3	4	5	6	7	8	9	10	11	12
全年在室率/%	70	70	70	70	70	70	70	70	50	50	50	50
运行时段	13	14	15	16	17	18	19	20	21	22	23	24
全年在室率/%	50	50	50	50	50	50	70	70	70	70	70	70

在进行宾馆建筑暖通空调设计时，需要按国家规范或项目实际的围护结构参数、照明指标、人员密度、人均新风量等对项目内每个房间进行逐时负荷计算。图 4-59 列出了某酒店全天 24 h 的空调负荷变化曲线。

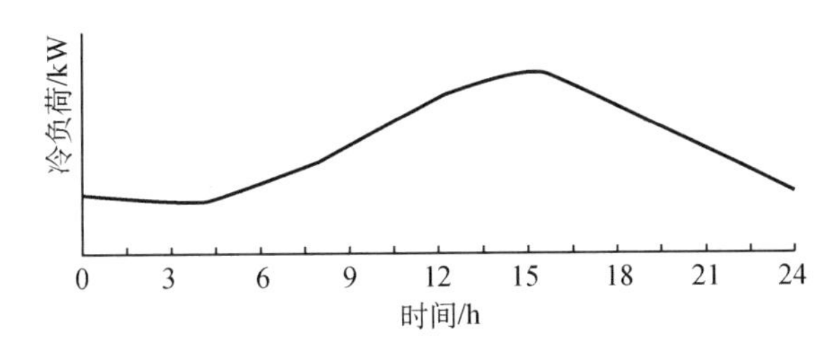

图 4-59　某酒店一天空调负荷变化曲线

从图 4-59 中可以看出，酒店的负荷在一天之中不断变化。负荷的变化也使酒店空调水总流量需求发生变化，即从全天的运行时段来看，酒店水系统流量需要适应酒店逐时负荷的变化而实现变流量运行。

(2) 全年不同季节时段的变流量需求。

无论是商务型酒店还是度假型酒店，其人员入住率在全年不同时段也是不断变化的。入住商务型酒店更多的是商务差旅人士，以及少量的其他类型客人，商务型酒店全年入住率跟酒店的品牌、地段、价格活动等密切相关，不同的商务型酒店导出的全年入住率数据也各有不同，很难存在统一的规律。而对于度假型酒店，往往受全年旅游淡旺季、节假日、周末等因素影响较多。在我国，因受季节气候因素影响，一般来说一年之中 4 月至 11 月为旅游旺季，而 12 月至次年 3 月多为旅游淡季。总体而言，度假型酒店在旅游旺季入住率高，在旅游淡季入住率低。同时，度假型酒店也呈现出在节假日(如劳动节、国庆节等)、周末的入住率高，而在工作日期间入住率相对低的特点。

由此可见，宾馆的负荷特性不仅在一天之中发生变化，在全年过程中也不断地发生变化。宾馆负荷在全年的变化过程中，不仅受到全年室外气象的变化影响，还受到旅游淡季旺季、节假日、工作日等多种因素的影响。由此，为了适应宾馆全年负荷的变化，其水系统流量也要求随着全年负荷的变化而变化，全年均变流量的需求。

4. 一、二级变流量系统的选择

根据前文对变流量水系统的形式及特点的介绍，对于不同的宾馆，在变流量系统的选择时应根据实际项目特点来选取。对于多单体公用集中能源站，且能源站至不同单体之间的输配距离有明显差异时，宜优先采用二级泵变流量系统，二级泵按单体配置，可节约系统的输配能耗。而对单一酒店建筑来说，往往采用一级泵变流量系统会更合理。图4-60为云南某温泉假日酒店的空调水系统原理，该温泉假日酒店因客房楼栋较为分散且距离远近不一，设计采用了二级泵水系统。

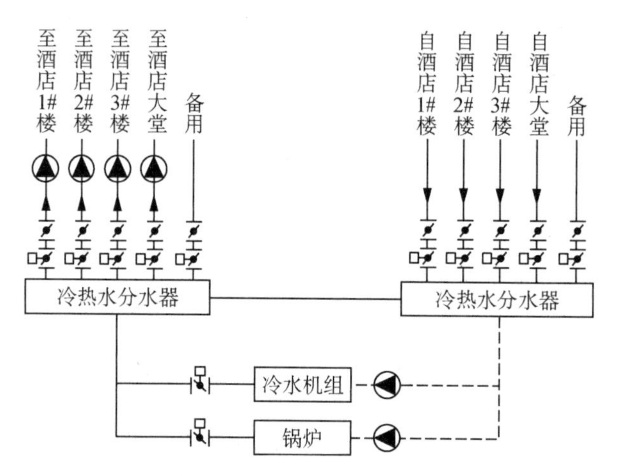

图4-60 云南某温泉假日酒店二级泵水系统原理

4.3.3 水力平衡

1. 造成水力失衡的原因

大流量小温差在大多数实际工程中或多或少都会出现，造成大流量小温差就是水力失衡的表现。

对于不同楼栋、不同楼层或不同区域来说，在水系统环路中越靠近水泵的空调水环路，其环路获得的资用压差越富余，越处于末端的空调水环路，其获得的资用压差越小。而资用压差富余的近端环路往往容易超流量运行，更容易出现大温差小流量的情况。

从空调末端设备角度来看，我们常用的空调水系统末端主要有空气处理机组（Air Handing Unit, AHU）、新风处理机组（Fresh Air Unit, FAU）以及风机盘管。对于AHU、FAU机组，水系统回水支管上一般设置电动调节阀。对于AHU，往往根据室内温度（回风温度）来控制电动调节阀的开度，如当夏季回风温度高于室内设定温度时，电动调节阀开度加大；反之，电动调节阀开度减小。对于FAU机组，往往是恒定送风温度（指将新风处理至室内等焓点或等湿点所对应的送风温度），当夏季送风温度高于设定的温度时，电动调节阀开度加大；反之电动调节阀开度减小。从对 AHU、FAU 的描述中可以看出，水系统流量是根据负荷需求来实现连续调节的，同时为了改善电动调节阀的工作环境，强化其调节性能，设计时往往采用动态平衡电动两通调节一体阀（实质为动态压差＋电动调节阀的组合）来调节流经上述末端的水流量。而对于 FCU，设计时往往采用电动两通双位阀（即电磁阀，仅有开关功能）。当夏季房间温度高于设定温度时，电动调节阀全开，直到房间温度低于设定的温度时，关闭电动调节阀。从开启到关闭的整个时间过程内，FCU 对应的水路按最大设计流量通行，而房间绝大多数是处于部分负荷状态，故此时流经 FCU 环路的冷冻水往往仅有很小的温差，就形成了这个环路大流量、小温差的现象；若项目中有大量 FCU，则整个项目在大多数情况都将处于大流量、小温差的状态。在水系统环路中，越靠近水泵的空调水环路，其环路获得的资用压差越大，越处于末端的空调水环路，其获得的资用压差越小。若项目中存在大量的 FCU 环路，且多数环路都处于水系统近端，则引发大流量小温差的现象会更严重。同时，由于近端环路的 FCU“抢水”，导致原端环路的流量变小甚至出现没有流量的情况，这也是水力失衡所导致的现象。反而在这种状况下，由于近端环路的“抢水”导致不利环路缺水的时，不利环路的压差通常无法建立或达不到设定值，此时根据水系统对水泵的控制逻辑，水泵需要加大频率来运行以给不利环路提供所需要的压差。水泵加大频率运行又加剧了近端环路的“抢水”，由此形成恶性循环。

2. 水力平衡的常用措施

为避免大流量小温差的状况，需要确保水系统的水力平衡。而其中关键是对资用压差富余的环路进行水力控制、对各风机盘管环路进行水力控制，确保水系统流量按需分配，进而实现水系统的水力平衡。常用的水力平衡措施包括：同程管路布置和平衡阀的使用。

1）同程管路系统布置

同程系统多用在 FCU 所在的环路系统中。图 4-61 是典型的同程环路和异程环路的布置图。同程环路的原理是流经该环路内的各设备所在的小环路的总长度是相等的，即管路损失基本接近，则各 FCU 所获得的管路资用压差是基本一致的，这解决了图 4-61 中各 FCU 获得的资用压差不相等的问题。

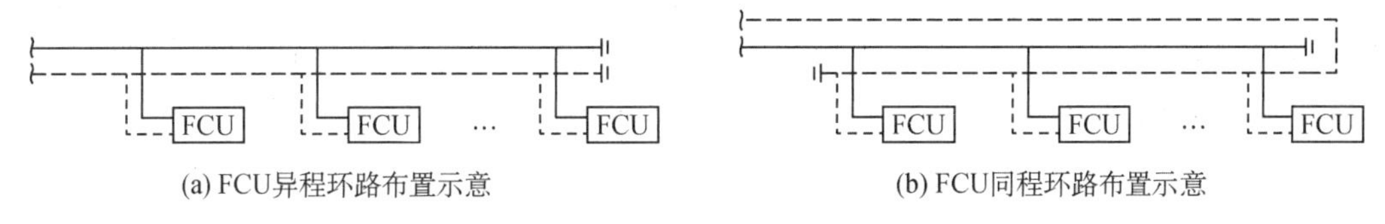

(a) FCU异程环路布置示意

(b) FCU同程环路布置示意

图 4-61　FCU 异程环路和同程环路的布置

需要注意的是，在同一个同程系统环路中，尽量选用相同规格的 FCU 连成环路（因相同规格的 FCU 水阻力一致，所需要的水流量也一致）。若有不同规格的 FCU 接入此同程环路，应尽量采用阻力相近的设备，或设计对设备提出阻力一致或相近的要求。

2）水系统常用平衡阀

常用的水系统平衡阀有动态流量平衡阀（定流量阀）、静态平衡阀、自力式压差平衡阀、动态平衡电动两通调节阀、动态平衡电动两通双位阀不是同一阀门，前者是带平衡功能的调节阀，后者是带平衡功能的开关阀。另外，目前还出现了一些流量控制阀也兼具流量平衡功能，如双温度控制阀、压力无关型能量阀等。下面对这些平衡阀作简要的介绍。

（1）动态流量平衡阀。

动态流量平衡阀也称定流量阀，它的主要功能是在一定的压差范围内，保持阀门流量恒定而不受外界扰动。最常用于需要恒定流量的场所包括：如需恒定流量的冷水机组（对应的冷冻水泵则是定频的），当并联冷机和并联水泵串联时，且水泵运行台数减少时（特别是仅1台水泵运行时），系统水阻力大大降低，导致水泵、主机等易出现超流量运行情况。主机超流量运行不仅出水温度控制精度会受到限制，而且对主机蒸发的器管路易造成过度冲刷磨损；而当水泵长时间超流量运行时，导致水泵电机过载易烧毁电机。此时，若在每个并联主机的出水管路上设置一个动态流量平衡阀，可确保无论是多台还是单台水泵在运行时，均不会超流量运行。若主机是可接受变流量运行（对应的冷冻水泵也应是变频的），仍可按上述系统进行连接，此时则不应在每个冷机出口管路设置动态流量平衡阀，因动态流量平衡阀的恒定流量与主机水泵变流量是矛盾的。即在水泵降低频率、水流量有减少趋势时，动态流量平衡阀则自动减少自身阻力来维持系统流量不变；反之，当水泵运行频率增加、水流量有增加的趋势时，动态流量平衡阀则自动加大自身阻力来维持系统流量不变。故动态流量平衡阀仅适合于定流量的场所，对于变流量系统不予采用。

（2）静态平衡阀。

静态平衡阀是一个阻力可以通过自身开度来设定的平衡阀，它具有开度指示、开度锁定装置、测压小孔，连接专用调试仪表可读取流量、压差等数据。在系统调试确定后，就锁定其开度不再变化，此时静态平衡阀相当于一个阻力固定元件。静态平衡阀的流量特性曲线是接近直线特性的，流量随开度的调节灵敏度较高。静态平衡阀多用于不同楼栋、不同楼层或不同区域存在资用压头冗余的场合，用于消除冗余的资用压头。

（3）自力式压差平衡阀。

自力式压差平衡阀是通常由一个压差平衡阀和一个静态平衡阀组成的阀组。自力式压差平衡阀组的主要功能是在其工作的压差范围内，维持阀组内部环路的压差恒定。无论是外部环路的水力扰动，还是内部控制阀的调节或开闭，始终能确保阀组内部环路的压差恒定。自力式压差平衡阀多用于变流量系统不同环路之间的水力平衡。如FCU环路以及其他一些有资用压头冗余的变流量水环路。

（4）动态平衡电动两通调节阀。

对于AHU和FAU，设计往往采用动态平衡电动两通调节阀来实现水力平衡和控制。一体阀的实质为自力式压差阀＋电动调节阀。其控制原理与自力式压差平衡阀相同。

(5) 双温度控制阀。

双温度控制阀,即有两个温度同时参与末端设备的水路控制。两个温度探头一个是室内回风温度探头,另一个是末端设备回水温度探头。其主要设计思想是:根据室内回风温度来确定阀门是否需要开启或关闭;在阀门开启状态下,则根据回水温度来计算和控制水阀的开度,从而避免大流量小温差情况的出现,图 4-62 展示了双温度控制阀串级调节的原理。

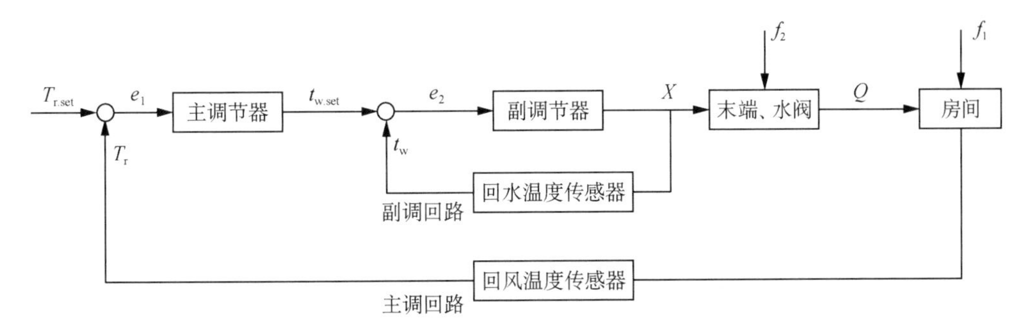

图 4-62 双温度控制阀串级调节原理

图 4-63 中,$T_{r.set}$ 为房间温度设定值,T_r 为房间温度反馈值;e_1 表示实际回风温度与设定温度之间的差值,e_2 表示实际回水温度与计算设定的回水温度之间的差值;Q 表示根据计算末端需要向房间供应的冷(热)量。$t_{w.set}$ 为主调节器输出的回水温度计算值,t_w 为回水温度反馈值,X 为副调节器输出的阀门开度值,f_1、f_2 为外部扰动。双温度控制阀相对于传统末端控制系统(Proportional Integral Derivative, PID)调节多了一个副调节过程,传统 PID 调节根据房间温度设定值和反馈值进行 PID 计算后直接输出阀门开度值 x,用以控制末端水阀开度;而双温度控制阀是先通过主调回路输出了回水温度设定值 $t_{w.set}$,然后通过副调节器再输出阀门开度 X,在串级调节过程中房间温度、回水温度均参与到控制过程中,通过串级闭环反馈控制实现了对房间温度、回水温度两个温度的控制。

双温度控制阀用在末端,特别是风机盘管系统上,可以尽可能避免大流量小温差的出现,对节约水系统输送能耗效果显著。

(6) 压力无关型能量调节阀。

某厂家生产的压力无关型能量调节阀,如图 4-63 所示,它由流量传感器、供/回水温度传感器、等百分比特性的电动调节阀和内置的微型控制器四部分组成,其工作原理为:直接数字控制(Direct Digital Control, DDC)通过对房间反馈温度 T_r 和房间设定温度 $T_{r.set}$ 进行 PID 计算,输出信号给能量阀控制器(而传统控制阀直接将此信号作为设定阀门的开度),能量阀控制器接受到 DDC 输出的控制信号(代表此时的换热强度),能量阀同时根据测得的供水温度 t_1、回水温度 t_2、瞬时流量 L,依据热量计算公式 $Q=C\cdot m\Delta t$ 计算出瞬时换热量 Q。而当外界压差或者温差变化时,阀门可以自动计算和调节控制阀的开度,确保末端设备的瞬时换热量和控制信号的给定值一致,从而精确控制末端设备热输出,不受系统压力波动和供/回水温差变化带来的影响。

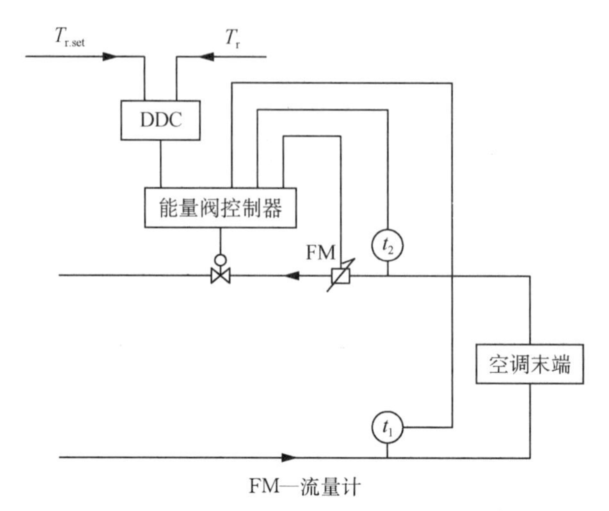

图 4-63　某厂家能量阀控制原理

4.3.4　供/回水大温差空调系统

大温差空调系统相对于普通温差空调系统具有节能、节材等优点[22]。通常情况下，加大供/回水温差对输送系统减少的能耗大于由此导致的传热效率下降所增加的能耗，空调系统保温在防止传热效率下降中起到至关重要的作用。

大温差水系统可节约水泵的输送能耗，但同时由于大温差水系统的设计，其空调末端设备同时需要按大温差系统来计算选型。如用于大温差的 FCU 和空调箱等，相对于常规 5℃温差，在相同的换热量下，大温差的末端具有水流道更长、流道更细的特点，需要根据不同的温差来进行末端的计算和选型。

若直接将常规 5℃温差的末端应用于大温差水系统时(控制水流量至所需的大温差系统)，则其设备的换热能力会明显衰减。如某酒店要求 FCU 的冷冻水供/回水设计温差为 7.7℃，若采用常规 5℃温差(7/12℃)的盘管应用于 7.7℃温差(该酒店水系统供/回水温差设计为 6.7/14.4℃)时，此时水温差增大，平均水温升高(由 9.5℃升高至 10.55℃)，则空气与水的平均传热温差(或对数温差)减小，则总换热量将减小；反之，若要保证换热量不变，同时又要增大水温差，则应扩大传热面积。

上述定性地分析了常规 FCU 若应用于大温差系统，其换热能力会出现衰减。为了定量地分析，将上述供/回水参数(6.7/14.4℃)提供给了比较典型的几家设备厂商。下面是三个厂家将常规 FCU 应用于 6.7℃供水、7.7℃水温差下计算出的设备供冷量(厂家 3 未提供显热冷量，以全热冷量做对比)。

从图 4-64 和表 4-10 可以看出，各厂家给出的大温差下 FCU 冷量的趋势是一致的：即大温差下同一 FCU 比 5℃温差下制冷量有所减小，厂家 1 平均显冷量约减小至标况的 92%，厂家 2 平均显冷量减小至标况下的 91%，厂家 3 的平均全热冷量减小至标况下的 65%。

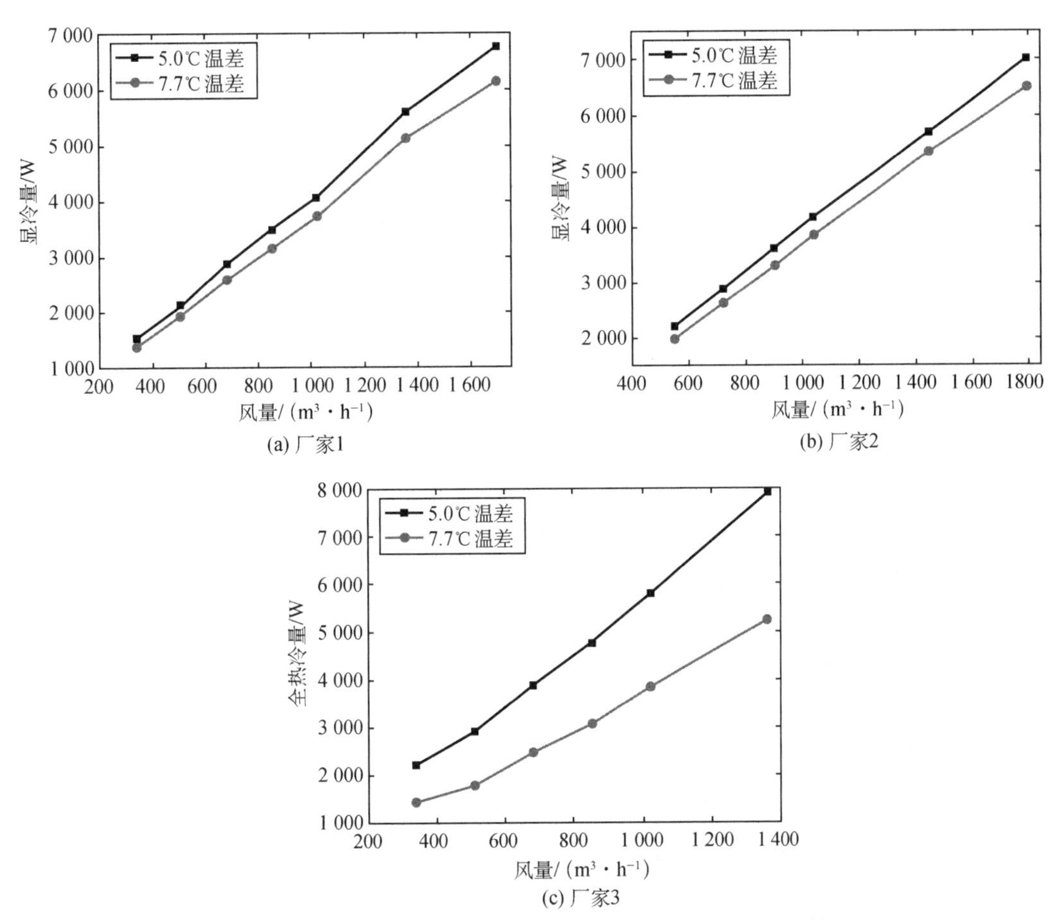

图 4-64　三个厂家提供的两种温差下系统的供冷能力比较

表 4-10　　　　不同厂家 FCU 大温差与标况下参数对比

厂家	参数设置	对应的数据						
厂家 1	风量/(m³·h⁻¹)	550	720	900	1 040	1 450	1 800	—
	7.7℃温差显热冷量/W	1 974	2 613	3 295	3 851	5 328	6 516	—
	5.0℃温差显热冷量/W	2 193	2 873	3 597	4 158	5 689	7 006	—
	比率/%	90	91	92	93	94	93	92
厂家 2	风量/(m³·h⁻¹)	340	510	680	850	1 020	1 360	1 700
	7.7℃温差显热冷量/W	1 370	1 930	2 580	3 140	3 710	5 120	6 130
	5.0℃温差显热冷量/W	1 520	2 120	2 850	3 460	4 050	5 570	6 750
	比率/%	90	91	91	91	92	92	91
厂家 3	风量/(m³·h⁻¹)	340	510	680	850	1 020	1 360	—
	7.7℃温差显热冷量/W	1 427	1 768	2 461	3 054	3 833	5 244	—
	5.0℃温差显热冷量/W	2 200	2 900	3 850	4 750	5 800	7 900	—
	比率/%	65	61	64	64	66	66	65

厂家 1 和厂家 3 的显热数据比较接近，而从厂家 3 的数据中可以明显看出，在大温差系统下，随着温差的加大（回水温度的升高），设备的全热冷量降低较多（而显热能力没有全热能力下降快），说明设备此时的潜热能力（即除湿能力）下降比较快速。

由此，在大温差系统中，不能简单地把常规温差的设备直接应用到大温差系统中，应根据不同的供/回水温度以及温差对设备进行选型，计算并设计大温差的盘管。在后续的运行过程中，要关注系统供/回水温差的变化，使系统实际运行时的供/回水温差与设计水温差接近，实现运行阶段的水系统输配节能。此外，大温差空调系统传热效率较普通空调系统低，要充分发挥大温差空调系统的节能效果，保温质量控制是极为重要的一个环节。4.5℃供水温度相比常规空调系统温度更低，管道表面温度远低于周围空气露点温度，对保温严密性要求更精细，防冷桥控制措施更为严格。

4.4 空调末端设计要点

4.4.1 空调末端系统的分类与形式

1. 空调末端系统分类

宾馆空调末端系统一般由空气处理设备、空气输送管道以及空气分配装置组成，根据组成形式的不同，主要分为全空气空调系统、水空气空调系统和分散式空调系统等形式，下面将展开论述。

1）全空气空调系统

全空气空调系统是指所有的空气处理设备都集中在空调机房内，集中进行空气的处理、输送和分配。此类系统的主要形式有：定风量单风管系统、定风量双风管系统和变风量系统等，下面将对其展开介绍。

（1）定风量单风管系统：当空调区面积和空间大、人员多、使用时间基本一致，对噪声控制要求高，且需对空调区的温湿度进行集中监控和管理时，应采用定风量单风管的全空气空调系统。定风量单风管空调系统被广泛应用于宾馆的大堂、中庭、餐厅、宴会厅、大会议室、游泳池等大空间。此外，直流式空调系（又称全新风系统）较为特殊，其主要是由于处理的空气全部来自室外，室外空气经处理后送入室内，然后全部排出室外，主要应用在宾馆厨房空调补风的场合。

（2）定风量双风管系统：当要求对空调区内各个房间单独进行温湿度控制，且各房间冷热负荷也有较大差异时，可采用定风量双风管系统，但此系统由于投资高、耗能大一般被较少采用。

（3）变风量系统：可被用于当多个空调区域合用一个空调系统时，各空调区域冷热负荷变化不一致，需要分别调节室内温度；或应用于仅负担单个空调区，但低负荷运行时间

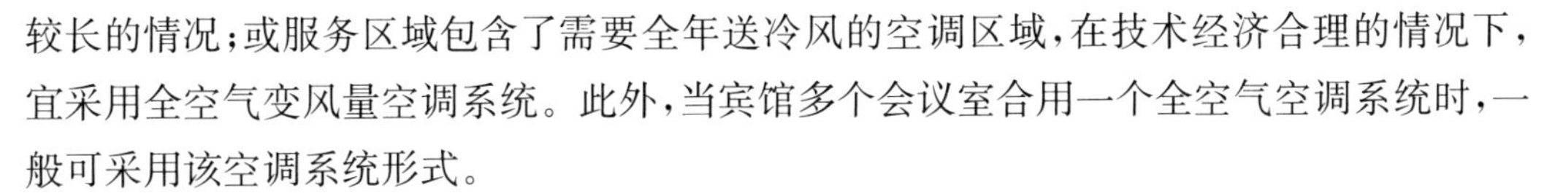

较长的情况;或服务区域包含了需要全年送冷风的空调区域,在技术经济合理的情况下,宜采用全空气变风量空调系统。此外,当宾馆多个会议室合用一个全空气空调系统时,一般可采用该空调系统形式。

2）水空气空调系统

此系统除了对送入室内的空气进行集中处理外,还设有分散在各个空调房间内对室内空气进行就地处理的二次空气处理设备。水空气系统主要的形式有:风机盘管(FCU)+新风系统、诱导式系统、末端再热式系统等空调系统。

(1) 风机盘管(FCU)+新风系统:应用于空调房间较多,各房间要求单独调节,且建筑层高较低的建筑物的情况,经过处理的新风宜直接送入室内。此系统在宾馆客房、后勤办公等小空间场所被广泛使用。当房间空气质量和温湿度波动范围要求严格或空气中含有较多油烟时,则不宜采用 FCU。

(2) 诱导式系统:当使用者对室内温湿度参数、空气品质和噪声没有严格的要求,且需单独调节室内温度时,可在宾馆客房中采用诱导式系统,但此系统应用案例较少。

(3) 末端再热系统:主要是针对与全年送冷风的区域合用一个空调系统的情况下,在送风末端设置加热盘管,提高送风温度,保证室内的舒适性,主要是在变风量空调系统中单冷送风时使用。

3）分散式空调系统

每个房间的空气处理分别由各自的整体式(或分体式)空调器承担,根据需要分散于空调房间内,不设集中的空调机房。分散式系统的形式主要有单元式空调器系统、分体式空调器系统、多联机系统。对于小型的宾馆建筑,为节约投资、运行成本,采用分散式空调也是一种常用的空调方式。

空调末端系统形式主要可分为集中式系统、半集中式系统和分散式系统,这 3 种系统形式各方面的综合比较详见表 4-11。

表 4-11　宾馆空调末端系统比较

比较项目	系统形式			
	集中式系统		半集中式系统	分散式系统
	定风量单风管	变风量	风机盘管(FCU)+新风	分体空调
初投资	一般	较高	较低	较低
节能效果	较差	较好	一般	较好
运行费用	较高	较少	一般	较少
施工安装	较差	较差	一般	较好
使用寿命	较长	较长	一般	较短
使用灵活性	较差	较差	一般	较好

续表

比较项目	系统形式			
	集中式系统		半集中式系统	分散式系统
	定风量单风管	变风量	风机盘管(FCU)＋新风	分体空调
机房面积	较多	较多	一般	较好
温度控制	较好	较好	一般	一般
湿度控制	较好	较差	较差	较差
消声	较好	较好	一般	较差
隔振	较好	较好	一般	较差
房间清洁度	较好	较好	较差	较差
风管系统	较多	较多	一般	较少
维护管理	较好	较好	一般	较差
防火、房间串气	较差	较差	一般	较好

2. 宾馆建筑中常规空调末端系统形式能效提升措施

除了根据以上原则进行空调末端形式的选取外，还需进一步采取一些措施来提高运行能效，减少运行费用。

表 4-12　　空调末端能效提升措施

空调末端系统	提升能效的措施
全空气空调系统	① 宜采取实现全新风运行或可调新风比措施，利用室外免费冷源； ② 在人员密度相对较大且变化大的房间，宜根据室内 CO_2 浓度检测值进行新风需求控制，减少新风负荷； ③ 因为空间大需内外分区，内外区应分别设置空气调节或采用变风量空调系统； ④ 宽阔空间采用分层空气调节系统； ⑤ 当空调风系统使用时间较长且运行工况有较大变化时，空调箱风机宜采用双速或变速风机； ⑥ 新、排风量大的空调风系统宜设置空气-空气能量回收装置； ⑦ 设置过滤器阻力监测、报警装置，减少运行阻力，减少电耗
风机盘管加新风空调系统	⑧ 采用直流无刷风机盘管； ⑨ 新风直接送入空调区域，不经过风机盘管(FCU)后再送出
分体空调系统	⑩ 采用变频空调，减少冷媒管长度

根据宾馆建筑功能房间的使用情况，选择合理的空调末端形式及可采用能效提升措施，建议如表 4-13 所列。

表 4-13 空调末端形式及可采用能效提升措施选择

区域	空间特点	常规空调末端形式	可采用的能效提升措施（表 4-12）
大堂	空间大	全空气空调系统	①④⑤⑦
电梯厅	空间小	风机盘管(FCU)+新风	⑧⑨
多功能厅、宴会厅	空间大	全空气空调系统	①②④⑤⑥⑦
中餐厅	空间大	全空气空调系统	①②⑤⑥⑦
西餐厅	空间大	全空气空调系统	①②⑤⑥⑦
全日餐厅	空间大	全空气空调系统	①②⑤⑥⑦
员工餐厅	空间大	全空气空调系统	①②⑤⑥⑦
厨房	空间大	直流式送风系统	⑤⑦
员工更衣室	空间小	风机盘管(FCU)+新风	⑧⑨
后勤办公	空间小	风机盘管(FCU)+新风	⑧⑨
会议室	空间大/空间小	全空气空调系统/风机盘管(FCU)+新风	①②③⑤⑥⑦/⑧⑨
商务中心	空间小	风机盘管(FCU)+新风	⑧⑨
健身房	空间小	风机盘管(FCU)+新风	⑧⑨
游泳池	空间大	全空气空调系统	⑤⑥⑦
布草间	空间小	风机盘管(FCU)+新风	⑧⑨
行政酒廊	空间大/空间小	全空气空调系统	①③⑤⑥⑦
客房	空间小	全空气空调系统/风	⑧⑨
公共卫生间	空间小	风机盘管(FCU)	⑧

根据表 4-13 所采用的空调末端形式及能效提升措施外，还有以下几项补充措施需展开介绍。

(1) 针对宾馆门厅大堂一般有外门大、内部空间高大、玻璃通透等特点，除了大门采用有门斗的双层门或旋转门外，在入门处设置风幕机也是有效减少冷热风渗透的措施。为了进一步提高人员的舒适性，在外围护幕墙设置对流散热器或大堂地面设低温热水辐射采暖系统也是较好的选择。

(2) 针对餐厅、多功能厅、宴会厅空间高大、人员密度变化大的情况，除了在空调系统的总回风管上设置 CO_2 浓度传感器，根据区域内的实际人数调节新风量外，还应设置带有变频功能的排风机，以确保区域内的风量平衡。

(3) 设置送、回风口时应避免气流短路和空调送风不均造成冷热不均的情况。

(4) 对规模小、投资少的宾馆，可采用变频多联机系统或分体空调系统。

(5) 为防止病毒通过空调系统传播,可根据空调末端不同的形式采取相应的措施予以应对。全空气空调系统对空气进行集中循环处理,在空调箱内可选择高效过滤、静电消毒、紫外线灯照射、光触媒空气净化等措施来进行杀菌消毒。风机盘管(FCU)+新风系统,主要注意新风取风口远离污染源,在室内的风机盘管回风口或者送风段上选择静电消毒装置、纳米光子消毒装置等消毒杀菌措施。分散式空调系统可以在房间内设置独立循环的室内消毒机来杀菌消毒。

4.4.2 泳池除湿热泵系统

1. 泳池除湿热泵基本原理

游泳池除湿热泵由电动机驱动,蒸汽压缩制冷循环,将室内游泳池表面水体蒸发到空气中的湿热蒸汽的潜热,以及所消耗的热能回收或转移至池水和空气中,弥补池水和空气的热损失,以实现空调、除湿和池水加热等功能于一体的综合利用能量设备,亦称三集一体热泵、多功能除湿热泵,具体可见图 4-65。

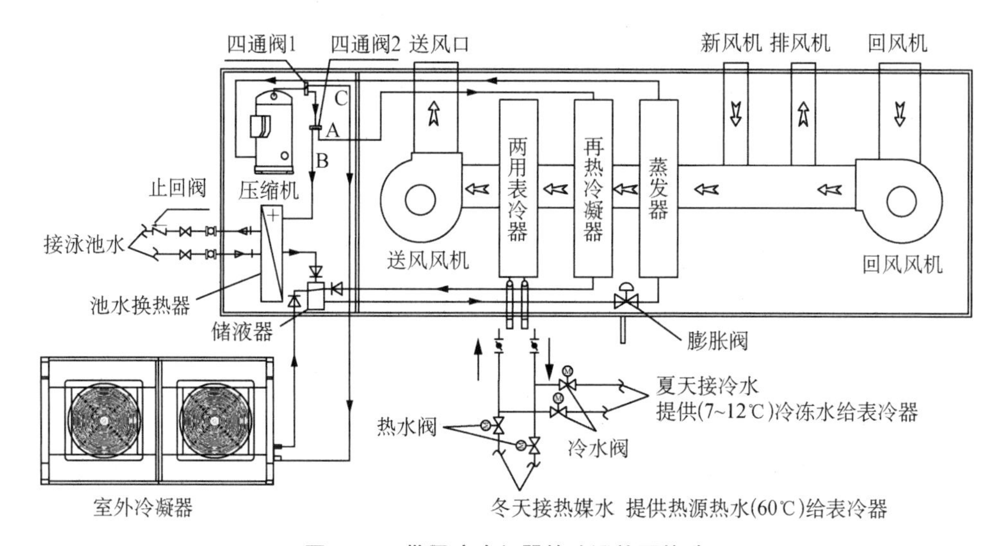

图 4-65　带风冷冷凝器的除湿热泵构造

2. 泳池除湿热泵的分类

(1) 按其构造的结构特征可以分为整体式热回收热泵和分体式热回收热泵。

(2) 按除湿热回收供能特征可以分为升温除湿型、降温除湿型、水加热除湿型、调温除湿型、水加热升温除湿型、水加热降温除湿型和三集一体除湿型共七类。

目前,酒店游泳池除湿热泵常规多采用三集一体除湿型热泵。

3. 泳池除湿热泵特点

（1）机组集成高，实现恒温、加热、除湿等功能。

（2）采用微电脑控制系统，可以自动实现各种运行模式自动切换，操作简单。

（3）系统可高效节能节水，并节约运行费用。

系统在除湿的条件下，利用免费冷凝热再热或回收冷凝热用于池水保温加热，整个系统高效节能；同时除湿冷凝水还可重新回收并补充至泳池。

（4）安全环保。相比于燃气加热系统，除湿热泵可大大减少废气排放，减小对环境的污染。

4. 泳池除湿热泵运行模式

除湿热泵系统的四种基本运行模式包括除湿模式、泳池水加热、供热模式和供冷模式，泳池除湿热泵运行模式原理见图 4-66，运行模式见图 4-67。

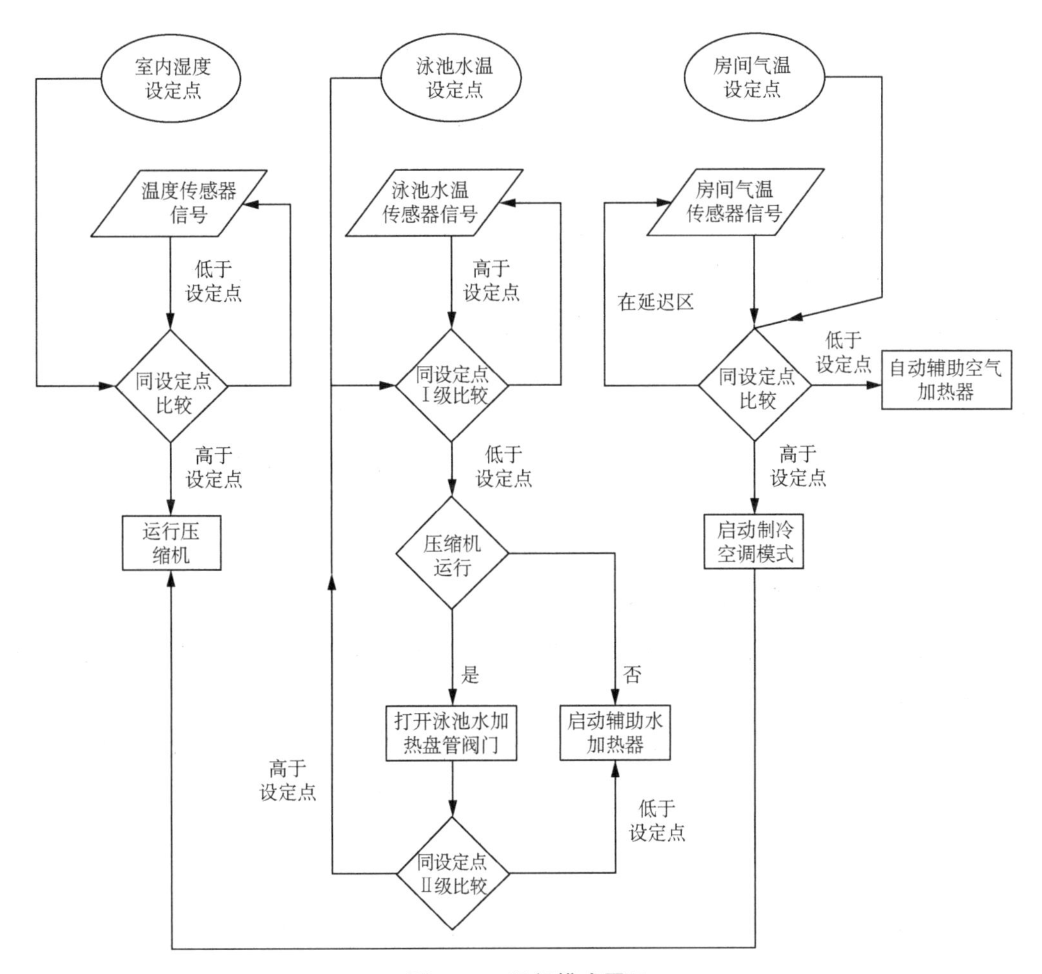

图 4-66　运行模式原理

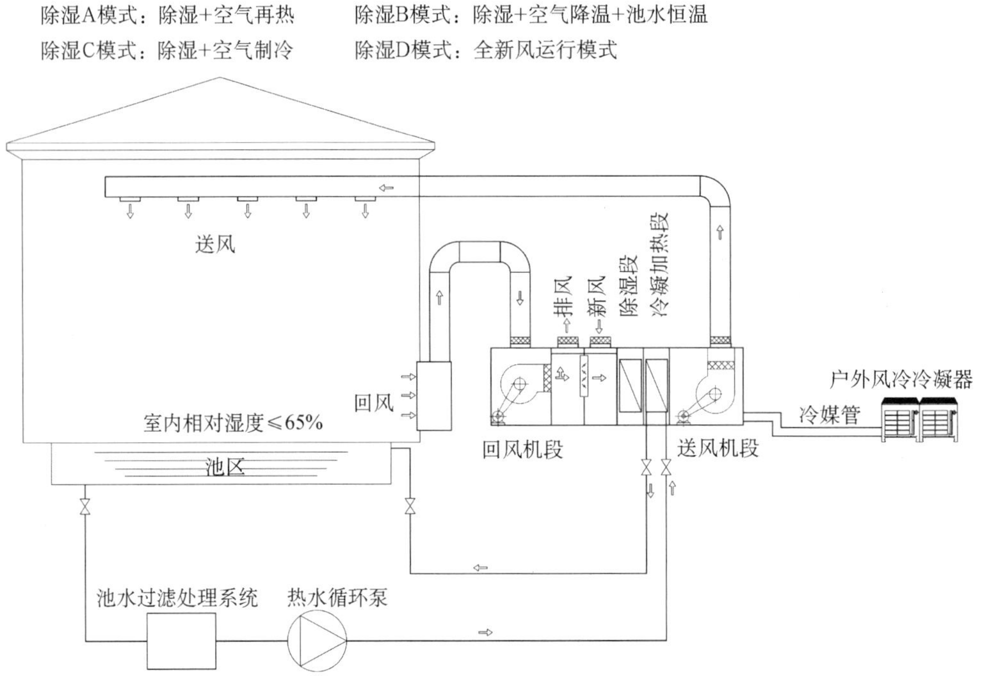
除湿A模式：除湿+空气再热
除湿B模式：除湿+空气降温+池水恒温
除湿C模式：除湿+空气制冷
除湿D模式：全新风运行模式
送风
排风
新风
除湿段
冷凝加热段
户外风冷冷凝器
回风
冷媒管
室内相对湿度≤65%
回风机段
送风机段
池区
池水过滤处理系统
热水循环泵

图 4-67　除湿热泵运行模式

(1) 除湿模式。当相对湿度超过设定值时，压缩机自动启动除湿功能。压缩机的排气直接进入再热盘管，加热空气被送至相应的加热器来加热。

(2) 泳池水加热。如压缩机已运行(除湿或进行空气调节)，其热量直接用于加热游泳池中的水，如果相对湿度低于设定值，则利用辅助加热器来加热。

(3) 供暖模式。当室内温度低于设定值时，辅助空气加热器自动启动，对送风进行加热。

(4) 供冷模式。当室内温度高于设定值时，压缩机自动启动，通过冷凝器将热量由室内排至室外。

5. 泳池除湿热泵设计要点

(1) 确定室内合适的空气温度与湿度的参数。通常酒店游泳池池水温度为 26～28℃，室内泳池空气温度通常比池水温度高 1～2℃；相对湿度≤65%。

(2) 确定游泳池新风量。游泳池的新风量建议按每人 30 m^3/h 与每 1 m^2 泳池湿区面积 8.5 m^3/h〔按美国 ASHRAE 标准 62.1—2004 中 0.48CFM/ft^2[2.4 L/(s·m^2)]〕比较，取大值确定。

(3) 详细计算夏季冷负荷、除湿量以及冬季热负荷。

(4) 根据除湿量选择合适的泳池除湿热泵。根据游泳池除湿量选择除湿热泵时，建议校核泳池换气次数。通常酒店泳池的换气次数建议维持在 4～6 次/h。

（5）校核除湿热泵冬季供热量，当不满足供热要求时需要在除湿热泵中增加辅助加热盘管。在选择辅助加热盘管的热源时，应考虑到泳池空调供热与宾馆建筑其他区域空调供热的起始时间不一致，因此其热源应由生活热水中的热源提供，而不直接由中央空调热水系统提供。

（6）当除湿热泵采用户外风冷冷凝器，其制冷剂冷媒管单程配管距离通常不超过 30 m，风冷冷凝器与室内除湿空调箱之间高差建议控制在 −3～7.5 m。

6. 案例分析

下面以上海品尊国际万丽酒店室内游泳池除湿热泵系统（图 4-68）为例展开介绍。

（1）建筑参数：室内游泳池建筑长 34 m，宽 12 m，高 4.5 m；池区面积 150 m^2，建筑南立面为玻璃幕墙。

（2）室内设计参数：夏季干球温度 30℃，相对湿度≤65%；冬季干球温度 30℃，相对湿度≤65%；池水温度 28℃；新风量 2 700 m^3/h。

（3）负荷计算：室内池水湿负荷为 21.02 kg/h，新风湿负荷为 14.72 kg/h，总湿负荷为 35.74 kg/h；冬季热负荷为 97.9 kW；夏季冷负荷为 50.44 kW，室内显热负荷 22.4 kW。

（4）除湿热泵选择：选择 1 台除湿量为 69 kg/h、送风量为 11 050 m^3/h、排风量为 2 970 m^3/h 及回风量为 8 350 m^3/h 的除湿热泵。泳池换气次数约为 6 次/h。除湿热泵另配置冬季辅助加热盘管，热水供/回水温度为 60℃/45℃。风冷冷凝器位于裙房屋顶（与除湿热泵内机高差 5 m）。

（5）室内风管布置：空调送风口设置在沿幕墙处与人员活动区域，排风口与回风口设置在池水区域上方。

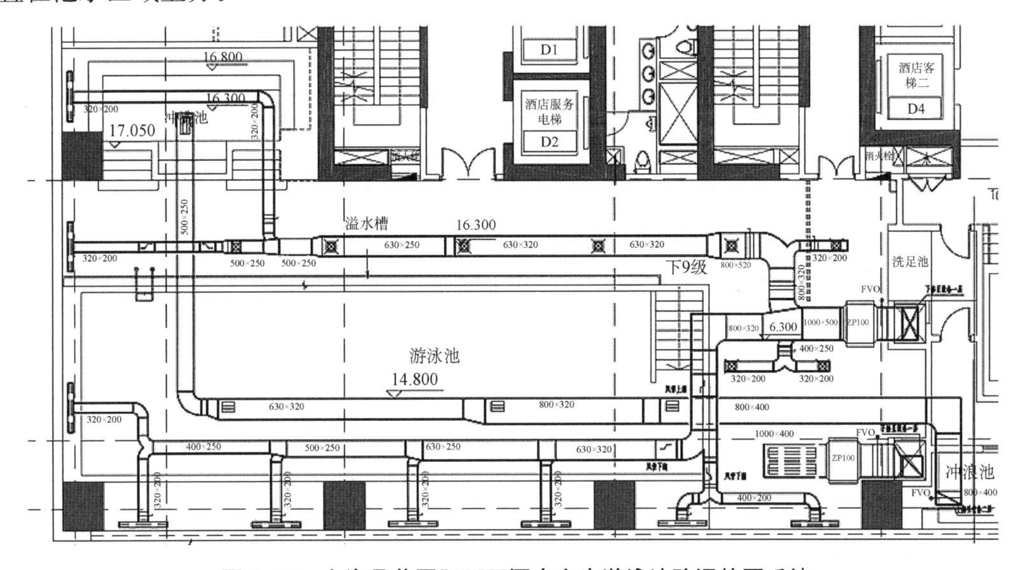

图 4-68　上海品尊国际万丽酒店室内游泳池除湿热泵系统

4.4.3　排风热回收系统

1. 空调新排风热回收系统

星级酒店在运行时，主要功能房间温度夏季通常为23～24℃，相对湿度通常为55%～60%，冬季通常在21～22℃，相对湿度≥30%～35%；同时新风量巨大，且客房区域、大堂、全日餐厅以及部分后勤用房因长时间运行，回收上述部分区域的排风冷热量预冷或预热新风具有较高的节能效益、经济效益和环境效益。下文将对空调排风热回收形式展开介绍。

排风热回收主要分为显热回收和全热回收两大类。酒店项目中常见的显热回收装置包括板式显热回收装置、乙二醇液体循环式热回收装置；全热回收装置有包括转轮式热回收装置和板翅式全热回收装置。

1）板式显热回收装置原理及其特点

（1）板式显热回收装置是在进排风之间设置导热金属隔板，分隔为三角形、U形等不同断面形状的空气通道，当新排风逆向流动式，在金属板两侧存在温度差，进行显热交换，是一种典型的显热型回收装置。其主要特点如表4-14所列。

表4-14　　板式显热回收期的主要优缺点

序号	优点	缺点
1	结构简单，设备费低、初投资小	只能回收显热，效率相对较低
2	不用中间热媒，没有温差损失	设备体积偏大，占用建筑面积和空间较多
3	不需要传动设备，自身不消耗能耗	接管位置固定，布置时缺乏灵活性
4	运行安全可靠	—

（2）该类回收装置在设计选型方面需注意以下几项。

① 新风温度一般不宜低于－10℃，否则排风侧会出现结霜。当新风温度低于－10℃时，新风在进入热交换之前，应进行预热。

② 新排风在进入热交换器之间，应采取过滤措施；但当排风比较干净时，则不必再处理。

③ 当新风排风的比值变化时，热回收效率应修正。

2）板翅式全热回收装置原理及其特点

（1）板翅式全热回收装置的结构和工作流程与板式显热回收装置基本相同。板翅式全热回收装置一般将多孔纤维性材料（如特殊加工的纸）作为基材，对其表面进行特殊处理后制成带波纹的传热传质单元，然后将单元体交叉叠积，并用胶将单元体的峰谷与隔板相黏结，再与固定框相连接形成一个整体的全热回收装置。该材质的纸传热效率与金属材料制成的热交换器几乎相等,热交换器的湿传递,是依靠纸张纤维的毛细作用完成的。当热回收装置隔板的两层气流之间存在温度差和水蒸气分压力差时,二者之间将产生热质传递过程,从而实现排风与新风之间的全热交换。

(2) 板翅式全热回收装置在设计选型方面应注意以下几项。

① 在过渡季节,应设置旁通风管,以减少压力损失,节约能耗。

② 新风温度一般不宜低于−10℃,否则排风侧会出现结霜。当新风温度低于−10℃时,新风在进入热交换之前,应进行预热。

③ 新风和排风风机布置时,建议全热交换器处于新风排风的负压段。

④ 当新风排风的比值变化时,热回收效率应修正。

3) 转轮式全热回收装置原理及其特点

(1) 转轮式全热回收器的核心部件是转轮,它以特殊复合纤维或铝合金箔作为载体,覆以蓄热吸湿材料,并加工成波纹状和平板状,然后按一层平板、一层波纹板相间卷曲绕成蓄热芯体。气流在层与层之间的通道中呈层流状态,转轮固定在箱体中心部位,并以10 r/min 的低转速不断旋转,在旋转过程中,让以逆向流过转轮的新风和排风相互利用温度差与水蒸气分压力差进行传热、传质,完成能量交换(表 4-15)。

表 4-15　转轮式全热回收装置优缺点

序号	优点	缺点
1	全热回收,且效率较高(70%~80%)	存在运动部件,需要额外消耗能耗
2	可以采用比例调节转轮转速调节热回收效率,以适应不同室外空气参数(如过渡季节和冬季工况)	维护保养较难
3	因转轮交替逆向进风,具有自净作用,不易被尘埃阻塞	存在小量风量渗漏
4	传热面积紧凑,每 m^2 的传热面积可达 3 500 m^2 以上,因此与其他换热器比较,单位传热面积的造价低廉	接管位置固定,布置时缺乏灵活性

(2) 转轮式全热回收装置设计选型注意事项主要包含以下几点:

① 空气流经转轮的迎面风速建议为 2~3 m/s。

② 转轮式热回收装置的热回收效率随转轮转速的降低而降低,当转速 $n \geqslant 10$ r/min 时,显热效率几乎不再变化,而且潜热效率的变化与显热效率变化并不一致,通常宜取 $n=10$ r/min。

③ 转轮的比表面积越大,热回收效率越高,但随着比表面积增大,空气阻力也逐渐变大,所以经济的转轮比表面积为 2 800~3 000 m^2/m^3。

④ 过渡季节时应设置旁通风管,以减少压力损失,节省能耗。

⑤ 在严寒或寒冷地区应用时,应校核转轮芯体是否会结霜、结冰。一般认为,若 $(t_{11}+t_{12})/2 \geqslant 0$℃,则不会出现结霜、结冰现象。

4）热管热回收装置基本原理

（1）热管是一种应用工质相变进行热交换的换热元件。当热管的一端（蒸发段）被加热时，管内工质因得热而气化，吸热后的气态工质沿管流向另一端（冷凝段），并在冷凝段将热量释放给被加热介质，气态工质冷凝为液态，在毛细管和重力作用下回流至蒸发段，完成热力循环。为了保证液态工质能依靠重力回流至蒸发段，必须使热管向蒸发段保持一定的倾斜（一般为5°～7°）。由于冷却与加热时，热管元件内液态工质的流向相反，因此对于全年应用的热管热回收器，必须配置能改变倾斜方向的支架。图4-69表示了热管热回收原理，其主要特点如表4-16所列。

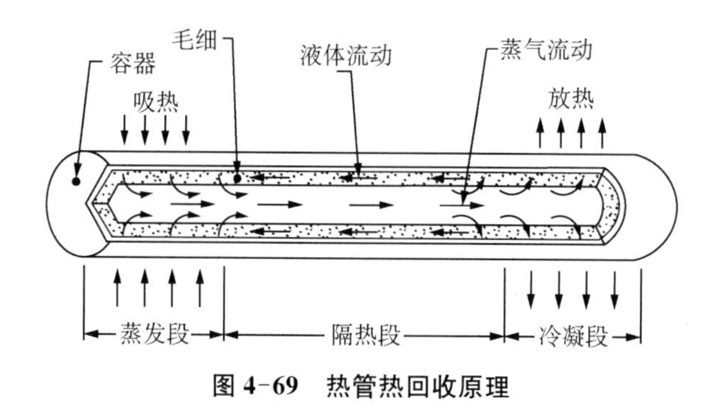

图4-69　热管热回收原理

表4-16　热管热回收优缺点

序号	优点	缺点
1	结构紧凑，单位体积的传热面积大	只能回收显热
2	无转动部件，不消耗额外能量；运行安全可靠，使用长	接管位置固定，缺乏配管的灵活性
3	每根热管自成换热单元，维护方便	全年应用时，需要改变倾斜方向
4	冷热气流即使在较小温差时，也能取得一定的回收效率	—
5	热回收效率提高，可高达70%	
6	送排风不会产生交叉污染	
7	热管传热是可逆的，冷、热流体可以变换	

（2）热管热回收装置设计选型注意事项包括以下几点。

① 考虑实际运行时，热管表面会产生积灰等，建议回收效率乘以0.90可修正系数。

② 换热器可以垂直安装，也可水平安装；当水平安装时，必须有5°～7°的斜度，并保持向蒸发器倾斜。

③ 换热器的迎面风速，宜保持在2～3 m/s。

④ 换热器冷热端之间的分隔板，宜采用双层结构防止渗漏。

⑤ 冬夏季均使用的热回收器，应配置可以转动的支架。

⑥ 当新风出口温度低于露点温度或热气流的含湿量较大时，应设计只能装冷凝水的

排水管道。

⑦ 启动热回收装置时，应同时启动冷热气流，或冷气流先流动；停机时，冷热气流同时停止或先停止热气流。

2. 热回收装置适用性

对于热回收装置的选择，需要结合当地的气候条件特点和回收场所的运行时间，综合考虑初投资、运行维护成本以及对建筑布局的影响等方面后再确定。

在夏热冬冷地区，当夏季使用空气全热交换时，对排风能量的回收效果表现明显优于显热交换器；在冬季时，虽然潜热回收较夏季差，但仍有明显的节能效果，因此就全年使用情况而言，该类地区建议采用全热交换器。

在寒冷地区，夏季新风的显热和潜热负荷较小，排风回收装置的热回收效果不明显；在冬季时，酒店各功能房间相对湿度要求较高(≥30%～35%)，冬季采用全热回收具有较好的节能效果。

在夏热冬暖地区，冬季能耗非常小，全年能耗主要集中在夏季，而且潜热能耗较高，因此在该类地区，建议采用全热回收装置。

在严寒地区，与显热交换器相比，全热交换器的节能优势并不显著，两种排风热回收装置的效率无明显差异，选择显热交换器即可满足需要。

4.4.4 空调末端系统案例介绍

1. 上海明天广场城市商业酒店综合体建筑

该项目主要功能为商业、酒店式服务公寓和豪华五星级酒店[23]。其中，酒店位于6层的宴会厅，其根据使用功能将空间分隔形成多个小厅，在实际使用时人员数量变化较大，因此宴会厅的空调系统采用变风量全空气系统，送风末端采用单风道压力无关型变风量送风装置。酒店38层为宾馆、餐厅和酒吧，人员数量变化较大，并且是以大面积玻璃幕墙为主的围护结构，易受室外光照影响，其空调冷负荷和送风量变化范围较大，因此采用变风量全空气系统以事业负荷的变化，保证舒适度。

2. 上海四季酒店

该项目是一家国际五星级连锁酒店[24]，酒店公用部分的大空间及贵宾小餐厅采用低速全空气空调系统，其中多功能宴会厅与贵宾小餐厅采用变风量空调系统，其他房间均采用定风量空调系统。鉴于宴会厅可做多种形式隔断(可分为两间也可以分为三间使用)，空调系统在冬季有同时供冷与供热的需求，其末端常用带热水加热盘管的串联式风机动力箱；贵宾小餐厅全为内区房间，其末端选用单风道节流型变风量箱。酒店客房、健身中心、五层中小会议室等小房间采用风机盘管(FCU)+新风的空气-水空调系统。

3. 三亚 · 亚特兰蒂斯酒店

该项目为具有热带海洋鱼类展览的一站式五星超豪华度假酒店[25],其大堂、餐厅、宴会厅、会议室、水族馆等均为采用全空气空调系统的场所,设置了自然或机械式过渡季节全新风系统,并配套设置相应的排风设备,人员密集场所设置 CO_2 浓度控制新风阀的开启度。在宴会厅、会议室以及客房空调新风末端均设置转轮式排风热回收装置,以预冷新风。

4. 河北省北戴河东山宾馆观海楼

在该项目的空调设计中,大堂、休息厅、宴会厅采用带热回收的定风量变新风比空调系统,过渡季节考虑全新风运行工况;办公室、会议室、客房采用风机盘管(FCU)+新风系统,其新风设备为新风换气机(显热)。同时在房间内设置 CO_2 浓度控制器,通过监测 CO_2 浓度控制新风换气机的启停。大会议室的组合式空调机组也设排风能量回收系统,并考虑全新风运行。大楼运行 1 年后,经测试得知该系统产生了较好的经济效益[26]。

5 给水排水系统节能技术要点

5.1 设计原则

由于酒店以客人的舒适性作为第一要素，其为客人创造的舒适环境是依托消耗大量的能源和物质而获得的，因此酒店用水量较其他公共建筑更多，实现酒店节水是未来一大趋势。

酒店的节水措施从根本来看包括开源和节流两种方式。

1. 开源

酒店的用水主要由生活用水、空调冷却塔用水、消防用水和绿化道路用水组成，其中空调冷却塔用水和绿化道路用水对水质的要求相对生活用水较低。可以通过雨水收集，经回用处理后，供空调冷却塔和绿化道路使用，从而实现分质供水，优质优用，有效地节约了水资源，降低了水处理与用水成本。

酒店的空调负荷远大于一般建筑物，过高的空调负荷会产生大量空调凝结水。由于酒店在空调系统的维护和保养上相对其他建筑物更为良好，其空调凝结水属于相对优质的回用水源，经过处理后即能用于绿化道路用水；并且空调凝结水大量产生于夏季，而该季节恰好是绿化大量用水的季节，具有良好的匹配性。

2. 节流

对于生活用水，可通过控制用水压力，设置支管减压措施，降低水龙头的出水压力，在满足酒店管理公司水压要求的同时，尽量降低龙头的出流量。同时选用高标准的节水器具也可在一定程度上降低生活用水量。

酒店泳池也是用水量较大的部门。泳池补水主要是因水池的人体带出、水池的蒸发以及泳池的反冲洗导致的，其中泳池的反冲洗可以通过采用反冲水量较小的过滤器或采用滤池气水反冲洗的方式减少泳池反冲水量。

空调冷却塔属于用水大户，合理选择冷却塔是节流的重要途径，如采用横流塔、闭式塔的方式，可降低冷却塔的补水量。通过合理计算酒店热负荷，减小冷却塔的散热负荷也能减小冷却塔的补水量。

绿化是酒店景观的核心场所，而绿化用水也是一个用水大户，建议通过设置喷灌、微喷灌和滴灌的方式降低绿化浇洒水量。根据相关资料显示，喷灌可比地面漫灌要节水30%～50%，微喷灌、滴灌比地面漫灌要节水50%～70%。

5.2　生活热水设计

5.2.1　生活热水负荷特点与用水指标分析

1. 各使用功能区域生活热水用水时间的分析

宾馆建筑根据星级的不同一般有客房、餐饮(宴会及快餐)、会议中心、酒吧、咖啡吧、健身、游泳、娱乐(棋牌、卡拉ok、舞厅、足疗)等使用热水的区域。其中，客房全天都可能用水，但用水高峰一般集中在晚上；全日制餐厅提供早、中、晚的餐饮服务，其用水时间基本涵盖整个白天；健身、游泳池的营业时间一般在早晨到夜间；酒吧一般在夜间营业，咖啡吧为白天到夜间；会议中心用水时间一般为白天；洗衣房的用水时间一般为白天。在建筑物总热水用量确定的情况下，需要考虑各个功能之间不同的用水时段特别是高峰用水时段的差异及对热水系统供水容量选择的影响。

2. 生活热水的负荷分析

宾馆建筑全年24 h有人员停留，因此需全年24 h连续提供生活热水，客房入住率和宾馆类型均影响到宾馆内生活热水的负荷变化，譬如高星级宾馆和低星级宾馆的热水用水量负荷相差较大。会议型、娱乐型宾馆人员流动性相对较小，客人多在宾馆内活动，全日用水比较均衡；商务型、观光度假型等宾馆的客人白天在外活动，夜间在宾馆休息，用水的不均匀性较强；机场枢纽型宾馆主要为过夜旅客提供休息场所，其用水量相对全日制宾馆要适当小一些。

3. 生活热水的用水指标

宾馆因空间分类的不同，其生活用水指标也有所差异，具体相关数据可见表5-1。

表5-1　热水用水定额

用水对象	单位	最高日用水定额/L	平均日用水定额/L	使用时间/h
经济型、三星级酒店	每床位每日	120	110	24
四星级酒店	每床位每日	140	125	24
五星级酒店	每床位每日	160	140	24
酒店服务部	每人每日	40～50	35～40	24
洗衣房	每公斤干衣	15～30	15～30	8

续表

用水对象	单位	最高日用水定额/L	平均日用水定额/L	使用时间/h
宴会厅	每顾客每次	15～20	15～25	10～12
快餐部	每顾客每次	7～10	7～10	12～16
酒吧、咖啡厅	每顾客每次	3～8	3～5	8～18

4. 入住率对生活热水用量的影响

宾馆入住率受地理位置、气候变化、经济影响、宾馆品牌变化、城市区域活动、旅游淡季旺季等因素影响，其准确的热水用量数据难以预估，故会导致热水用水量负荷变化范围较大，如夏季与冬季、北方与南方、白天与夜晚、经济型酒店与高星级宾馆等，它们之间的热水需求差异较大，使设计时应考虑热水机组装机容量与运行措施，设备配置、系统划分等因素，以充分适应人员及用水量的变化，使整个生活热水供应系统始终处于高效工况下。

5.2.2　热水节能适宜技术应用

近年来，绿色能源太阳能和空气源热泵等技术在宾馆中的广泛使用，对提升宾馆建筑能效起到了重要的作用。

太阳能热水系统是利用太阳能集热器采集太阳热量，在阳光的照射下使太阳的光能充分转化为热能，通过控制系统自动控制循环泵或电磁阀等功能部件，将系统采集到的热量传输到大型储水保温水箱中，再匹配当量的电力、燃气、燃油等能源，把储水保温水箱中的水加热并成为比较稳定的定量能源设备。该系统既可提供生产和生活用热水，又可作为其他太阳能利用形式的冷热源，是目前太阳热能应用发展中最具经济价值、技术最成熟且已商业化的一项应用产品。然而，在高级宾馆集中热水供应系统中，太阳能的利用仍然受到一定限制。如何保证太阳能热水系统出水水温恒定，分区供水系统中如何平衡太阳能热水系统与生活冷水系统的压力问题，如何提高太阳能的利用效率，以及如何自动控制太阳能热水系统的正常运转，是需要关注的几个重要议题。

一般宾馆冷水系统采用分区供水，如市政管网直接供水、变频加压供水和屋顶水箱供水；同时热水供应的区域有客房、餐厅等，热水用水时间分散。而太阳能蓄热受天气影响较大，达到使用温度需要一定的蓄热时间，难以保证在任何一个时段热水出水的水温均能满足使用要求。因此如采用直接式太阳能系统供水（即各区的热水均由储热水箱加压供应），无法实现冷水和热水系统同源，必然会造成各分区冷热水系统的压力不平衡。而作为高级宾馆对于热水的使用要求比较高，所以在宾馆中如何实现安全供水，保证水温和水量的稳定尤为重要。为避免以上几个问题，宾馆一般采用间接式太阳能热水系统，下面将对间接式太阳能热水系统展开介绍。

间接式太阳能热水系统，即保留传统的容积式换热器，不直接使用太阳能热水，而是将太阳能热水作为一次热源，对冷水进行预热，经过预热的热水进入到容积式热交换器。如能满足使用要求则直接供应给用户，如达不到供水水温，则经过预热的热水再次与热源（蒸汽或高温热水）换热，达到出水温度后再提供至宾馆用水点。这样既避免了太阳能热水的水量水温不稳定给使用者造成麻烦，又解决了冷水和热水系统不同源所造成的系统压力不平衡的问题。而容积式换热器出水的温度控制热源阀门的启闭与热源的运行状况实现联动，从而达到节能的目的。

间接式太阳能热水系统一般包含太阳能热水集热系统、太阳能热水换热系统、太阳能热水供热系统和太阳能热水系统的防冻除垢措施。

1. 太阳能热水集热系统

在间接式太阳能热水系统中，由于太阳能热水集热系统仅作为热源使用，必然会造成一部分热量损耗，造成热效率的下降。因此在获得相同水温的情况下，采用间接式系统需要布置比直接式系统更多的集热器。设计的集热器可在宾馆的可利用屋面上布置太阳能集热器阵列，在实际工程中由于屋面的面积有限，而且常常设置冷却塔和风机等设备，实际可利用的面积有限，太阳能热水集热器的排布有一定限制。在这种情况下，需要根据可利用面积来反算太阳能系统可提供的热能。设定屋面集热器的出水温度为 E_1，太阳能储热水箱出水温度为 E_2，当 $E_1-E_2 \geqslant 7$℃时，太阳能热源循环泵开启，将水箱内低温水和集热器中高温水换热，加热过程中集热器内水的温度也会逐渐下降。而当 $E_1-E_2 \leqslant 2$℃时，微电脑控制器自动关闭循环泵，停止循环加热，直到集热器中的水在太阳辐射下温度升高再次达到设定温差再重复以上过程。通过温差强制循环，可以不断加热、提高水箱水温，以备换热使用。以上各温度设定，可根据当地季节气候、工程实际情况进行调整。

2. 太阳能热水换热系统

被收集到储热水箱的热水作为一次热源，通过快速换热器及时将热量传递给冷水。在较大型集中热水供应系统中，换热器可选择传热效率高的板式换热器，以提高系统的传热效率。一次热源的循环泵流量与太阳能循环水泵的流量相同。为了提高被加热水的出水温度，在选择热水循环泵时可考虑比一次热源循环泵的流量略低。为了保证换热充分，经过板式换热器加热后的水储存在热水压力罐中，并通过与板式换热器的不断换热进一步提高水温，这样可做到充分利用太阳能热量，既可稳定换热后的水温，又可起到调节热水量的作用。

3. 太阳能热水供热系统

冷水经过板式换热器换热后，进入容积式换热器中。当用水量较低且达到使用水温的要求时，热水直接进入到热水管网中提供给用户使用。当检测到容积式换热器出口的水温不能满足要求时，则热源管入口处的温控阀开启，利用热源对预热后的水进行二次加热。为安全起见，整个容积式换热系统应按冬季最不利的天气情况进行设计。

4. 太阳能系统的防冻除垢措施

由于部分系统集热器和绝大部分管路都置于室外，在冬季环境温度较低时，集热器和管路有可能结冻膨胀造成设备损坏，影响整个热水系统的正常运行。太阳能系统的防冻通常采用以下两种方式：

①循环防冻；②用防冻剂作为循环介质。在南方地区发生结冻现象较少，虽采用防冻剂作为循环介质，具有不结冻、不结垢等特点，但其使用成本较高，故在南方采用循环防冻的保护方式，即在集热器较冷端设置一个温度传感器，当温度传感器检测到冷端的温度 $T \leqslant 5℃$ 时，启动太阳能循环水泵，使水箱和集热器中的水循环运行；当 $T \geqslant 10℃$ 时，微电脑控制器关闭循环泵停止循环。对于热水系统的除垢问题，可在进水端安装 Na^{+} 离子交换器，降低水的硬度，利用水循环达到除垢效果。

太阳能集热系统中，集热器选项非常重要，表 5-2 是全玻璃真空管集热器、平板集热器、U 形管集热器和热管集热器的比较。

表 5-2　　集热器比较

集热器类型	产品说明	产品优点	产品缺点
全玻璃真空管集热器	全玻璃真空管集热器是利用真空集热管所具有的高太阳能吸收比和低发射比的选择性吸收涂层吸收太阳能，将吸收的太阳能转换成热能；由于水在不同温度下密度不同，利用冷水密度大，热水密度小的特点，在真空管内形成冷水自上而下、热水自下而上的自然循环，通过这种不断的循环，使整个联箱内的水温逐渐升高，并贮存于其中。此集热器多组串并联用于集热系统时，一般采用强制循环的方式将集热器联箱中的热量循环至储热设备中	1. 结构简单，安装方便，价格便宜，性价比高； 2. 直接加热，一次换热，热效率更高	1. 循环介质为水，冬季防冻能力差； 2. 真空管单管破损，系统无法使用
平板集热器	阳光透过透明盖板照射到表面涂有吸收层的吸热体上，其中大部分太阳辐射能为吸收体所吸收，转变为热能，并传向流体通道中的工质。从集热器底部入口的冷介质，在流体通道中被太阳能所加热，温度逐渐升高，加热后的热介质密度会变小，在重力的作用下产生向上的动力，热能从集热器的上端出口，通过强制循环将热量循环至储热设备中待用	1. 平板盖板为钢化玻璃，安全美观，能够有效与建筑一体化设计； 2. 无真空管管间间距，100%采光面积，同样的建筑屋面面积，能布置更多的集热器； 3. 间接加热，介质循环，冬季防冻性能好； 4. 间接承压系统，可以搭配容积式换热器，板式换热器使用	集热器未抽真空处理，散热快，整体热性能偏低

续表

集热器类型	产品说明	产品优点	产品缺点
U形管集热器	空管的选择性吸收镀膜上，高吸收率的镀膜将太阳光能转化为热能，并通过U形翅片传至直流套管内。直流套管内的介质将热能汇集并通过循环管路输入系统储热装置内蓄存，连续不断地吸收太阳辐射能为热水系统或采暖系统提供热能	1. 专利U形铝翼，固定真空管与U形管连接处，提高传热性能； 2. 间接加热，介质循环，冬季防冻性能好，单管破损不影响系统运行； 3. 间接承压系统，可以搭配容积式换热器，板式换热器使用	1. 夏季使用时需要考虑系统过热问题； 2. 造价较高
热管集热器	典型的热管由管壳、吸液芯和端盖组成，将管内抽成 $1.3\times10^{-3}\sim1.3\times10^{-4}$ Pa的负压后充以适量的工作液体，使紧贴管内壁的吸液芯毛细多孔材料中充满液体后加以密封。管的一端为蒸发段(加热段)，另一端为冷凝段(冷却段)，根据应用需要，在两段中间可布置绝热段。当热管的一端受热时毛纫芯中的液体蒸发汽化，蒸汽在微小的压差下流向另一端放出热量凝结成液体，液体再沿多孔材料靠毛细力的作用流回蒸发段。如此循环往复，热量由热管的一端传至另一端。热管在实现这一热量转移的过程中，包含了6个相互关联的主要过程： 1. 热量从热源通过热管管壁和充满工作液体的吸液芯传递到(液—汽)分界面； 2. 液体在蒸发段内的(液—汽)分界面上蒸发； 3. 蒸汽腔内的蒸汽从蒸发段流到冷凝段； 4. 蒸汽在冷凝段内的汽—液分界面上凝结； 5. 热量从(汽—液)分界面通过吸液芯、液体和管壁传给冷源： 6. 在吸液芯内由于毛细作用使冷凝后的工作液体回流到蒸发段； 集热器集热原理为：太阳光透过真空玻璃罩管，照射在玻璃真空管的选择性吸收镀膜上，高吸收率的镀膜将太阳光能转化为热能，并通过金属翅片传至直流套管内。直流套管内的介质将热能汇集并通过循环管路输入系统储热装置内蓄存，连续不断地吸收太阳辐射能为热水系统或采暖系统提供热能	1. 热管内为专利工质，沸点低，传热启动速度快，热效率高； 2. 间接加热，介质循环，冬季防冻性能好，单管破损不影响系统运行； 3. 间接承压系统，可以搭配容积式换热器，板式换热器使用	1. 夏季使用时需要考虑系统过热问题； 2. 造价较高

结合造价和能效，宾馆一般选择平板集热器和U形管集热器。

表5-3是太阳能+空气源热泵辅助、空气源热泵和燃气锅炉在某宾馆项目的经济技术比较。

该项目位于海南省，属于中高端酒店，其客房数量共400间，设计按照标准间2床位计算用水量，每床位150 L，总计热水量120 000 L。

表5-3　经济技术比较

项目类别	分项分析	太阳能+空气源热泵辅助	空气源热泵	燃气锅炉
初投资费用	设备配置	全玻璃真空管集热器2 000 m²+开式水箱120 m³+10台20P空气源热泵	10台20P空气源热泵开式水箱120 m³	2台0.35 MW燃气锅炉
	初投资费用/万元	270	120	60
运行费用	日用水量/L	120 000	120 000	120 000
	基础水温/℃	15	15	15
	设计水温/℃	55	55	55
	热水负荷/MJ	20 064	20 064	20 064
	燃烧效率/%	380	380	80
	理论热值	电：3.6 MJ/kW·h	电：3.6 MJ/kW·h	天然气：36.22 MJ/m³
	日消耗燃料/元	1 466.67	1 466.67	692.44
	燃料单价/元	1	1	3.5
	日消耗燃料费用/元	阴雨天气使用空气源热泵辅助加热	—	—
		1 466.67	1 466.67	2 423.52
	年消耗燃料费用/元	全年阴雨天气按照120天计算	全年365天	全年365天
		176 000.00	535 333.33	884 585.86
	年维护费用/元	5 000.00	5 000.00	20 000.00
	年费用合计/元	181 000.00	540 333.33	904 585.86

综上所述，绿色能源太阳能和空气源热泵等技术在宾馆中的广泛使用，不仅对提升宾馆建筑能效起到重要的作用，同时因节省常规能源而减少CO_2的排放量，减少温室效应。在污染日益严重的工业化时代，CO_2的减排对环境的保护和可持续发展起到了不可估量的作用。

5.3　海绵城市及雨水回用设计

随着气候的变化，我国的降雨呈现出强降雨增多的趋势，从而导致城市内涝严重，海绵城市作为新一代城市雨洪管理理念，在我国乃至世界范围(有些国家将海绵城市描述为低影响开发)得到大力的推广和发展。

建筑与小区是海绵城市建设的一个重要组成部分,虽然在设计方法上与市政、生态、大型公共区域不同,但是在很多的技术措施上仍然存在大量可以借鉴、参考的地方。

酒店适宜的海绵城市建设设施和技术措施主要包括屋顶绿化、雨水管断接、雨水收集回用系统、下凹式绿地和透水铺装等方式。这些技术措施的引用将很好地实现酒店建筑的雨洪控制和管理,并与酒店建筑的景观布局,绿色低碳理念相得益彰。

海绵化设计的具体措施分析如下:

1. 屋顶绿化

在酒店项目建设中,建筑的占地面积通常占土地面积的20%～50%,其占地面积被不同标高屋面所覆盖,利用植被和土壤对雨水的吸附作用,减少雨水的排放。从而减少和控制地块的总雨水径流系数。该条措施将极大减轻雨水排放到城市管网的压力,对高密度城市解决屋面雨水滞蓄具有积极意义。

植物在整个生态链中处于最初端,通过光合作用为大气提供氧气,使碳元素固定下来,在生态系统中具有不可替代的作用。屋顶绿化可以极大改善屋顶的热工效果,对城市气候特征和生态环境、酒店的视觉景观均有不同程度的改善,对于夏热冬冷的地区尤为有利。

对于多层和高层的裙房(24 m以下)应尽可能设置绿色屋顶,屋顶绿化可结合建筑使用功能和环境景观要求统一布局,在改善酒店的视觉景观同时实现海绵城市的建设理念。

2. 雨水管断接

改变雨水管直接接入雨水管网的方式,可将传统的雨水通过立管排入雨水管管网或雨水立管排入明沟,再由明沟内设置的雨水口再排入雨水窨井;调整为雨水管排至散水,雨水经散水排到绿化草地,通过绿地过渡,再排至雨水窨井,由于绿化的迟滞和下渗作用,从而延缓了雨水的排放,以减少径流系数,

对于虹吸雨水排水或大面积屋面雨水排水,不建议设置雨水管断接,以避免大流量的雨水对场地和绿化的冲刷,高层区域的雨水由于受重力作用也不建议设置雨水管断接。对于裙房屋面和多层屋顶区域雨水断接通常较为合适。

在实际应用中,应根据项目情况选择该措施或结合其他措施一起使用。在保证人身和建筑安全的前提下,进行雨水管道的断接,通过与景观专业的配合,可以使雨水管断接设计成有建筑功能的小品或雕塑作品,并增加景观视觉上的趣味性。

3. 雨水收集回用系统

设置雨水收集回用系统,将雨水收集处理后回用于酒店的绿化浇洒、车库冲洗与道路冲洗以及水景补水等。对于缺水型城市,这是一种经济合理的技术措施,能在经济性和社会性上带来良好的收益。雨水收集回用系统通过分质供水,优质优用,有效地节约了水资

源，降低了水处理成本，同时也降低对城市雨水管网的排水压力。

对于不缺水的城市虽然其经济效益不显著，但可推进绿色生态建设，使绿色建筑的理念深入大众。雨水收集回用系统有利于控制径流系数和节约城市水资源、节能减排，这是非常值得倡导的。随着雨水收集回用系统的大量使用，相关技术愈发成熟，成本相应降低，其经济效益也有相应的提升，从而为更好地推广该技术创造了条件。

4. 下凹式绿地

下凹式绿地为高程低于周边地面或道路，以利于周边雨水径流汇入，依靠草坪地被等植物在一定程度上净化雨水，并借助地形使雨水自然下渗，减少场地排水设施压力。由于汇集了较大面积的场地和道路雨水，一般宜在大面积绿化区域的场所设置下凹式绿地，并利用乔木，灌木结合草坪营造多层次景观效果，在补充植被所需水分的同时，对于超出土壤地渗透能力的雨水通过植草沟、雨水溢流口等设施排入下凹式绿地中，保证下凹范围内蓄水深度合理。雨水溢流口高度应保证低于地面高程并高于绿地高程，同时由于绿地的蓄水应做好相关的安全措施和防蚊虫，需选择抗虫害、驱蚊虫的植物，并根据相关规定做好定期维护。

5. 透水铺装

透水铺装是可渗透、滞留和排放雨水并满足荷载要求和结构强度的铺装结构，是海绵城市技术中的重要一环，选用透水性能良好、孔隙率较大的材料用于场地建设，可在确保场地承载强度的前提下，使雨水透过材料孔隙下渗进入土壤层，起到减少地表径流、防止路面积水的功效。

由于酒店的景观要求和舒适度较其他类型建筑高，透水铺装应与景观专业相互配合，合理选用透水铺装材料，如彩色透水性水泥混凝土路面；人行道等可选用透水砖、碎石路面、汀步等方式，在丰富景观色彩的同时达到海绵城市的理念。由于酒店的管理通常由专业团队负责，无论在技术上和专业性上都能更好地维护透水地面(透水地面存在使用一段时间后，透水性能下降，需高压冲洗维护，以及强度和稳定性方面较普通路面略差的缺点)。

6. 雨水花园

雨水花园是指自然形成或人工挖掘的绿地，种植灌木、花草形成小型雨水滞留入渗设施，用于收集来自屋顶或地面的雨水，利用土壤和植物的过滤作用净化雨水，暂时滞留雨水并使之逐渐渗入土壤，是生物滞留设施的一种。

酒店建筑可以结合造景需求，通过设置丰富的雨水花园景观层次，达到理想的景观效果与海绵城市效应。由于雨水花园所需面积较大，按最小的 30 m^2 雨水花园考虑，其周边的汇水面积可能达到 600～750 m^2，由于道路雨水相对较脏，一般采用绿地雨水引入雨水花园。

较大的雨水花园其所需面积及安全性和蚊虫害限制了其大规模的投入使用，建议用于度假型酒店或有大片集中绿地的酒店中。

6 配电系统节能技术要点

6.1 配电系统的设计

6.1.1 宾馆建筑的配电系统概述

电能作为宾馆建筑中最重要的能源,与宾馆的运营密不可分。宾馆中的空调系统、照明插座系统和其他动力用电设备都依靠电能才得以工作。宾馆的电能从供电系统接入,通过变电系统和配电系统到达每个终端用电设备,其中每个环节都存在电能的损耗,所以必须从宾馆建筑配电系统设计的每个环节入手,提高各个环节的电能利用效率。采用符合国家现行有关标准的高效节能、性能先进、环保、安全可靠的电气产品,也是宾馆建筑配电系统节能的重点手段。

(1) 宾馆建筑的供电系统和自备应急电源系统:宾馆建筑的供配电系统的设计应按宾馆的负荷性质、用电容量、工程特点、宾馆星级和当地供电条件,合理确定设计方案。

(2) 宾馆建筑的变电系统:宾馆建筑的变配电系统的设计应按宾馆的建筑特点和负荷分布,合理选址变电所并确定系统方案。

(3) 宾馆建筑的配电系统:在确定宾馆建筑的供配电系统和变配电系统的设计方案后,配电系统的设计通过可靠灵活的接线、经济的线路设计完成电能的输送,并降低电能输送环节的损耗。

通过宾馆建筑的耗能类型分析,宾馆建筑主要使用电能、燃气、水、蒸汽和能源热力等能源。电能是宾馆建筑中消耗量最高的能源,同时电能还会转换为冷热源等能源供应宾馆。通过调查和统计不同宾馆的单位面积能耗数据可知,宾馆建筑的单位面积计算负荷为 50～100 W/m^2,变压器装机容量为 60～110 $V \cdot A/m^2$,年平均电耗在 100～200 $kW \cdot h/(m^2 \cdot a)$之间。宾馆建筑的配电系统设计应保障安全、供电可靠、技术先进和经济合理,还应便于宾馆运营的管理和维护,同时由于电能消耗是宾馆能耗占运营成本的比例较高,合理的宾馆配电系统的节能设计将极大提升宾馆建筑的能效。

6.1.2 宾馆建筑用电负荷的特点

与一般的公共建筑相比,宾馆建筑的电气负荷有以下特点:

1. 电能在宾馆建筑的综合耗能中的特点

电能是宾馆建筑中的最主要能源,相比煤气、天然气和市政热力等能源,电能通常要占宾馆建筑全部能耗的60%～80%。同时宾馆建筑的单位面积能耗在一般公共建筑中较高,所以电气节能在宾馆建筑潜力巨大。我国的北方区域有市政集中供暖,但大部分区域的宾馆建筑在夏季时需要空调系统制冷,在夏季使用空调的时间,空调系统的耗电通常占宾馆耗电的40%～60%,所以优化空调系统的电能管理,是电气节能最重要的环节。

2. 宾馆建筑的主要耗电设备及其特点

宾馆建筑的主要耗电设备有以下几类:

(1) 冷热源:冷冻机、冷却塔、冷却泵等。

(2) 风机空调:新风机、排风机、风机盘管等。

(3) 照明插座类。

(4) 厨房、洗衣房、泳池等。

(5) 电梯类、弱电类。

表6-1是某宾馆的主要耗电设备的能耗统计。

表6-1　某宾馆主要耗电设备能耗统计

名称	耗电量/[kW·h·(m^2·a)$^{-1}$]
变压器	117.5
冷热源	20.21
风机空调	14.68
照明插座类	29.27
电梯	4.31
其他	49.03

根据表6-1的电耗情况分析,宾馆使用电能的系统众多,宾馆的节电措施需要分析各个耗能系统,从电能传输和使用的各个耗电环节入手,采用节能手段以降低电能消耗。

宾馆建筑中各系统的电耗情况也各有不同,空调电耗的情况可以参考空调能耗的分析。其余系统的电耗和宾馆的运营要求和宾馆星级关联较大,一般来说,宾馆的星级越高,各个系统的电能消耗就越大,通过运营措施可以节电的可能性也越高,节电空间也就越大。

3. 宾馆建筑电耗波动分析

宾馆类建筑受入住率影响较大,年逐月负荷曲线随旅游季节变化趋势明显,夏季作为旅游的旺季一般也是宾馆类建筑用电的高峰季节。

宾馆建筑的年逐月电耗分析,如图6-1所示。从图中可以看出,宾馆夏季的电能消耗最高,主要是由于夏季是旅游旺季,人员入住率较高,而且夏季空调制冷带来的电耗也是全年的最高峰。如果只看宾馆冷热源的电耗分析图,那么由于季节所带来的影响更大。

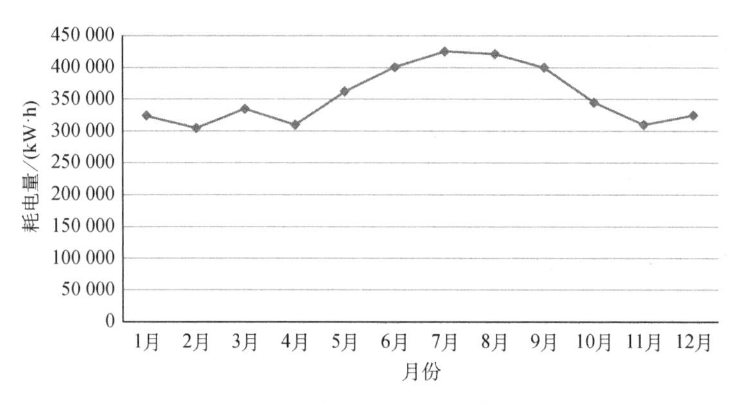

图 6-1　某宾馆逐月电耗情况

电气节能可以针对不同类型用电负荷在不同季节的耗电情况，结合电气节能措施和酒店运行管理，针对能耗特点，发掘出电气节能潜力。

4. 宾馆建筑空调耗电的特点分析

空调耗电是宾馆耗电的主要部分，针对空调的耗电分析可以制定合理的空调节电措施。空调耗电的分析参考宾馆建筑的空调负荷的特点，总结以下几点。

(1) 能耗大小和宾馆星级相关。

(2) 不同区域和不同功能场所的能耗差异较大。

(3) 日逐时分析：需要 24 h 运行，白天耗电高，晚上耗电低。

(4) 年逐月分析：同时受到季节和入住率的影响，二者效应叠加导致夏季是空调能耗的高峰季节。

(5) 是否有市政供暖：考虑到供暖区域夏季也需要空调制冷，而且宾馆过渡季节需要考虑同时供冷和供热，供暖区域的空调耗电及其节能措施可以参照非供暖季节和区域。

6.1.3　宾馆建筑的配电系统特点、规范及其酒管要求分析

宾馆建筑的供配电系统设计主要依据并执行以下规范：《供配电系统设计规范》(GB 50052—2009)、《20 kV 及以下变电所设计规范》(GB 50053—2013)、《低压配电设计规范》(GB 50054—2011)、《通用用电设备配电设计规范》(GB 50055—2011)。宾馆建筑配电系统的绿色设计主要依据和执行《民用建筑绿色设计规范》(JGJ/T 229—2010)和《公共建筑节能设计标准》(GB 50189—2015)。《电力工程电缆设计标准》(GB 50217—2018)和《电力变压器能效限定值及能效等级》(GB 20052—2020)等规范规定了配电系统中主要耗能的变压器及其电缆的设计要求。

上述规范对宾馆建筑的配电系统节能要求包括但不限于。

(1) 用户的供电电压应根据用电容量、用电设备特性、供电距离、供电线路的回路数、当地公共电网现状及其发展规划等因素，经技术经济比较确定。

(2) 正常运行情况下,用电设备端子处电压偏差允许值宜符合下列要求:①电动机为±5%额定电压。②在一般工作场所照明为±5%额定电压;对于远离变电所的小面积一般工作场所,难以满足上述要求时,可为+5%,-10%额定电压;应急照明、道路照明和警卫照明等为+5%,-10%额定电压。③其他用电设备当无特殊规定时为±5%额定电压。

(3) 供配电系统的设计为减小电压偏差,应符合下列要求:①正确选择变压器的变压比和电压分接头。②应降低系统阻抗。③应采取补偿无功功率措施。④宜使三相负荷平衡。

(4) 配电系统中的谐波电压和在公共连接点注入的谐波电流允许限值,宜符合《电能质量 公用电网谐波》(GB/T 14549—1993)的规定。

(5) 变电所的选址应通过技术经济等因素综合分析和比较后确定:①宜接近负荷中心。②宜接近电源侧。③应方便进出线。

(6) 10 kV 及其以下电力电缆截面宜按电缆经济电流截面选择。

(7) 电气系统宜选用技术先进、成熟、可靠,损耗低、谐波发射量少、能效高、经济合理的节能产品。

(8) 变压器应选用低损耗型,且能效值不应低于《电力变压器能效限定值及能效等级》(GB 20052—2020)中能效标准的节能评价值。

(9) 变压器的设计宜保证其运行在经济运行参数范围内。

(10) 配电系统三相负荷的不平衡度不宜大于15%。单相负荷较多的供电系统,宜采用部分分相无功功率自动补偿装置。

(11) 容量较大的用电设备,当功率因数较低且离配变电所较远时,宜采用无功功率就地补偿方式。

酒店管理公司对宾馆建筑的配电节能要求和规范要求较为类似,但是更侧重节能要求。表6-2是主要酒店管理公司关于配电要求的汇总表。

除了上述酒管公司对于宾馆建筑电气系统总要求之外,以下要求取自其中一些酒管对于配电节能方面的要求,这需要在设计阶段重点关注。

① 各相负荷宜分配平衡。

② 酒店应该配备应急发电机,容量配置按消防负荷和保障负荷的较大值确定,在火灾时应保证消防设备的用电,在非火灾停电时需保障酒店的基本安全,避免引起管理混乱。

③ 二级配电室应设置在尽量靠近高压接电装置、变压器室和酒店的发电机房。必须设置在最接近于主要电源负荷中心的位置,如空调机房、水泵房、主楼等位置。

④ 当电压和电流有相位差时,会产生无功功率。故应安装自动无功补偿装置,提高功率因素最小至0.90(需征询当地电力公司要求,避免达不到相关标准)。

⑤ 采用高能效电气系统,维修率低、安全性高,合理控制成本预算。

⑥ 合理划分建筑内配电区域,估算电力负荷以确定电缆类型规格,对于大容量设备如大功率电制冷空调主机等,宜采用母线槽配电。

这些措施取自与宾馆建筑配电系统相关的设计规范和酒管要求,规定了宾馆供电系统、配电系统的节能设计原则与主要电气设备的节能选型。

表 6-2　　酒店管理公司关于配电要求

配电汇总项目	酒店配电要求						
	凯悦	万豪	希尔顿逸林	喜来登	洲际	世茂	费尔蒙
电源要求汇总	1. 满足当地电力公司要求； 2. 二路市政电源（如有）	—	在正常电源中断超过1次/天的地方，提供完全场内电源，或者提供两个公用电力供应的电源	在正常情况下整个酒店供电要求由二路独立来源的市电高压供电到各台变压器分列运行，在高压及低压侧中间设置联络开关，互为备用	二路或多路（大部分情况下，单一的供电是不可取的）	两路或多路（因酒店有较多一、二级负荷，故一路电源的供电方式是不予以接受的）	必须有两个独立的电源供电（且来自不同的配电站）
备用电源要求汇总	—	—	—	100% （单路市电高压容量必须能够供电给整个酒店。当其中一路高压断电时，另一路市电高压电源可经高压母联开关送电至所有的变压器，以保证整个酒店100%供电的可靠性）	100% （每个酒店场所必需提供至少2个变压器，以防单个供电出现故障时可提供备用电力。每个变压器应当配有低压开关盘，带有正常开口总线区域开关并互相连接，允许当一个供电出现故障时，另一个输入电力同时供应2个开关盘）	75% （每路各承担总负荷75%，每路冗余25%）	—

续表

配电汇总项目	酒店配电要求						
	凯悦	万豪	希尔顿逸林	喜来登	洲际	世茂	费尔蒙
变压器要求汇总	1. 至少两台树脂浇注干式变压器； 2. 每台变压器容量为峰值的75%	必须为国家标准认可高效干式变压器。如使用充油式变压器，须安装在建筑外部受保护区域	—	变压器必须要有不小于15%容量备用	变压器应是风冷型干式树脂型自然空气冷却，强迫空气冷却是首选。充油式变压器是不允许的	变压器应为干式变压器，优先选用树脂浇注封装并附以自然风冷与强迫风冷的冷却方式； 不允许选用油浸式变压器	—
柴油机组供电范围汇总	应急负荷根据设计手册中可靠性指数表选择。（指数100%进柴发，15%、25%、33%、50%选择性进柴发）	1. 备用电荷载：按法规以及消防和生命安全系统所需的电气系统的要求决定； 2. 后备运营电荷载：满足安保和酒店运营系统要求； 3. 备用电源：按备用电源的系统提供适当的供电设备，如发电机和电池组	酒店所有设施均应接入可靠的应急电源，在正常供电出现问题时，应急电源应向关系到客人及员工生命安全/安防要求的建筑设施供电	所有消防、消防泵、应急灯、电脑部、交换机房、供水及排水泵、电梯、冷库、厨房排风扇、大堂转门、飞机航行指示灯、门磁吸、刷卡机、餐厅收银机、大堂前台接待处电源和钥匙卡系统都由应急发电机供电	1. 临界的负荷（最低要求）如：消防、计算机、应急、疏散照明、水泵、电梯等。 2. 在那些历史上频繁发生电力短缺的地点，应该考虑给以100%的紧急电源	酒店备用电力负荷将按： 1. 消防紧急供电； 2. 维持酒店运营之非消防紧急供电，两种情况分别考虑，并以供电负荷较大者确定机组与设备容量	消防及人身生命安全系统、酒店运营管理系统等

6.1.4　宾馆建筑的配电系统常用设计方案及要点分析

宾馆的配电系统设计中需要考虑宾馆建筑的电能消耗对象，并对电能损耗环节进行分析，宾馆建筑的电能损耗主要包括两个环节：变电环节、电能输送环节，下面将展开介绍。

（1）变电环节，即电能由市政电网接入宾馆，通过变压器降压到设备用电的标称电压的环节。根据（GB 20052《三相配电变压器能效限定值及节能评价值》中的节能评价值，目前变压器的空载损耗＋负载损耗在变压器装机容量的1%～5%之间，其中单机容量越大，变压器的能效越高。考虑到宾馆建筑的实际负载率和宾馆建筑常用的变压器额度容量，选用满足国家节能评价的变压器所损耗的电能占项目实际能耗1%～2%，而选用如SCB7、SCB9等型号的变压器的损耗超过5%，所以选用满足国家节能评价的变压器可以显著提高宾馆建筑的整体能效。

（2）电能输送环节，即配电系统的电能消耗在宾馆建筑的电能输送过程中，由于线路导体的阻抗，一部分电能在导体中被损耗。

线路电压损失百分比的计算见式(6-1)：

$$\Delta u\% = \frac{\sqrt{3}}{10U_n}(R_0\cos\varphi + X_0\sin\varphi) \tag{6-1}$$

线路能耗的计算见式(6-2)：

$$\Delta P = \Delta u\% \times U_n \times I \tag{6-2}$$

忽略线路感抗及其导体变化对电流的影响，线路能耗损失百分比的计算见式(6-3)：

$$\Delta P\% \cong \frac{\Delta u\% \times U_n \times I}{U_n \times I} = \Delta u\% \tag{6-3}$$

每提高一档电缆截面的节能效率计算见式(6-4)：

$$\frac{\Delta P_1}{\Delta P_2} = \Delta u_1\%/\Delta u_2\% = \frac{\sqrt{3}}{10U_n}(R_1\cos\varphi + X_1\sin\varphi)/\frac{\sqrt{3}}{10U_n}(R_2\cos\varphi + X_2\sin\varphi) \cong R_1/R_2 \tag{6-4}$$

通过上述公式的转换可以得出两个主要的结论。①线路能耗损失百分比约等于线路的线路电压损失百分比；②同一回路的不同线路阻抗的线路电能损耗比约等于线路阻抗比。根据《电力工程电缆设计标准》(GB 50217—2018)可知，电缆截面每降低一档，单位阻抗提高约25%，通过推算，每提高一档电缆截面可以降低本条线路约20%的电耗。即提高一档电缆截面的能耗降低为

$$\Delta P = (\Delta P_1\% - \Delta P_2\%) \times P = 0.2\Delta u\% \times P \tag{6-5}$$

除了降低线路阻抗，提高功率因数和电能质量（降低谐波）可以有效降低线路的电能

损失。宾馆建筑一般在变电所低压侧集中设置无功自动补偿装置，以提高整体线路的功率因数，降低无功损耗。

宾馆建筑配电系统的能效提升主要从变电、输电和用电环节入手，结合宾馆实际的用电负荷及其能耗分析，进行针对性的节能设计和节能型设备的选择。其中技术措施主要有通过负荷计算确定合理的电源等级和供电方案；合理选址变电所；明确系统线路电压降，并经济性选择和校验电缆截面；选择合理的变压器型号；根据负荷特性选择补偿方案；三线平衡设计等。

6.1.5　宾馆建筑的配电系统设计案例

某宾馆建筑面积约为 6 000 m^2，计算负荷约 5 100 kW，共设置 2 个变电所，近负荷中心设置。其中 1# 变电所靠近冷冻机房和能源中心设置，2# 变电所近主楼和厨房设置。总装机容量约 5 700 kV・A，变压器平均负载率为 70%～80%，变压器运行在经济曲线区间。通过前文的要点分析，分别从变电、输电和用电环节入手，采用以下具体措施：

(1) 变压器选用 SCB13 型带自动温度继电器控制的风机强制冷却产品或满足《电力变压器能效限定值及能效等级》(GB 20052—2020)。

(2) 合理选择配电线缆路径，使负荷线路尽量短，以降低线路损耗。线路压降不大于5%，平均线路压降约 3%。

(3) 低压侧设集中无功自动补偿装置，低压侧功率因数补充到 0.92，确保高压侧功率因数在 0.9 以上。

通过这些配电节能设计，结合其他系统的节能措施，宾馆综合节能指标可满足国家绿色建筑要求。

6.1.6　配电系统谐波防治

1. 宾馆建筑的谐波的基本原理概述

电力谐波(harmonic wave)的定义为电流中所含有的频率为基波(50Hz)的整数倍分量，高次谐波的干扰降低了电力系统的电能质量，对于设备的安全可靠运行和电能的高效绿色的使用都十分不利。电力谐波主要体现为谐波电流和谐波电压。谐波电流是相对于正常基波电流的额外异常电流，由设备或系统引入并叠加在基波电流上；谐波电压是由谐波电流和配电系统的阻抗产生的电压降叠加在基准电压上。

宾馆建筑中谐波的来源主要包括电源端(电网)产生的谐波和宾馆的非线性负载产生的谐波。电源端的谐波由外部电网向用户侧传导，一般来说在宾馆建筑的谐波中占比相对较少。宾馆的电气设备产生的谐波是宾馆建筑谐波中的主要来源，这类设备主要由整流设备、变频设备、调压设备等共同组成。宾馆建筑常见的谐波源设备有气体放电类灯具、调光灯具、灯具的镇流器、变频风机、电梯、水泵、UPS电源系统和电动汽车充电桩等。

2. 谐波在宾馆建筑中的危害

其危害主要包括以下几个方面：

(1) 对变压器：谐波电流额外增加变压器的铜损，谐波电压额外增加变压器的铁损；谐波会增加变压器的工作噪声和温升，降低变压器能效。

(2) 对电机：谐波电流在定子和转子绕组及铁芯中产生附加损耗，从而降低用电效率，增加电机损耗，降低电机的使用寿命。

(3) 对配电线路：谐波电流相对于基波电流来说是额外的异常电流，同时由于高频电流对导体阻抗的叠加效应，高频谐波电流将导致导体或用电设备过载和过热，无法工作在合理的设计值内。并导致绝缘损害、并联谐振等风险，威胁用电安全。

(4) 对能耗计量：高频谐波使能耗计量产生误差。

(5) 对用电操作安全：高频谐波使断路器拉弧能力降低，在短路时可能导致严重危害。

(6) 对空间电磁环境：高频谐波产生的空间电磁干扰，影响通信质量。

从电磁兼容的角度分析电力谐波可知，谐波属于传导为主的电磁干扰，由干扰源、敏感设备和耦合路径三个要素组成。从这三个要素和它们相互之间的关系分析入手，探索和总结宾馆建筑的谐波防治方法。从宾馆建筑的谐波干扰源方面来分析，在宾馆建筑的主要谐波干扰源是非线性负载；从宾馆建筑的敏感设备方面来分析，宾馆中的计量、通信、控制、消防报警等系统属于较敏感的系统，谐波的干扰可能导致这些系统无法稳定工作；从谐波在宾馆建筑中的耦合路径分析可知，宾馆建筑的各类电器设备通过强电、弱电、接地等系统布线相互联通，谐波等故障波形通过传导干扰的方式在各个系统内部传播。

为了满足宾馆的功能需求，越来越多的非线性用电设备在宾馆中投入使用，这些谐波通过宾馆中各个存在线路耦合的布线系统进行传播，如各类灯具和调光技术的使用、大量的变频控制设备、UPS电源系统和电动汽车充电桩等系统的引入。这些技术不仅提升了宾馆的档次和建筑品质，还让相关学者逐步重视这些谐波导致的危害和能耗浪费，谐波的治理也成了宾馆建筑能效提升的重要措施。

3. 宾馆建筑的谐波防治相关规范及酒管要求

在宾馆建筑的设计中，谐波指标主要参考《电能质量 公用电网谐波》(GB/T 14549—1993)，该标准规定了公用电网谐波的允许值及其测试方法；同时还应参考《建筑电气工程电磁兼容技术规范》(GB 51204—2016)，该规范规定了电气工程电磁兼容的设计、施工、检测及验收，以保证建筑物电气设施的运行稳定与安全可靠。

这些规范在电能质量方面，规定了谐波的具体要求。其中，除了对公共电网的要求，也规定了建筑物供电系统电源侧的要求、建筑物中电气设备的谐波发射限值、抗扰度与防治措施。

供电系统公共连接点或公共母线上公共连接点的谐波电压限制，见表6-3。

表6-3 供电系统公共连接点或公共母线上公共连接点的谐波电压限制

电网标称电压/kV	电压总谐波畸变率/%	各次谐波电压含有率/%	
		奇次	偶次
0.38及以下	5.0	4.0	2.0
6	4.0	3.2	1.6
10	4.0	3.2	1.6
35	3.0	2.4	1.2

此外，除上述规范以外，《民用建筑绿色设计规范》(JGJ/T 229—2010)中规定了当供配电系统谐波或设备谐波超出标准的限值规定，宜采取高次谐波抑制和治理措施。

相关规范规定了电网和建筑物供电系统电源的谐波允许值，用电设备的谐波发射限值和骚扰强度，这些都可以作为宾馆建筑谐波防治的依据。

酒管标准对于电气设计谐波防治的规定一般没有直接对谐波的指标要求，通过分析酒店管理对供电质量和供电可靠性的标准，可以了解到酒店对于电能质量的要求不低于国家标准，所以对于宾馆的谐波防治应积极参考相关国家标准和规范的要求来执行。

4. 宾馆建筑的谐波防治要点和常用方法

宾馆建筑中的谐波防治主要包括：①提升供电质量和供电可靠性；②降低各类谐波导致的损耗，提高能效；③满足电网对用户考核指标的要求等作用；④提升用电系统的安全性，降低隐患。

宾馆建筑中抑制谐波的措施主要分为配电系统设计中的基础技术措施和设置谐波抑制装置两类。

1）配电系统设计的基础主要技术措施

(1) 变压器接线方式：变压器采用D/Y接线方式，在系统各个相线的谐波接近平衡的状态下，$3n$次谐波在二次侧Y接线叠加为同相位，无法在一次侧形成环流，从而限制了$3n$次谐波在一次侧和二次侧的传递。

(2) 配电系统接地制式：采用TN-S接地制式，变压器的中性点直接接地，N线和PE线仅在变压器二次中性点处连接一次，这样N线上的干扰仅会在变电所内和PE连通并传导，避免宾馆建筑的干扰源设备通过接地系统传导干扰。

(3) 考虑电磁兼容的配电设计，具体可从以下几点入手。

① 三相位平衡设计：当各项谐波特征接近时，可以有效降低N线上的谐波，降低谐波电流带来的损耗；

② 干扰源和干扰对象分别配电：干扰源和干扰对象分别配电通常也叫作“清污分流”设计，通过对干扰源和干扰对象的分析，将不同特性的负载分别配电，结合干扰抑制设备，可以有效降低配电系统之间的传导干扰；

③ 设置隔离电源：设置隔离变压器阻止谐波的传导；设置独立的不间断电源系统(Uniterrupted Power Supply，UPS)确保敏感设备的电能质量。

2）设置谐波抑制装置的方案主要治理措施

(1) 加装无源滤波设备，适用配电系统中具有相对集中、持续运行且具有稳定特征频率的大功率非线性负载的谐波抑制。

(2) 加装静止无功补偿装置，适用配电系统中无功功率变化较大且谐波(低次谐波为主)严重时的情况。

(3) 加装有源滤波装置，适用配电系统中具有运行状态多变且频率特征不稳定的大功率非线性负载。

(4) 加装谐波的监测装置和预留治理方案，宾馆建筑的谐波往往有不可预见性，在各级配电系统适当加装谐波的监测装置，并预留后期治理的条件。

通过上述的谐波治理措施，可以在宾馆建筑中有效降低谐波对配电系统带来的危害，提高供电、变电、输电和配电的能效，延长系统中设备的使用年限和提高用电设备的经济寿命周期，通过谐波治理整体提升宾馆建筑的能效。

5. 宾馆建筑的谐波防治设计案例

宾馆的谐波防治设计是一个系统工程，首先是对宾馆建筑的电磁兼容性分析，其次整体规划谐波治理方案，并根据分析结果和治理方案确定具体治理措施，配合设计，最后进行治理效果分析和改进，下面以某宾馆谐波治理的案例进行分析(图 6-2)。

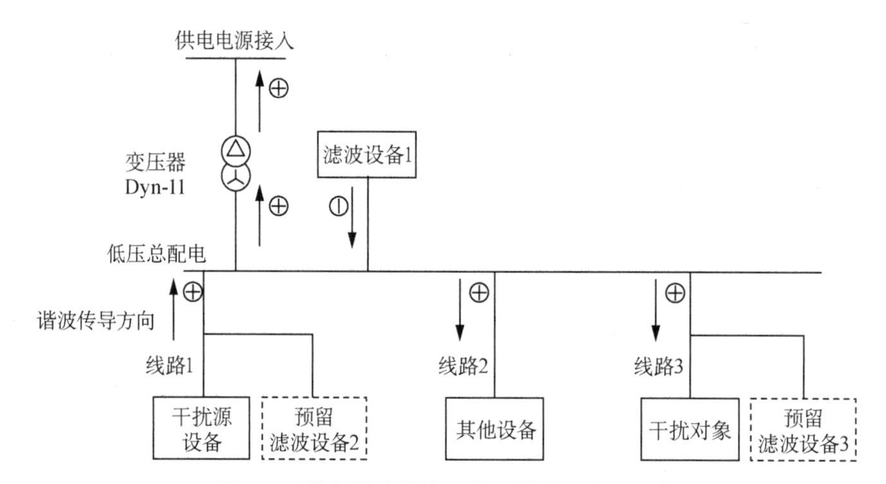

图 6-2　某宾馆建筑的配电及其谐波治理示意

从宾馆建筑的电磁兼容性角度来分析，可知：

（1）干扰源分析：调光灯具；灯具的镇流器；变频风机、电梯、水泵等。

（2）干扰对象分析：信息机房；广播系统；有线电视系统；安防系统；火灾自动报警系统等。

（3）耦合途径：各系配电系统；接地系统等。

谐波治理方案的整体规划可采用D/Y接线的变压器和TN-S接地制式，主要的干扰源和干扰对象均采用直接从低压总配电放射式配电，整体降低线路耦合所带来的干扰。分级在低压总配电处，在干扰源和干扰对象处设置或预留滤波装置。

该宾馆的变频风机、电梯、水泵和主要智能化系统均采用放射式配电，综合考虑一次投资和节能效果，在末端预留滤波设备安装空间（图6-2中，预留滤波设备2和预留滤波设备3）。在1 600 kV·A变压器低压侧安装200 A有源滤波装置，谐波治理的目标值总滤波失真（Total Harmonic Distortion, THD）不大于10%。该宾馆的谐波治理效果见表6-4和表6-5对比。

滤波设备工作前，变电所低压侧现场测量的电流畸变率在18%。

表6-4 治理前数据

测量点	运行电流/A	电流谐波总畸变率/%	谐波总电流值/A	主要次数谐波电流值/A
变电所低压侧	1 380	18.2	250	5次278 A，5次136 A

表6-5 治理后数据

测量点		运行电流/A	电流畸变率/%	3次谐波/A	5次谐波/A	7次谐波/A
变电所低压侧	A相	737	5.3	30	12	5
	B相	664	4.6	21	11	4
	C相	718	4.9	26	14	3

通过对宾馆建筑的电磁兼容性分析，并根据分析结果制定的谐波治理方案基本可达到设计预期，实际测量谐波电流畸变率约降低70%，并达到国家规定指标，提升了宾馆建筑的能效。

6.2 灯具节能技术

6.2.1 宾馆建筑的照明节能和控制基本原理概述

照明能源的转换环节详见图6-3，该图展示了由电能源到工作面有效光通量所经历的各个环节。

1. 照明光学系统的节能要素

照明光学系统的节能要素有以下四个方面[27]。

（1）选择高效光源及高效镇流器（包含灯具变压器驱动电源装置）。

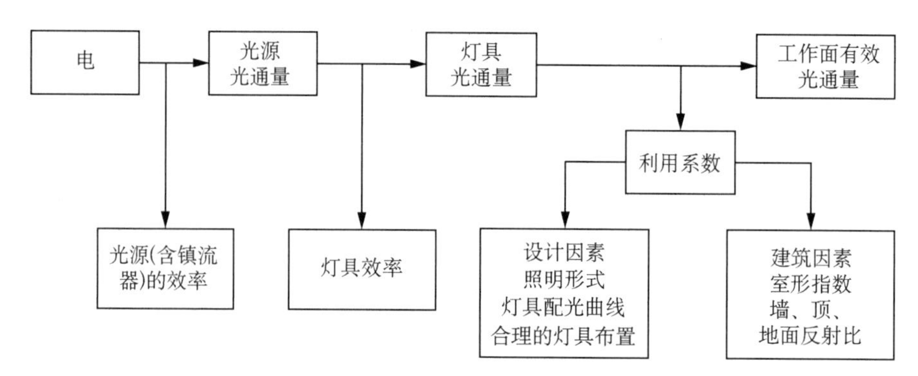

图 6-3　照明能源转换环节

（2）选择高效灯具。

（3）选择科学、合理的照明设计方案。

（4）建筑因素，包括室形（房间长、宽、高的关系）、室内各表面的反射比。

2. 照明配电系统的节能要素

（1）合理的配电系统：包括系统设置、线路截面、线路功率因数等。

（2）符合标准的电能质量：包括电压偏差、三相不平衡度、谐波限制、稳压措施等。

（3）照明控制方式：包括开关灯、自动开关灯（门联锁，动静、红外感应）和智能控制等。

3. 有关宾馆的照明能耗问题

根据某五星级酒店进行了年逐月、月逐日、日逐时的数据分析[28]，通过数据分析得知。

（1）年逐月能耗特点：照明插座全年各月的能耗比较平均，只在2月受春节假期的影响，用电量明显下降；应急照明比较平均。

（2）月逐日能耗特点：照明插座能耗与客人的入住率成正比；应急照明每天无明显变化。

（3）日逐时能耗特点：照明插座能耗在1∶00—7∶00最少（这段时间客人一般在休息），并在18∶00开始用电能耗明显增加，在22∶00达到最高点（这段时间客人一般回到房间并开始使用各种用电设备）；在18∶00—24∶00之间，由于应急照明部分用作正常照明，因此应急照明能耗在这段时间最高（无自然光后，所有公共区域照明必须采用应急照明来提供）。

（4）宾馆建筑的照明不仅仅是满足照明功能，更重要的是通过灯光氛围的营造，实现空间环境的静谧感、舒适感和归属感。为满足以上功能，照明灯具固然重要，但照明控制系统更为重要。合理的照明控制系统可达到节能效果显著、延长光源寿命、改善工作环境、提高工作效率、提高管理水平、减少照明维护费用以及实现多种照明效果等目标。因此，合适且有效的照明控制系统相当于整个照明系统的中枢神经，可对宾馆建筑内的照明及室外景观照明根据不同时段、不同节日等进行有效调度。

通过以上照明能源转换环节及照明能耗数据分析可知，宾馆建筑的照明节能应从高效光源及灯具(含镇流器)、照明设计、照明配电和照明控制等方面实现。

6.2.2 宾馆建筑的照明节能相关规范、控制特点和酒管要求分析

1. 相关规范与要求

宾馆建筑的照明节能和控制从设计、产品选型等各个阶段均有相关规范要求，具体如下。

1）设计阶段的规范标准

《建筑照明设计标准》(GB 50034—2013)；

《绿色建筑评价标准》(GB/T 50378—2019)；

《民用建筑绿色设计规范》(JGJ/T 229—2010)；

《公共建筑节能设计标准》(GB 50189—2015)；

《民用建筑电气设计标准(共二册)》(GB 51348—2019)；

《旅馆建筑设计规范》(JGJ 62—2014)。

以上为宾馆建筑照明节能和控制的主要国家标准或规范，在具体设计阶段还需遵循当地的地方性规范。

2）产品选型阶段(含灯具及镇流器)的规范标准

在产品选型阶段，相关规范标准包括以下几项。

《室内照明用 LED 产品能效限定值及能效等级》(GB 30255—2019)；

《普通照明用 LED 平板灯能效限定值及能效等级》(GB 38450—2019)；

《双端 LED 灯(替换直管形荧光灯用)性能要求》(GB/T 36949—2018)；

《管形荧光灯镇流器能效限定值及能效等级》(GB 17896—2012)；

《普通照明用双端荧光灯能效限定值及能效等级》(GB 19043—2013)；

《普通照明用自镇流荧光灯能效限定值及能效等级》(GB 19044—2013)；

《金属卤化物灯用镇流器能效限定值及能效等级》(GB 20053—2015)；

《金属卤化物灯能效限定值及能效等级》(GB 20054—2013)。

2. 控制特点

分析宾馆建筑的控制特点，应从设计、光源选择、照明控制等方面入手。

1）照明设计

(1) 照明方式及种类。宾馆工作场所如后勤部、办公室等区域应设置一般照明；由于大堂分为不同区域，且对照度有不同的要求，应对不同分区采用不同的照明。根据作业面

照度要求，若只采用一般照明并不适用于所有场所，故而宜采用混合照明。在一个工作场所内不应只采用局部照明；当需要提高特定区域或目标的照度时，宜采用重点照明；三级及以上旅馆建筑客房照明宜根据功能采用局部照明。

（2）照明供电。

① 一般照明光源的电源电压应采用220 V；1 500 W及以上的高强度气体放电灯的电源电压宜采用380 V。安装在水下的灯具应采用安全特低电压（Safety Extra-Low Voltage，SELV）供电，其交流电压值不应大于12 V，无纹波直流供电不应大于30 V。照明灯具的端电压不宜大于其额定电压的105%；应急照明和采用SELV供电的照明不宜低于其额定电压的90%。

② 根据《旅馆建筑设计规范》（JGJ 62—2014），宾馆建筑等级涉及使用功能、建筑标准、设备设施等硬件要求，按由低到高的顺序可划分为一级、二级、三级、四级和五级。三级旅馆建筑客房内宜设有分配电箱或专用照明支路；四级及以上的旅馆建筑客房内应设置分配电箱；四级及以上旅馆建筑的每间客房至少应有一盏灯接入应急供电回路。

（3）照明节能。

① 宾馆的照明设计需要在满足规定的照度和照明质量要求的前提下，进行节能评价，评价指标采用一般照明的照明功率密度值（Lighting Power Density，LPD）。设有装饰性的灯具场所如宾馆大堂、多功能厅、宴会厅等，可将实际采用的装饰性灯具总功率的50%计入照明功率密度值的计算。

② 一般照明在满足照度均匀度的条件下，宜选择单灯功率较大、光效较高的光源；当房间或场所的室形指数值等于或小于1时，其LPD限值应增加，但增加值不应超过限值的20%。在宾馆的走廊、楼梯间、地下车库等公共场所宜选用感应式自动控制的LED灯具。

2）光源选择

灯具安装高度较低的房间宜采用细管三基色直管形荧光灯；重点照明宜采用小功率陶瓷金属卤化物灯、发光二极管灯；客房宜采用LED发光二极管灯或紧凑型荧光灯；照明设计不应采用普通照明白炽灯。

随着技术的发展，LED灯具在光源发光效率、灯具效率、灯具寿命以及绿色环保等方面均比普通荧光灯有较大优势，建议在一般功能性照明区域使用LED灯具。

3）照明控制

在不同的区域，照明控制方式也各有不同，如走廊、楼梯间、门厅等公共场所的照明宜按建筑使用情况和天然采光状况采取分区、分组控制照明的措施；可利用天然采光的场所宜随天然光照度变化自动调节照度；地下车库宜按使用需求自动调节照度；门厅、大堂、电梯厅等场所宜采用夜间定时降低照度的自动控制装置。

不同场景的实现，应按使用需求采用适宜的自动（含智能控制）照明控制系统，如餐厅、会议室、宴会厅和大堂等场所的照明宜采用集中控制方式。

客房的控制，每间（套）客房应设置节能控制型总开关，以保证客房内无人员活动时可及时断开除冰箱、充电器等以外的其他设备电源[29]；除设置单个灯具的房间外，每个房间照明控制开关不宜少于 2 个。

3. 酒管要求分析

不同的酒店品牌会根据自身品牌、客源类型等对照明及控制有不同的要求。通过对各大酒店品牌的要求进行归纳分析后，宾馆建筑的照明及控制要求有以下方面内容。

（1）灯具选择。餐厅的公共区域照明通常是金属卤化物灯，餐厅区域、客房走廊、楼梯间和公共卫生间的照明应使用筒灯、壁灯和带 LED 灯的装饰灯具；后勤区照明采用商用型线性或紧凑型 LED 灯具；所有荧光灯和气体放电灯的功率因数应大于或等于 0.9。

（2）照明控制。照明控制系统的设置如表 6-6 所列。

表 6-6　　照明控制系统的设置

区域	控制方式	备注
楼梯间	采用声光控制等类似的开关方式	楼梯间感应传感器在空置时可自动调节灯具照度，以实现节能
后场走道	回路应交替连接，多路控制，可根据时间进行亮度的均匀减弱或增强	—
办公室、储藏室	采用局部感应传感器	—
室外照明、地下停车库	可自动控制，有利于节电	—
酒店大堂、多功能厅、会议室等大空间区域	应采用分路控制或采用灯光智能控制系统以适应照明需求的变化，采用场景控制时，可预设多场景	照明控制开关设置在宾客看不见的场所（如总台办公室区域内、吧台区域内、工作间内等）
会议室	独立区域控制和空置传感器的多场景可编程调光控制	电动遮阳板须与空间中的照明控制装置集成
宴会厅及会议室、泳池、健身区域	采用智能照明控制系统，每个区域均应设置一个可选择预编程场景的调光面板	场景模式的编程应无需借助任何专业的工具即可手动完成
客房	应设置节能控制型总开关，保证旅客离开客房后能自动切断电源，以满足节电需要	—
客房层公共走廊照明	采用楼宇自控集中控制，酒店管理人员可在工程部或中控室对客房公共走廊照明的每个回路进行控制，并且系统应具备根据不同时段，自动开启或关闭相应照明回路的功能	—

6.2.3 宾馆建筑的照明节能和控制设计方案及要点分析

1. 照度标准及LPD

宾馆建筑的照度标准及LPD详见表6-7[30]。

旅馆的公共大厅、门厅、休息厅、大楼梯厅、公共走道、客房层走道以及室外庭园等场所的照明，宜在服务台（总服务台或相应层服务台）处进行集中控制[31]。

表6-7　　宾馆建筑照明功率密度限值

房间或场所		照度标准值/lx	照明功率密度限值/(W·m^{-2})
客房	一般活动区	75	≤6.0
	床头	150	
	卫生间	150	
中餐厅		200	≤8.0
西餐厅		150	≤5.5
多功能厅		300	≤12.0
客房层公共走廊		50	≤3.5
大堂		200	≤8.0
会议室		300	≤8.0

2. 客房照明

客房一般由起居室和卫生间构成，为了给旅客提供舒适、安全的住宿条件，照明设计必须在满足实用的基础上，突出照明器的装饰作用，点缀室内气氛。

等级标准高的客房床头照明宜采用调光方式，客房的通道上宜设有备用照明。客房照明应防止不舒适眩光和光幕反射。

3. 门厅照明

门厅照明设计即用灯具造型和光照来充分表现旅馆的格调，通常以宁静、典雅为主基调，使人感到亲切和温暖。门厅照明的亮度要同户外的亮度相协调，最好能用调光设备对门厅的照明亮度进行调节。

4. 公共场所照明

（1）休息厅。休息厅照明应提高垂直照度，并随室内照度（受自然光影响）的变化而调节灯光或采用分路控制方式。休息厅（主厅）照明应满足客人阅读报刊所需要的照度要求。

（2）餐饮区。餐饮区主要供客人在明亮的气氛下舒适就餐，因此，多采用高效率的嵌入式照明器（或用吸顶灯）+壁灯的方式进行照明。光源可以选择荧光灯作为背景照明，照度宜为 100 lx，餐桌上的照度宜达到 300～700 lx。酒吧、咖啡厅、茶室等场所的照明宜采用低照度水平且是可调光设计的灯具，在餐桌上可设置电烛形台灯，但在收款处应提高区域一般照明的照度水平。

(3) 宴会厅。宴会厅要求装饰豪华，照明一般采用晶体发光玻璃珠帘照明器或大型枝形吊灯，常采用建筑化照明手法，使厅内照明更具特色。宴会厅可以使用花灯、局部射灯、筒灯、荧光灯等不同照明器的组合，以适应不同场合功能的需要。大宴会厅照明应采用调光方式，同时宜设置小型演出用的可自由升降的灯光吊杆，灯光控制应在厅内和灯光控制室两地操作。

(4) 多功能厅。多功能厅可适用于召开会议、举办舞会和文艺演出。为满足各种功能要求，照明设计的关键是如何选择照明灯具和控制系统。

照明灯具可选用彩色荧光灯或霓虹灯。设有舞池的多功能厅，宜在舞池区配置宇宙灯、旋转效果灯和频闪灯等现代舞用灯光及镜面反射球。

旋转灯专供舞会使用，通过灯光的旋转和位移，给人一种活泼新奇的感觉。频闪灯的灯光随着音乐节奏不断闪烁，产生明快的节奏感。

照明的控制方式是实现多功能照明的重要条件，通过手动控制将各种用途的照明器分成若干回路，然后根据使用场合的要求进行人工操作。声控控制由声控器根据音乐节奏自动控制灯的通断和色彩的变换。程序控制把各种场面所需的照明形式存储在可编程自动调光器内，根据实际需要，自动执行预先存储的照明程序。

6.2.4 宾馆建筑的照明节能和控制设计案例

通过对某五星级酒店实际案例分析，酒店内的良好照明节能及控制是通过采用 LED 光源、灯具及智能照明控制系统来实现的。

整个酒店公共区域采用了大量的 LED 蜡烛灯泡，照明效果较好。通过使用高效 LED 光源和灯具替换传统光源和灯具，节电 40%以上。

酒店套间内营造静谧的氛围，采用 LED 射灯使得安静和愉悦充盈了整个空间，给客人放松的享受感。照明智能控制系统在不同时段可自动优化照明配置，控制灯光开启数量、亮度和色温，进行节能管理；该控制系统同时实现日照补偿控制，在走道等区域充分利用自然光实现日照自动补偿，使各区域保持均衡照度；同时该系统可以非常方便地控制客房、大堂、宴会厅和接待台的灯光。使用该控制系统，可节电 20%～30%。

6.3 智能化设计和控制技术

6.3.1 BAS 系统的应用

楼宇自动化系统(Building Automation System, BAS)是将建筑物或建筑群内的电力、照明、空调、给排水、消防、运输、保安和车库管理设备或系统,以集中监视、控制和管理为目的而构成的综合系统,其中消防系统只监不控。BAS通过对建筑(群)的各种设备实施综合自动化监控与管理,为业主和用户提供安全、舒适、便捷高效的工作与生活环境,并使整个系统和其中的各种设备处在最佳的工作状态,从而保证系统运行的经济性和管理的现代化、信息化和智能化。BAS一般对建筑物内各类设备的监视、控制、测量等方面,做到运行安全、可靠、节省能源、节省人力,BAS系统示意见图6-4[32]。

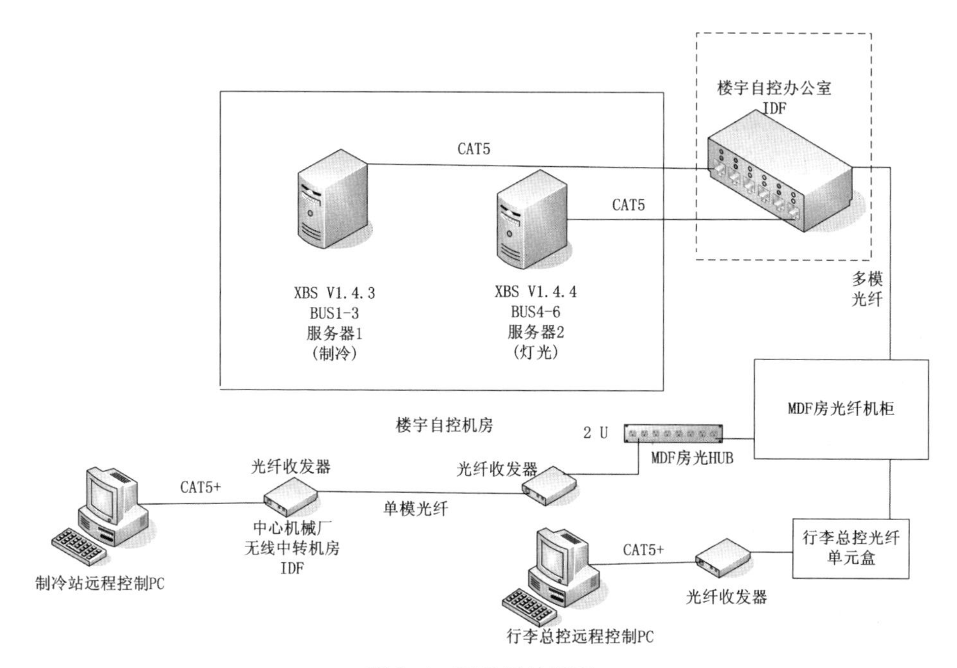

图6-4　BAS系统示意

宾馆建筑的能效提升,从BAS的角度,需要对空调与冷热源系统、照明系统、水系统、变配电系统及其他机电设备采用智能化控制,来实现节能目的[33]。

1. 空调与冷热源系统的节能控制

目前我国酒店业能源消耗费用平均约占酒店收入的13%。据业内人士统计,酒店用能一般比例平均约为:空调51%,照明22%,机电17%,其他10%。从酒店的用能结构来看,空调用能占酒店用能的一半以上,节能潜力巨大。因此,在保证提供舒适环境的条件下,应使空调系统在最佳节能工况中自动运行,从而最大限度地降低能耗。空调方面具体的节能措施如下:

(1) 提高室内温湿度控制精度。据相关资料统计,夏季空调设定值温度每下调1℃,能耗将增加10%。冬季空调设定值温度每上调1℃,能耗将增加12%。因此建筑物内温湿度控制精度的准确性是确保节能和客人舒适性的前提条件。故可以考虑降低室内温度标准,比如夏季温度控制在24℃以上,冬季温度控制在20℃以下。

（2）联网型风机盘管。联网型风机盘管可以避免客房内只使用三速开关控制导致随意调节室内温度情况的出现。通过读取酒店管理系统客人入住情况的数据，对未入住的房间的风机实行停机指令。对已经入住但未插卡的房间，可使风机低速运行，降低温度标准工况，使客人一进入房间后会感到舒适，提高客人的满意度；对已入住且插卡的房间，控制风机，同时与门窗磁进行联动，监测到门窗处于开启状态，则强制关闭风机或使其处于低速运行状态，降低温度标准工况。

（3）空调机组控制。利用室外新风来实施无功耗制冷；同时测量室内和室外空气的温度和湿度，根据加热/冷却室外与室内混合空气所需的能源总和来决定节能程序的运行方式。

（4）新风机控制。在夜间室外气温达到最低点（接近或低于日间空调室温值），开启新风机对全楼空气进行全新风换气和净化；随着时间推移室外气温回升到不利于预冷的数值时，自动停止夜间净化运行。这一方式既可改善室内空气的品质，又减少了预冷的能量消耗。

（5）空调水泵控制。一般空调水泵的耗电量占总空调系统耗电量的20%～30%，故节约低负载时水系统的输送能量，具有重要意义，如在冷水系统或热水系统保持供/回水处于大温差，是一个具备显著经济优势的节能措施；通过增大供/回水温差降低整个系统的流量，从而减少冷泵的启动台数，相应地冷机运行台数也会减少，这样既满足所需冷量又可达到节能的目的。

2. 照明系统的节能控制

照明系统的节能控制应采用智能照明控制系统，常用的控制方式一般有场景控制、定时控制、红外线控制、就地控制、集中控制、群组组合控制和远程控制等。

对宾馆建筑来说，酒店的客人24 h都处于流动状态，所以需对酒店的灯光进行分区域控制才能达到既让客人满意又可节能的效果

室外照明可以通过控制器所设置的经纬度位置，自动计算日出日落时间，将时间表和照度计配合应用，可最大程度压缩照明系统的无效运行时间。比如室外照明的开闭时间为冬季17:00（开）—次日5:00（关）；夏季18:00（开）—次日3:00（关）。对走廊的照明，可以在客人休息后定时熄灭部分光源来达到节能的目的；对于宴会厅的照明系统，可以在准备时间开启部分照明，等客人就餐时再全部开启。

3. 水系统的节能控制

（1）生活热水系统。对生活热水箱的液位与温度进行实时监测，当液位低于设定值时对水箱补水；系统实时监测热水箱温度，当其温度低于设定值后，系统会自动启动，循环泵及热泵机组运行台数由系统自动计算并控制。

（2）泳池循环加热系统。当系统监测到泳池水温低于设定值时，系统自动打开一次

侧热水循环泵，与泳池热水进行换热；当水温高于设定值时，系统会关闭循环泵停止换热。

4. 电梯和自动扶梯

(1) 当不同区域的电梯采用BAS进行群控时，通过对每台电梯运行时段和运行积累时间等的综合分析，确定电梯的分组、分时段的运行控制方式。

(2) 在非人流密集时间段，自动扶梯增设红外感应装置控制其运行。

6.3.2 建筑分项计量系统的应用

1. 分项计量系统概述

由于能源的使用面临更加严峻的成本及环保要求，所以酒店需要对各个使用单位包括外部及内部，进行能源消耗考核及控制。通过对能源消耗进行全面的计量，以便评估使用情况，避免浪费的同时，还要保证酒店的服务品质。

酒店在积极实施能源管理和节能计划，能源管理范围包括对水、电、蒸汽、空调冷热水、燃料等主要能源消耗的管理。

能源计量系统是指实现对内部供能的计量与统计，酒店各区域能源的用量计量宜结合区域功能和机电系统进行设置，所有计量表均要求具备远传功能，通过BAS连接至酒店工程部数据处理中心，进行自动读取、打印、记录、统计，充分利用计量数据，个性化设定楼宇各系统运行指标。

能源计量系统需具备以下功能。

(1) 该系统可采用总线技术，组成总线式网络系统，对冷水表、热水表和电度表进行远程计量。

(2) 同一楼层内的采集器之间通过总线手拉手连接，并在本层配置网络控制器，系统通过总线进行连接，对于设置了设备专网的项目，可借用设备专网进行传输，在工程部设置管理计算机。

(3) 管理中心计算机与抄表主机之间采用接口进行通信，全部用户信息数据库及网络信息数据库同时具有网络安装、网络维护、监控等功能。

(4) 宾馆建筑的生活热水系统通常有热水供水管和热水回水管，设置回水管的目的是保证供水管内的热水保持一定的温度，确保水龙头开启时在10 s内有热水流出。回水管内一直有热水流动，因此热水用量的计量为供水管流量减去回水管流量。

(5) 系统具有预设能耗报警功能，可对预设区域的能量上限值进行设定，当该区域能耗达到预设上限值时，将会在系统主机产生报警信号，提醒管理人员关注该区域的能量消耗情况。

(6) 涉及接入远传计量系统的计量表包括：

① 生活冷水表；

② 生活热水表；

③ 电度表；

④ 燃气表(须与燃气公司落实是否可以接入)。

2. 分项计量要求

目前对建筑分项计量系统已有相关国家和地方标准要求，对分项计量的系统设计、施工调试、竣工验收等都有具体规定。

(1) 市政进口计量。在酒店的各类机电系统的(水、电、蒸汽、燃气)市政条件进口处设置计量总表。

(2) 电量计量。需实现按功能区、分类型进行计量。电能表应选用远传智能型，其输出信号可通过计量系统进行远程抄表。分类包括但不限于以下内容：

① 照明插座用电：室内非公用场所照明插座供电回路、公共部位照明和疏散应急照明用电、室外景观照明供电回路；

② 暖通空调用电：冷热站冷机等用电设备供电回路、空调末端设备供电回路；

③ 动力设备用电：电梯及其附属设备供电回路、给排水系统水泵供电回路、通风机供电回路；

④ 特殊用电：电子信息机房供电回路、厨房餐厅、其他特殊用电区域或用电设备供电回路。

电量计量系统自动计量装置采集能耗数据，应采用成熟的通信协议实时上传数据，并与当地主管部门监管平台相连接。

(3) 燃气计量。应分别单独计量以下区域的燃气用量(是否可以采用远程读取数据，需与当地燃气公司确定)。

① 锅炉房：计量表设置在锅炉房燃气表间；

② 各用燃气厨房：计量表设置在各用燃气厨房总管处或其单独的燃气表间。

(4) 蒸汽计量。根据蒸汽来源的不同，按照如下原则分别计量蒸汽消耗量：

① 自建蒸汽锅炉：以蒸汽锅炉的出口做计量，对各用汽区域或系统设置分表进行用汽计量，如空调加湿、洗衣房用汽等；

② 市政提供蒸汽作为热源(如有)：对各用汽区域或系统设置分表进行计量，如空调系统加热、生活水系统加热、游泳池循环水系统加热用蒸汽。

(5) 冷、热量计量。

① 空调系统按回路的设置原则进行能量计量表的安装：客房区域、公共区域、后勤区域、外租区域等不同类别进行计量统计。空调冷水计量表的位置设置在制冷机房分水器的各空调冷水系统环路总管处；空调热水计量表设置在热交换站分水器的各空调热水系统环路总管处。

② 酒店内如有空调采暖系统、大堂地板采暖系统及泳池地板采暖系统，宜按系统不

同分别设置热计量表；

（6）水计量和应用。应按客房区域、公共区域、后勤区域、各厨房、粗加工、景观用水、水上游乐区域及机电设备用水等不同行政管理区域，进行生活冷水与热水的计量统计。

① 冷水计量。

a. 客房区域：冷水总用水量计量；

b. 公共区域：结合系统配置，单独或合用冷热水计量表，但需保证水表后管路均向公共区域提供生活给水。对于可能出租经营使用的区域，如商业，需设置单独计量；

c. 后勤区域：单独计量后勤各功能区域用水量，如洗衣房、厨房、垃圾房等；

d. 餐饮区域：单独计量各餐饮区域的冷热水用水量；

e. 机电设备：单独计量除生活给水泵房的其他各用水机房/设备用水量，如锅炉房、洗衣房、制冷站、换热站、空调机房、泳池机房、消防水箱补水、冷却塔补水、水景机房等。

② 热水计量。

a. 计量每个区域换热器的补水量；

b. 对于可能出租经营使用的区域（如零售），宜在热水供水管路上（不设置回水管道）设置计量表，但需配有减少误差的措施。

③ 中水（如有）计量：如项目设置了中水，则按照冷水计量原则进行计量。

第3篇

宾馆建筑中调适的应用

7　宾馆建筑的运行调适

建筑调适(Building Commissioning)概念源于欧美发达国家，北美建筑行业经过40余年的发展，现已形成成熟的管理和技术体系。通过一系列的管理与技术手段，建筑调适保障了建筑系统与用户需求相匹配，整合建筑系统耦合关系，用最低的能耗满足用户舒适性的要求，实现建筑系统安全、高效的运行。

由于经济的快速发展，我国每年新建建筑包括酒店、办公楼、医院、商场等大量公共建筑，既有建筑容量持续增长，但大部分存在运行能耗高、维护费用大、建筑寿命短的特点，同时受建设速度等因素的制约，我国尚未重视建筑系统调适的重要性，仅由施工单位在项目竣工时进行简单的调试。

建筑调适作为一种精细化的流程管理手段，包括"调试"与"优化"的双重含义。我国新编《建筑节能基本术语标准》(GB/T 51140—2015)中给出了建筑"用能系统调适"的定义，即通过在设计、施工、验收和运行维护阶段的全过程监督和管理，保证建筑能够按照设计和用户要求，实现安全、高效的运行和控制的工作程序和方法。相应的条文解释了此处的"调适"主要有两层含义，首先是建筑"调试"，指建筑用能设备或系统安装完毕，在投入正式运行前进行的测试与调节工作；其次建筑"调适"指建筑用能系统的优化与用能需求相匹配，使之实现高效运行的过程。

按照建筑调适开展时建筑状况，建筑调适可分为新建建筑调适和既有建筑调适。

7.1　建筑调适的背景及现状

7.1.1　调适背景

自改革开放后，中国经济快速发展，尤其是进入21世纪，城镇化带动建筑行业的快速发展，大量大型公共建筑在此期间如火如荼地拔地而起。经调查统计，上海市近20年内建成的大型公共建筑超过总量的70%。急速增长的市场需求带动了设备系统供应商、施工队伍的迅速发展，但在如此蓬勃发展市场的急速推动下，供给矛盾与建设进度矛盾成为主要矛盾，而设备系统交付时未能契合建筑内部舒适需求的矛盾成了次要矛盾。从具体表现上看，大多数国内设备系统的供应商只保障设备能运转，而施工队伍只保障通水、通电和系统可以正常运转。

在建筑领域，"调适"技术是如何"调整"使其适用于当前技术水平下的设备系统成为了新的挑战，相关专家尽可能快地培养出满足人们“舒适”要求且能源消耗量较为“合适”的新技术。通过设备调适优化来提升设备系统运行能效，从而达到提升建筑品质的目的，“调适”是其实现差异化竞争的一个重要法宝。

不仅在新建领域，在既有建筑领域，“调适”也将逐步成为关注重点。受到经济形势的影响和互联网经济的冲击，办公租赁、商业租赁等业务呈现下滑的态势，对于运营方而言，利润下滑的压力需要通过进一步开源节流来缓解。通过强化调适改善建筑服务品质吸引更多、更优质的客户可实现开源。通过优化调适提升设备系统能效降低能耗进而降低能源成本可实现节流。因此，调适将成为国内大型公共建筑设备系统建设、运行的关键环节。

7.1.2　新建建筑调适现状

2019年全国签订的新建建筑调适相关的工程咨询服务合同额约为3亿元人民币（未包含港澳台地区），涉及的建筑面积约5 000万 m^2，平均单位面积收费约6元/m^2。美国劳伦斯伯克利国家实验室（LBNL）2018年的调研结果显示，美国的新建建筑调适服务平均收费为67.5元/m^2（1＄约合7￥）。这里需要指出的是，参照国外建筑调适的定义，所有参与调查的新建建筑调适项目服务内容，都只是其中的一部分，以综合性能检测、节能验收、风水系统平衡以及机电顾问服务为主，真正从设计甚至规划阶段介入，涵盖整个设计、施工、验收、运行和培训的新建建筑调适项目很少。

新建建筑调适建筑类型占比如图7-1所示，几乎涵盖了所有的公共建筑类型，其中办公建筑和商业综合体占比为46%。

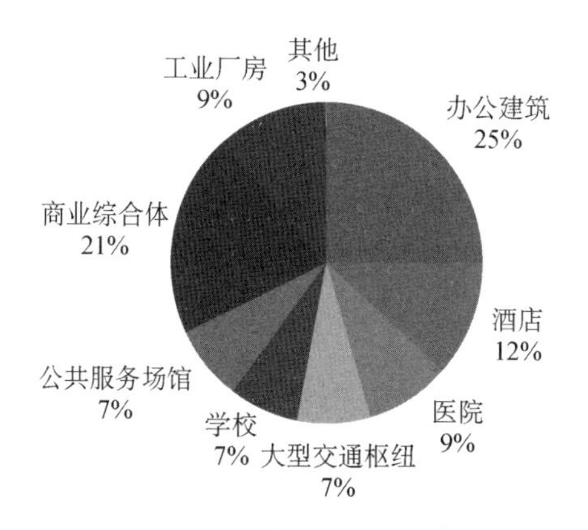

图7-1　新建建筑调适建筑类型占比

7.2　现行标准情况

表7-1列出了目前我国在编和已发布的与调适相关的标准。

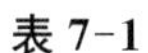

表 7-1　调适相关标准

类别	已颁布	在编
标准名称含“调适”	《公共建筑机电系统调适技术导则》(T/CECS 764—2020)	1. 上海市地标《既有公共建筑调适标准》; 2. 中国工程建设标准化协会《公共机构建筑机电系统调适技术导则》; 3. 中国工程建设标准化协会《既有办公建筑通风空调系统节能调适技术规程》; 4. 中国工程建设标准化协会《地铁节能调适与运行维护技术规程》; 5. 中国勘察设计协会《暖通空调系统调适设计导则》; 6. 四川省土木建筑学会《四川公共建筑机电系统调适技术标准》; 7. 广东省太阳能协会《建筑光伏智能微电网系统调适技术指南》
标准内容含“调适”	1.《绿色建筑评价标准》(GB/T 50378—2019); 2.《近零能耗建筑技术标准》(GB/T 51350—2019); 3.《空调通风系统运行管理标准》(GB 50365—2019); 4.《绿色建筑运行维护技术规范》(JGJ/T 391—2016); 5.《变风量空调系统工程技术规程》(JGJ 343—2014); 6.《公共建筑能源审计导则》; 7.《建筑节能基本术语标准》(GB/T 51140—2015); 8.《公共机构办公区节能运行管理规范》(GB/T 36710—2018); 9. 上海市《绿色建筑评价标准》(DG/TJ 08—2090—2020); 10.《建筑节能与可再生能源利用通用规范》(GB 55015—2021)	1. 中国工程建设标准化协会《区域供冷供热系统应用技术规程》; 2. 中国建筑节能协会《地源热泵系统运行技术规程》; 3. 中国工程建设标准化协会《既有工业建筑民用化绿色改造技术规程》; 4. 国家标准《医院建筑运行维护技术标准》; 5. 住建部《绿色建造技术导则》; 6. 上海市地标《公共建筑节能运行管理标准》

7.3 新建宾馆机电系统调适的原因

公共宾馆空调系统的调适工作在竣工阶段以及试运行阶段，基本处于无负荷或低负荷状态下运行，此时调适工作是以传统的空调系统调适，即以空调系统的检查测试、调整和平衡(Testing, Adjusting and Balancing, TAB)等技术工作为核心，同时为保证调适项目顺利完成，还需要在项目层面建立系统性的有效的调适组织管理。

目前我国绝大多数宾馆项目中，设备全寿命期、全过程的调适仍是空白，即便是传统竣工交付前后的空调系统调适工作也远远没有达到应有的效果和目的，分析其原因主要包括：

(1) 目前我国工程建设项目的空调竣工调试基本以施工或安装单位为主，绿色建筑机电系统复杂度和集成度是一大趋势，实施方的测试调试设备和人员技术水平无法满足要求，调适管理水平也无法满足要求；另外根据“利益无关”的原则，调适工作不应由施工安装来管理和主导。

(2) 竣工阶段时间往往非常紧，负责组织验收的建设方(或代建方)无暇顾及调适结果，对运行好坏不一定负有责任。

(3) 监理主要关注施工安装质量，对机电效能不够关注，其作用有限。

(4) 竣工第三方检测限于抽检，作用发挥受限。

(5) 建设和运营的脱节，运营人员(例如物业)大多不参与项目建设，竣工后交付阶段的培训和资料移交也并不完善，运营方大多非技术出身，对调适很不了解，不够专业。

上述原因造成目前竣工阶段空调系统的调适过程往往流于形式，需要强调说明的是，竣工调试是运营调适的基础，如果竣工交付阶段的调试工作不到位，不仅实际运行效果无法达到设计目标，而且后期开展运营阶段的综合能效调适的实施难度和效果也事倍功半。切实开展全寿命期的调适工作是确保公共建筑能效的重要前提。越早开展调适，项目收益就越大，在设计阶段开展调适可以及时发现设计中存在的问题，防患于未然。

7.4 新建宾馆建筑调适的作用

新建宾馆在施工阶段开展调适，主要效果显现在运营阶段，其作用主要有以下几个方面：

(1) 减少机电系统潜在问题，提高机电设备运行效率和可靠性，延长机电设备寿命。

(2) 提高宾馆运行能效，降低宾馆运行能耗和运行成本。

(3) 提高宾馆环境品质，提高客户体验度和满意度，有利于提高入住率。

(4) 降低宾馆管理成本，节省用人成本(运营成本占比最大)。

(5) 提高宾馆综合品质和企业形象，提高宾馆商业价值。

(6) 完善运行资料，确保竣工资料和系统移交、培训有效实施和对接。

对新建宾馆空调系统而言，通过竣工及试运行阶段的全面、系统、有效的调适，可以发现空调系统在施工安装过程中隐藏的缺陷问题，从而保证空调系统施工质量，保障有效运行效果，且可以为后期正式运营摸索总结出合理的模式，确保系统运行的稳定性和可靠性，从而提高空调系统能效水平，降低空调运行成本，延长空调设备寿命。

7.5 新建宾馆建筑调适的内容

1. 暖通空调系统调适

暖通空调系统调适范畴可包括空调冷热源系统、空调输配系统、空调末端系统、空调控制系统等子系统及其组合。

一般暖通空调系统的子系统主要指冷热源系统、暖通空调输配系统和末端系统。调适对象可为暖通空调子系统及其组合，或者子系统中的主要机电设备。对暖通空调系统而言，舒适性目标的调适工作通常始于空调末端系统，由输配系统到冷热源系统延伸，而节能性目标的调适工作通常始于主要冷热源系统，由输配系统再向空调末端延伸。

暖通空调系统调适一般以提高建筑舒适度和提升暖通空调系统能效、降低运行费用为主要目标。舒适性目标主要包括室内温度、相对湿度、风速及新风量等指标要求。室内温度、相对湿度及风速应符合设计文件要求，若无设计具体要求，供暖室内温度应达到国家现行《民用建筑供暖通风与空气调节设计规范》(GB 50736—2012)中的要求。舒适性空调室内温度、相对湿度、风速应分别达到国家现行《民用建筑供暖通风与空气调节设计规范》(GB 50736—2012)要求。室内新风量应符合设计文件要求，若无设计具体要求，室内新风量应高于国家现行《民用建筑供暖通风与空气调节设计规范》(GB 50736—2012)所规定的最小新风量。

2. 照明与电气系统调适

照明与电气系统调适范畴应包括配电及电器装置调适与照明系统调适，其目标应注重系统的节能性与舒适性的调适，应当可量化、可计量。选用节能环保设备产品，其技术性能指标应符合国家现行建设工程标准和机电产品标准的规定，不得选用国家已明令淘汰的设备产品。

照明系统调适主要包括照明质量调适与节能调适两个部分，主要依据《建筑照明设计标准》(GB 50034—2013)。照明调适检测的场景应根据项目的建筑布局、使用功能、使用频率及业主需求来确定。

3. 给排水系统调适

给排水系统调适根据具体的系统形式和业主的要求细化给排水系统调适目标，应包括以下内容：

(1) 给水系统压力、用水点供水压力要求及控制精度。

(2) 生活热水系统出水温度、控制偏差、出水时间(冷热水压力平衡、偏差)要求。

(3) 水质要求。

(4) 耗水量目标。

给排水系统调适范围涉及室内给水系统、生活热水系统、排水系统和相关自控系统，包括但不限于水箱、给水泵、排污泵、生活热水泵、系统管路和卫生器具。

4. 智能化系统调适

智能化系统调适结合建筑调适各功能划分以及对系统管理要求等因素，内容包括传感器数据选取与数据读取、设备状态读取及故障显示、系统自动控制、能量计量、中央监控及管理等。智能化调适应满足以下原则。

（1）传感器读取数值正常，精度符合要求；执行器状态正常；如传感器和执行器出现故障或精度达不到要求时，应进行校核或更换；如缺少影响调适的传感器和执行器，应进行加装。

（2）现场设备及智能化系统完好、能正常工作。

（3）控制器及控制系统是稳定的、可操控的。

（4）智能化调适是基于调适对象实际使用需求而进行的提升。

调适的重点和难点是空调系统，这里重点展开介绍。

一般的空调系统调适包括设备层级的调适（或设备单机试运转及调适）和系统层级的调适（或系统联合试运转及调适）。

调适内容具体包括：

（1）空调设备调适。

① 调适前置条件确认。

a. 系统设备、管网、阀门等全部安装完成；

b. 管网试压、冲洗、钝化完成，无跑冒滴漏现象；

c. 设备房土建完成，无影响调试的建筑垃圾；

d. 设备供电到位，主回路及控制回路各项性能指标（绝缘、相序、电压、容量、标识等）符合调试要求，达到接线正确、供电可靠、控制灵敏的目标。

② 送排风机单机调适。

③ 组合式空调箱单机调适。

④ 风机盘管（FCU）单机调适。

⑤ 变风量末端单机调适。

⑥ 分体式空调单机调适。

⑦ 其他设备单机调适。

（2）系统联合调适。

① 调适前置条件确认。

a. 所有单机设备调试完成、合格。

b. 所有管网安装完成，试压、冲洗合格。

c. 房间室内装修完成。

② 风量平衡。

③ 水量平衡。

④ 室内温湿度。

⑤ 室内噪声。

另外，根据系统构成划分，空调系统调适包括冷热源系统调适、输配系统调适、末端系

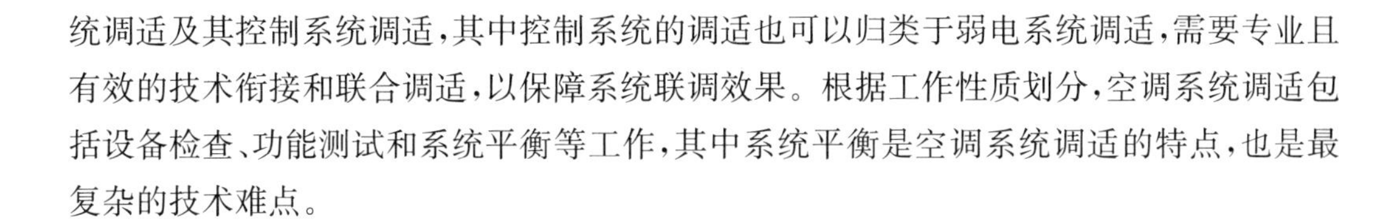
统调适及其控制系统调适，其中控制系统的调适也可以归类于弱电系统调适，需要专业且有效的技术衔接和联合调适，以保障系统联调效果。根据工作性质划分，空调系统调适包括设备检查、功能测试和系统平衡等工作，其中系统平衡是空调系统调适的特点，也是最复杂的技术难点。

7.6 新建宾馆建筑调适的流程

新建建筑调适一般包括规划、调研、实施、交付和质保四个阶段。当项目规模较小，涉及的系统比较简单，可以将规划与调研两个阶段合并为一个阶段。

新建建筑调适四个阶段的主要任务如下：

(1) 规划阶段主要是明确需求，通过初步调研，了解建筑的运行情况、工艺过程参数的控制要求，并制定建筑调适初步计划。

(2) 调研阶段的主要工作内容是对建筑进行详尽的现场查勘与测试，确定调适方案，通过分析计算，给出量化的调适效果。

(3) 实施阶段的工作内容是部分或全部实施调适报告中的调适策略。

(4) 交付和质保阶段是建筑调适的最后阶段，主要工作内容包括运行调适、运行管理人员培训，以及验证调适效果。

以上流程可见图 7-2。

7.7 新建宾馆建筑调适组织管理

竣工阶段系统的调适离不开有效的项目层级的组织管理，而这是目前我国工程实践中往往被忽略但却至关重要的一个环节。在开展具体的系统调适工作前，有必要制定详细且有针对性的调适计划或调适方案，组织管理就是确保调适方案得以有效实施的保障。竣工阶段系统调适的组织管理，具体包括调适范围和内容的确定、调适团队的组建、调适目标和技术要求、调适现场工作实施、过程验证与保障措施以及调适培训与移交等内容。

系统调适本质上是一项系统性很强的技术管理工作，需要高效的管理以及相关各方的积极参与和配合支持。因此在具体调适工作开展之前，一般需组建调适团队，通常要求项目各方均参加调适团队，并明确各方职责，建立调适团队和项目管理制度。对一个比较复杂的调适项目而言，完整的调适团队应主要包括业主或其调适顾问、施工安装单位（总承包商/分承包商）、监理与设计单位、物业运营团队、设备供应商以及其他顾问团队，其中几个主要责任方的职责包括以下内容。

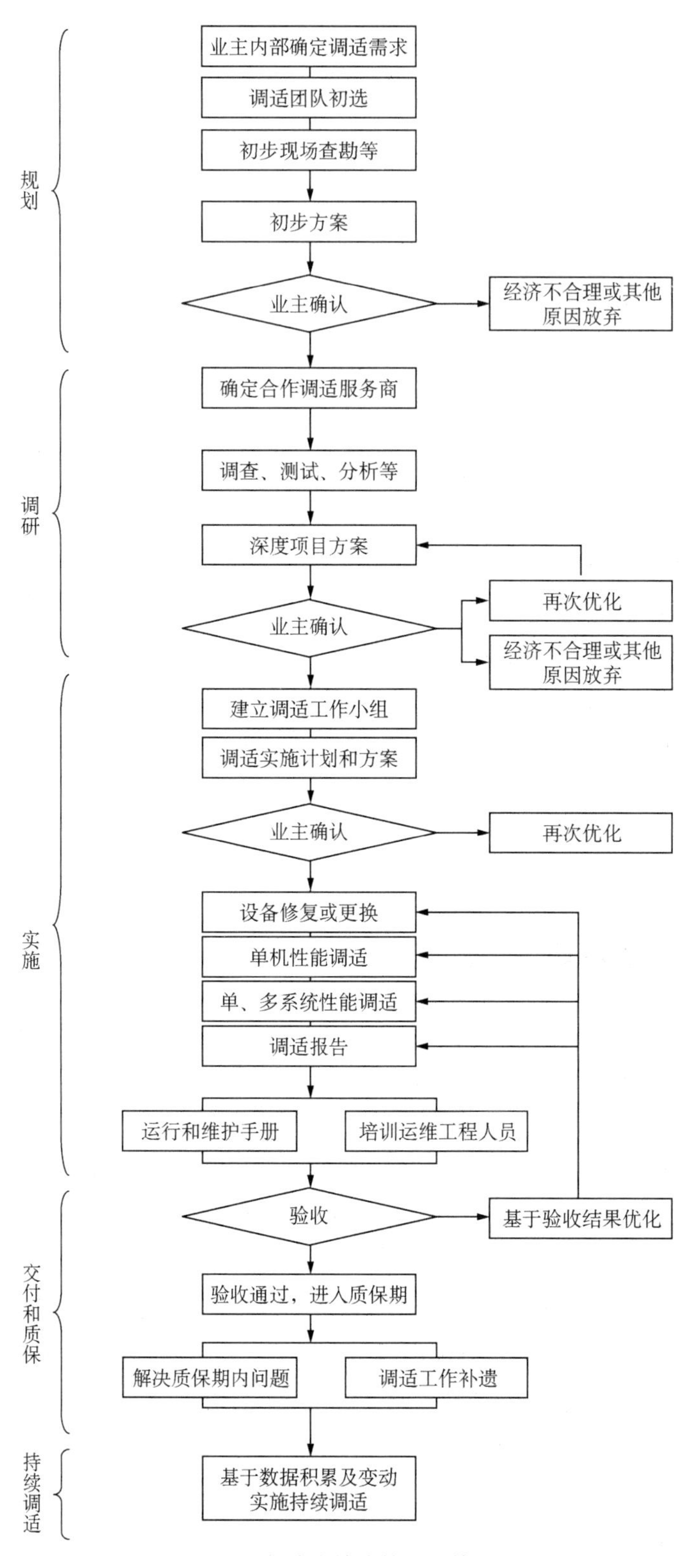

图 7-2　新建宾馆建筑调适的流程

1. 业主/调适顾问

（1）确定调适范围和技术要求。

（2）与总包一起，制定调适计划和技术表格。

（3）审核调适计划和程序，并提出意见。

（4）组织调适过程包括调适项目例会等，协调各方关系。

（5）提供调适技术指导和支持。

（6）协同总包，组织并发出调适见证通知。

（7）跟踪发现问题，监督纠正并解决问题。

（8）撰写审查调适记录及报告。

（9）负责调适相关技术资料移交给物业管理方，并组织培训。

2. 总承包商/分承包商/调适技术团队

（1）完成所有的建造包括试运转和相关的文件。

（2）编制详细的调适程序提交业主，并经设计方批准。

（3）根据批准的程序，进行调适工作。

（4）对调适过程中发现的问题进行完善和纠正。

（5）确保设备和系统的安全，和调试工作的安全进行。

（6）对整个调适过程作好记录和报告。

（7）确认调适过程中未完成或遗漏的项目，并在运营团队的时间限定内制定解决方案。

3. 监理/设计方

（1）根据国家标准、条例及项目要求的规范或标准等要求，对调适程序进行审查并提出意见。

（2）根据批准的程序，参与调适过程。

（3）跟踪发现问题后验证，纠正问题并落实。

（4）签署调适记录，报告和流转文件。

4. 物业运营方

（1）审查由总包编制的调适程序，并反馈审核意见。

（2）根据批准的程序，参与调适见证。

（3）审核并确认所有的调适记录、报告，并提出所发现的问题。

（4）跟踪发现的问题和未完成项。

（5）在调适记录或报告上签名，证明参与了现场检验。

5. 各种供应商

(1) 提供设备技术参数,包括启动程序等。

(2) 负责现场空调机组等单机设备调适,提供相关记录和资料。

(3) 配合系统联合调适。

此外,不同的调适项目由于规模和复杂程度不同,其调适工作的组织管理模式也有所差异。调适各方在团队合作中发挥着不同的作用,按照管理的主导地位可以分为:独立的第三方调适顾问、业主主导的调适、设计方主导的调适、总包或分包主导的调适等类型,不同类型的调适组织模式,其适用范围有所差异。

7.8 调适标准和技术要求

根据系统特点、调适目标和要求,需要在调适工作开始前明确业主与建设方以及运营方的对调适工作的具体要求(Owner Project Requirement, OPR)以及反映 OPR 的设计文件中对调适工作的要求(Basis of Design, BOD)。竣工阶段空调系统调适还需要满足我国工程建设标准的竣工备案要求。

1. 空调系统调适依据的主要标准

以某宾馆项目为例,空调系统调适依据的标准主要包括:

(1) 业主发布的暖通系统图纸。

(2) 业主发布的技术规范《暖通空调系统测试、调整与平衡技术要求》。

(3)《通风与空调工程施工质量验收规范》(GB 50243—2016)。

(4)《通风与空调工程施工标准》(GB 50738—2011)。

(5)《建筑节能工程施工质量验收规范》(GB 50411—2019)。

(6)《采暖通风与空气调节工程检测技术规程》(JGJ/T 260—2011)。

(7)《通风与空调系统性能检测规程》(DG/TJ 08—19802—2005)。

(8)《建筑防排烟技术规程》(DGJ 08—88—2006)。

(9)《空气输送系统—CIBSE 调试规范 A:1996(2006)》。

(10)《水输送系统—CIBSE 调试规范 W:2010》。

2. 业主方提出的空调系统调适的合格技术要求

(1) 系统总风量与设计值偏差≤±5%。

(2) 系统总水量与设计值偏差≤±5%。

(3) 每个风口风量与设计值偏差≤±5%。

(4) 每个盘管水量与设计值偏差≤±5%。
(5) 室内温度、湿度满足设计要求。
(6) 室内噪声满足设计要求。
(7) 设备电机运行电流小于等于额定值。
(8) 系统连续稳定运行不少于 24 h。

3. 机电设备运行和操作的基本规定

应符合机电设备运行和操作的基本规定如下：
(1) 设备工作稳定，应无异常振动和声响。
(2) 安全装置的动作应正确、灵敏、可靠。
(3) 设备及线路的温升应在合理范围内。
(4) 电动或手动操作装置应灵活可靠，信号或指示装置应输出正确。

从上述内容中，可以看出空调系统调适工作除了需要符合设备运行的基本规定、国家行业和地方的暖通空调相关验收标准之外，还需要满足业主提出的具体相关技术要求，一般业主提出的技术要求要高于其他标准的要求。

7.9 计算机辅助技术在调适中的应用

近年来，随着计算机和智能化等技术的发展，计算机辅助水平衡调适的技术方法开始逐渐在工程中得以应用。例如，空调水系统管路上除了静态平衡阀之外，一般还设有动态平衡调节阀，用来适应部分空调负荷状态下的流量分配，动态平衡阀类型多样，基本有赖于计算机软件自控系统发挥作用。另外，随着大型公共建筑中空调水系统越来越复杂，规模越来越庞大，出现了三级泵这类非常复杂的水系统，对水平衡调适提出了更高的技术要求，此时若单纯依赖传统的技术方法和经验，很多情况下已经无法满足业主的调适技术要求，按照传统的调适模式，项目工作量将变得异常巨大，工作效率会非常低下。针对这种情况以及未来对空调水系统调控要求不断提高的趋势，一些大型的平衡阀设备供应商已将“互联网+”“云计算”的理念和技术方法逐步融入传统的空调水系统调节设备的开发中，并在实际工程中开始进行应用。计算机辅助空调水系统调适示意见图 7-3。

以补偿法为基础开发的计算机辅助调适方法，其原理是在调适前将被调适水系统的所有平衡阀设定到 50%开度，采用计算机辅助装置自动测试平衡阀在关闭和在设定值状态时的参数，自动计算出各平衡阀需要的开度，并依此调整各平衡阀的开度。随着自控技术和软硬件设备的智能化水平不断提高，未来空调水系统的平衡工作很可能会出现“一键平衡”，从而在保证调适精度的前提下，大大提高了水系统调适工作效率，缩短了调适项目周期并降低调适费用。

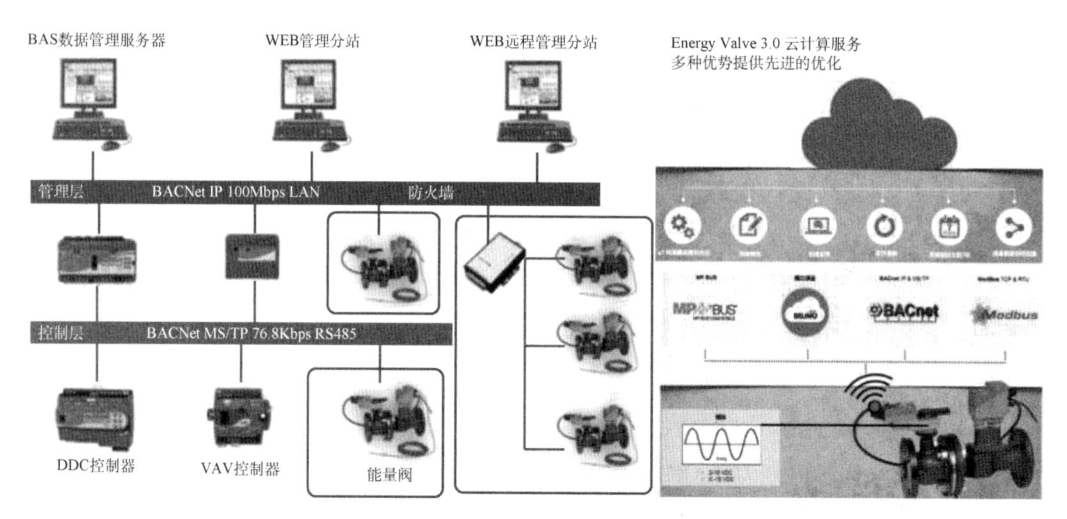

图7-3　计算机辅助空调水系统调适示例

7.10　新建建筑调适面临的挑战

此外，在新建建筑的调适过程中，也将面临巨大的挑战，主要包含以下几个方面：

（1）多样化的建筑类型和需求：不同类型的建筑和不同的使用需求，如不同的季节或天气应需要采取不同的技术手段，需要根据具体情况进行设计和调整。

（2）复杂的建筑结构和环境：建筑结构和环境的复杂性会影响建筑调适的效果，需要综合考虑多种因素后进行调整。

（3）复杂的机电用能系统：特别是暖通空调系统，其结构组成精细且复杂。目前，设计、施工质量普遍存在一些问题。

8 既有宾馆建筑的运行调适

既有建筑调适是指对既有建筑各个系统进行详细诊断、修改与完善，并解决其存在的问题，提高整个建筑运行效率，从而保障建筑的舒适性，提升系统能效以降低其用能系统的能耗。

首先，宾馆在实际投入运行过程中，普遍缺乏针对性的运行调适；其次，随着宾馆建筑的运行和逐步调整，内部功能区域会出现调整，现有的运行控制策略将不再适用；此外，宾馆建筑机电系统和设备的性能会随着时间推移逐渐衰减。因此，既有宾馆建筑在运行一段时间后，应该周期性地安排针对建筑[特别是建筑机电系统（重点是空调系统）]的运行调适工作。由于宾馆已经进入正式运营阶段，处于相对稳定运行的工况，因此开展既有建筑调适需要更多地考虑宾馆的实际使用状况和运营条件。

既有建筑调适管理包括持续性调适过程与专项调适过程。持续性调适过程应从建筑试运行完成后，持续开展直至宾馆运行终止的过程，其旨在经由测试、调整和优化管理，使低成本或无成本投入的机电系统和设备的校正与控制策略优化，提升建筑中系统的运行水平和优化控制方案。专项调适过程针对重大改造或维修项目，或者对于建筑有较强的改造诉求而开展的针对性调适，属于持续性调适过程中的一个特殊阶段，与 ASHRAE Guideline 中的 Re-Commissioning（重调适）和 Retro-Comissioning（再调适）相近。

8.1 调适的实施流程

8.1.1 既有宾馆建筑持续性调适

宾馆建筑的持续性调适一般可由运营管理单位或业主自行组织完成。持续性调适内容主要包括：①按照运行手册规定对宾馆建筑进行管理。②定期组织研讨会，通过对宾馆建筑的季节性运行记录、测试报告、设备维修及保养记录、用户调研记录、用户投诉及故障问题的解决方案及措施记录、建筑运行能耗统计等运行情况的讨论，形成使用需求改变与运行措施优化方案。

宾馆可通过建筑能源审计作为持续性调适的技术基础。公共建筑能源审计是通过对建筑能源利用效率、消耗水平、经济效益和环境效果进行监测，并诊断和评价的工作，从而发现建筑及其机电系统在实际运行过程中存在的能效提升潜力，提出节能运行调适和改造建议，为调适提供有效的工作基础。

8.1.2　宾馆建筑专项调适

专项调适通常针对专项改造项目，当建筑涉及使用需求重大变化、设计基础重大变化和主要设备变化时，往往需要引入专项调适以保证实施效果。此类项目通常不属于常规维保范围，且需专项资金或业主审批。

专项调适应建立调适团队，包括设置调适顾问，并由调适顾问领导调适团队，推进项目进程。调适团队各参与方具体包括：调适顾问、业主单位、运营单位、用户代表、设计单位、施工单位和设备供应商等。

1. 尽职调查与检测报告

专项调适项目应有明确的立项依据，即立项前尽职调查与检测报告。尽职调查与检测报告应由调适顾问主导完成。报告应至少包括以下内容：

（1）待改造或问题区域的系统现状检测。检测数据应由具有资质的检测机构出具；对检测数据进行分析与评估，节能改造对标要求可依据《公共建筑节能改造技术规范》（JGJ 176—2009），其余改造可依据改造方需求和系统现状具体分析。

（2）对改造条件和现状进行现场尽职调查分析，包括但不限于以下内容：一年以上的运行记录汇总分析、用户投诉记录及使用感受调研、维修记录汇总分析、改造条件现场踏勘记录、可能存在的改造影响预测与评估等，最终应提供完整的尽职调查报告。

既有建筑改造或主要设备的更换与新建建筑存在明显的差异，受建筑使用情况和系统现状的影响，改造方案与项目预算均可能存在较大差异，因此项目前期尽职调查起到三点作用：

① 反映系统现状，为改造项目提供合理的立项依据。

② 为改造设计方案提供数据支撑，保证改造方案的可行性。

③ 为改造预算提供依据，避免出现改造前期考虑不当造成的预算严重超支情况，从而影响项目进程。

2. 调适顾问的主要职责

调适顾问的主要职责包括以下内容：

（1）组织并领导调适小组。

（2）记录并优化业主、物业或建筑使用人员的改造要求。

（3）制定调适工作计划，并明确各阶段调适工作内容，在项目的每个阶段更新调适计划，并将其纳入变更和其他信息中。

（4）按照调适计划组织调适会议、测试和培训活动等，推进项目进程，并更新调适过程的问题日志，撰写调适过程报告，向参加者通报调适活动。

（5）立项前尽职调查：组织完成立项前的尽职调查与检测报告。

(6) 招投标:参加项目的投标前会议,就投标书的技术部分提出建议与要求。

(7) 设计阶段:审查设计文件是否满足项目要求。

(8) 施工阶段:施工过程中审查并抽检施工单位、设备供应商等参建单位的产品或工程质量是否符合项目的要求和规范内容。抽检结果中的测试数据应作为调适过程报告的一部分。

(9) 施工后技术调试:调适顾问应负责并记录系统竣工后的调试活动,包括制定系统调试方案,指导调试方法,现场记录调试数据;施工人员应配合执行调试活动。调试过程中应及时纠正发现的系统或设备的不合格缺陷,并依据系统调适结果更新调适过程报告。

(10) 施工验收:组织验收检测与验收资料审查,相关内容应作为调适过程报告的一部分。

(11) 文档移交:记录关键设备、系统及组件的性能情况,备份设计文件、产品使用说明、合格证书等文档资料。

(12) 运行手册建立:接收并审查承包商提交的使用手册,并验证是否达到业主项目要求和是否符合现场施工情况与设计内容,并在此基础上增加设计人员提供的系统描述,形成或更新系统运行手册。

(13) 培训:确定运行管理培训内容并编制培训方案,若承包商提供培训服务,应审查承包商提供的培训内容是否可实现项目要求。组织物业运行人员参加承包商提供的培训课程。

(14) 试运行调适:执行试运行期间的季节性测试可以纠正任何性能缺陷,并更新调适过程报告,试运行结束后整理好全部档案及文件,包括最终调适过程报告、运行手册和所有记录文件。

调适顾问应编制每个调适过程活动的记录,并在各调适节点的五个工作日内将副本发送给所有调适团队成员。

8.2 调适的重点

宾馆建筑能源管理系统调适关键技术主要涉及空调系统监控调适和智能照明系统调适等。

8.2.1 空调系统监控调适

1. 冷热源主机的调适

冷热源主机中冷水机组的目的是产生低温(通常为 7℃)的冷冻水,所以供/回水温度的高低直接影响到机组的负荷。而末端空气处理机运行的多少也会影响冷冻水的回水温度。

对于压缩机单机容量和台数已确定的中央空调机组，按照便于能量调节和适应制冷(热)对象的工况变化等因素进行制冷(热)功率输出调节，这是中央空调主机节能的关键。

冷热源主机控制调适主要由以下方法实现：

(1) 在制冷(热)机组的冷量调节中，引入变频变容量调节技术。

(2) 采用先进的制冷剂流量控制技术，精确控制蒸发温度。

(3) 对于主机自身没有冷量调节功能的制冷(热)机组，采取多台压缩机分级制冷(热)和变频变容量调节技术。

(4) 大型制冷(热)机组一般都具有冷量调节装置，制冷(热)机组的制冷(热)量可随冷负荷的要求而变化。制冷机组的冷量调节除吸收式外，均是在不改变制冷(热)工况的前提下，通过改变压缩机的输气量进而改变供液量，以调节蒸发器的产冷量。

根据制冷原理，在制冷量一定时，冷凝和蒸发温度的差值越小，冷机的能耗越低。因此，冷凝温度越低，蒸发温度就越高，则冷机能耗越低。从冷机节能的角度考虑，应使冷凝温度尽量低，蒸发温度尽量高。

多台冷机的控制将根据测量参数自动预测冷负荷的需求和趋势，并根据以往能效、负荷需求和待命机组的情况来自动选择设备的最优组合，可交替选择最优/同等的机组运行时间。最优机组负荷分配是指系统将根据能效和最优设备组合来自动为每台机组分配负荷。控制系统在保持供水设定值状态的同时，会优化机组的负荷分配，以保持冷冻水的供/回水温度恒定在冷冻机组的最佳运行工况。

低负荷控制指不允许单台机组在低于可选工况点下运行，除非只有单台冷水机用于承担冷负荷。当冷负荷低于单台冷冻机组最低值时，系统将选择机组启停控制，以便充分发挥其能效，或根据冷热负荷惯性、反应时间和档案数据来选择连续运行。

冷水机组的控制是机组负载控制和台数复合控制，其控制要点如下：

① 因空调逐时负荷的波动较大，希望所选择的冷机具有较好的部分负荷运行和控制能力。

② 根据时间表，确定可以开启冷水机组的时间段。在时间表以外，制冷系统(含冷冻冷却泵等)不开启。在可开启冷机的时间段，按下列方法进行控制。

③ 冷机运行台数，主要根据冷机的负载率确定，同时用负荷趋势预测进行辅助判定。

④ 当运行的冷机负载率均持续高于90%，且预测负荷将继续增加时，增开1台冷机。

⑤ 当运行的冷机负载率均持续低于40%，且预测负荷将继续下降时，关闭1台冷机。

⑥ 给定冷机的出水温度由冷机自行控制负载率，满足出水温度要求。

⑦ 仅1台冷机运行时，如负载率持续低于30%，则适当降低设定水温(1℃左右)，若仍持续低于30%则冷机停机，但保留1台冷冻泵运行。直到水温上升到超过设定温度3℃以后，再开机。

⑧ 记录冷机的累计运行时间，并进行轮换，以便使各冷机运行时间较为均衡。

2. 输配系统的调适

当制冷(热)机的负荷发生变化时,冷冻水、冷却水的需求量和冷却塔的冷却风量也将发生相应的变化,必须作出相应调整。由于水循环系统动力来自交流电机拖动的泵类机械,按照传统设计,这些泵类机械均运行在定流量状态,不能根据负荷的变化来调速运行,因此浪费了大量电力。采用变频调速技术来控制冷热源输配系统,通过改变泵类设备的转速(即改变流量),并跟踪需求,可以更好地解决压差平衡问题,大大节约电能损耗。

对于冷冻水系统,能耗全部来自冷冻水泵。影响冷冻水泵能耗的因素主要是循环水量,若水量越小,采用变频调节的水泵能耗就越小。循环水量,从总体来说是由末端用户确定的,是冷冻站不可控的水量。但由于压差旁通的存在,因此实际的循环水量会大于末端需求。如果通过合理控制使循环水量正好等于末端需求,此时能够获得最小的循环水量,那么也就获得了最小冷冻水泵能耗。因此,冷冻水泵的控制目标是通过水泵变频提供正好满足末端需求的水量和水压,保持压差旁通阀处于关闭状态,从而实现循环水量的最小化。

冷却系统的控制建议遵循以下原则:

(1) 冷却水泵控制:“一机对一泵”,定频运行。

(2) 冷却塔控制:均匀布水,保持冷却塔水阀全开;根据冷却水供水温度调整冷却塔风机开启台数,维持风量与水量比例基本不变。

8.2.2 智慧照明系统调适

智能照明系统控制是实施绿色照明的有效手段。智能照明系统通常由信号发生/接收器、控制器和执行器及通信系统等部分组成。信号发生/接收器主要产生和接收信号,包含各种开关与调光面板、智能传感器(红外探头、人员动静探测器和光感探测器等)、时钟管理器、显示触摸屏和遥控器等;控制器主要通过智能运算来产生控制信号,其核心是一块智能化的 CPU;执行器通常接收来自控制器的信号,发出动作指令;通信系统是各个组成模块间的联络者,大多数的照明控制系统都采用总线结构,并按照一定的协议进行通信联络。

智能照明系统是将计算机网络技术和控制技术相结合,可对建筑空间中的色彩、明暗光的分布进行协调,并通过其组合来创造出不同的意境和效果,满足不同使用功能的灯光需要,营造良好的光环境;可采用时钟控制器、红外线传感器、光敏传感器和人员动静传感器等优化照明系统的运行模式,在需要的时候开启,不但大大降低了运行管理费用,而且最大限度地节约能源;还可以采用调光装置有效地抑制电网电压的波动,延长光源的使用寿命,不仅减少了更换光源的工作量,而且有效降低了照明系统的维护和运行费用。智能照明系统可以采用以下控制策略来有效地节约照明用电。

（1）通过时间表来控制活动时间和活动内容比较常规的场所，如宾馆的车库、公共走廊、活动区域等，采用时钟控制器来实现可预知时间表控制策略，规则地配合用餐、清洁等活动，同时为了避免将活动中的人突然陷入完全的黑暗中，应进行必要的设置来保证特殊情况（如加班）时能亮灯。

（2）不可预知时间表可以控制某些活动时间非常规的场所，如会议室、复印中心、休息室和试衣室等，可采用人员动静探测器等来实现不可预知时间表控制策略。

（3）自然采光控制，对于宾馆大堂等公共活动场所，可采用光敏传感器来实现自然采光控制策略，根据从窗户或天空获得的自然光来减少灯光以降低电力消耗。由于自然采光会随时发生变化，因此通常需要照明相互补偿；由于自然采光的照明效果通常会随与窗户的距离增大而降低，所以一般将靠窗 4 m 左右以内的灯具分为单独的回路，甚至将每一行平行于窗户的灯具都分为单独回路，以便进行不同亮度的水平调节，以保证整个活动空间内的照度平衡。

（4）维持光通量通常根据照明设计相关标准中规定的照度标准值（又称“维持照度”）来控制，即在维护周期还要保持这个照度值。这样，新安装的照明系统提供的照度通常会比该标准值高 20%～35%。可采用光敏传感器和调光控制相结合来实现维持光通量控制策略，根据照度标准，控制初装照明系统的电力供应来降低光源的初始流明，而在设备寿命后期提升电力供应，以减少每个光源在整个寿命期间的电能消耗。

第4篇

宾馆建筑运行管理

9 宾馆运营中的能源管理

9.1 能源统计与应用

9.1.1 宾馆建筑能源管理背景概述

随着国民经济日益提升，旅游行业持续增长，宾馆住宿需求也在迅速增加。中国饭店协会发布的《中国住宿业绿色发展白皮书》中对宾馆住宿业的发展情况、消费者行为偏好等方面做出了概括分析，认为绿色消费理念已得到消费者的广泛认同，安全健康环保的住宿环境也将更受青睐。

就国内宾馆管理公司而言，能源成本是一笔巨大开销。对能源消耗和成本控制的管理往往比其他实质性物品消耗更加困难。因此，实施节约资金的运行策略，降低能源采购成本，评估负荷需求和实时价格，验证节能效果对能源控制和管理而言则显得至关重要。

9.1.2 宾馆建筑能源管理的国内相关标准

在《绿色建筑评价标准》(GB/T 50378—2019)中，提出能源管理系统需要对宾馆建筑耗电、冷热量等实行计量收费，能源管理系统应对建筑的用水量、用冷/热量等进行分类分项计量，并按照能源消耗量和能源价格进行收费；对冷热源机组、锅炉等重点耗能设备的运行效率进行评估，帮助用户满足绿色建筑认证标准的要求。

此外，还有国家标准、行业标准、地方标准等许多规范均对能耗管理、分项计量、用水计量提出了相关要求，本章仅列举相关规范名称，内部条文不一一介绍引用。

《绿色建筑评价标准》(GB/T 50378—2019)；

《电测量及电能计量装置设计技术规程》(DL/T 5137—2001)；

《电能计量装置技术管理规程》(DL/T 448—2016)；

《民用建筑电气设计标准(共二册)》(GB 51348—2019)；

《民用建筑能耗数据采集标准(附条文说明)》(JGJ/T 154—2007)；

《多功能电能表通信协议》(DL/T 645—2007)；

《多功能电能表》(DL/T 614—2007)；

《户用计量仪表数据传输技术条件》(CJ/T 188—2018)；

《建筑电气与智能化通用规范》(GB 55024—2022)；

《自动化仪表工程施工及质量验收规范》(GB 50093—2013)；

《电能计量柜》(GB/T 16934—2013)；
《智能建筑设计标准》(GB 50314—2015)；
《电子远传水表》(CJ/T 224—2012)；
《电子直读式水表》(CJ/T 383—2011)；
《热水水表检定规程》(JJG 686—2015)；
《热量表检定装置》(CJ/T 357—2010)；
《用能单位能源计量器具配备和管理通则》(GB 17167—2006)；
《城市污水处理厂工程质量验收规范》(GB 50334—2017)。

9.1.3　宾馆建筑能源监管平台的应用

1. 宾馆建筑能源管理系统的节能构建

能源管理系统(图 9-1)旨在提高现有能源管理水平,对建筑的日常运行维护和用户耗能行为方式实施有效的管理,通过科学可行的能源改善技术方法不断调整和完善策略,从而实现节能。

在宾馆建筑行业,搭建合理的能源管理系统对于宾馆建筑节能事业的发展具有重要意义。该系统可保证能源供应及传输信息的实时监控,通过后台智能运算对宾馆能耗、环境、设备及运营等信息进行统计分析,得出与能源消耗及能源效率相关的决策性数据,帮助管理人员了解以往和当前的能源使用状况。此外,其还可提供预测未来的能耗趋势来辅助管理人员作出正确的能源改善策略,通过模拟提供的优化控制方案帮助管理人员建立合理分配能耗的措施,以保证酒店的节能运行。

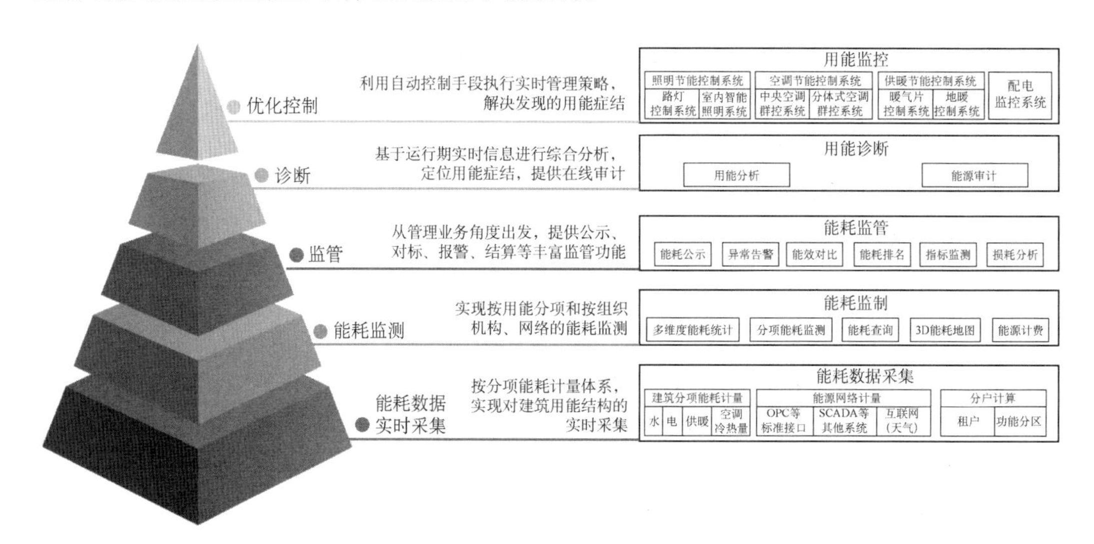

图 9-1　宾馆建筑能源管理系统

2. 宾馆建筑能源管理系统的应用目标

宾馆建筑的能耗具有一项特殊性，即全年无休并且运营时间全天 24 h。这就意味着对于能耗数据的采集提取和曲线运算有较高的要求，其能耗系统应具有可靠性、可操作性、实时性、完整性、安全性、可拓展性以及经济性等特征。

对于国内高端宾馆建筑，其能源管理系统的做法不仅应满足国内规范及国内外绿建星级评价的要求，还应满足酒店管理公司的相关要求，主要体现在以下四个层面。

（1）管理层面：建立操作级、管理级、决策级三级能源管理模式，通过权限控制为不同级别用户提供定制的功能界面。

（2）监控层面：系统不仅需要持续监控和自动采集用电、用水、冷/热等能耗数据，还应进行分类、分项、分区域统计，对能源消耗进行精细化管理，某企业能源管理系统监控层面分析界面可参见图 9-2。

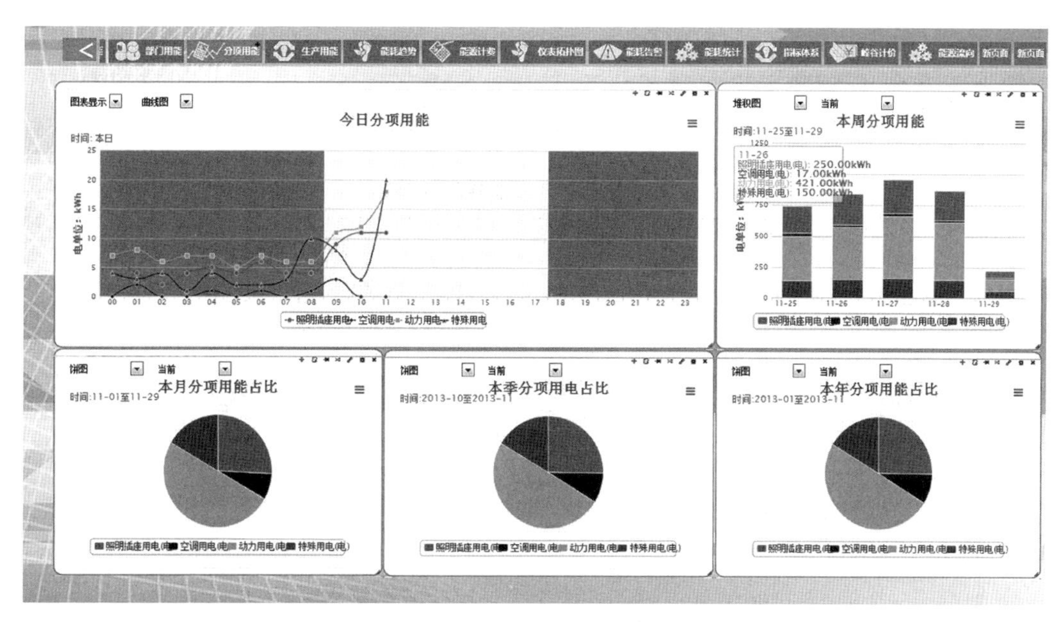

图 9-2　某企业能源管理系统监控层面分析界面

（3）分析层面（图 9-3）：除最基本的数据采集工作，还应通过排名、对比、趋势分析、对标、正态评估等多种评估手段考核建筑能耗水平，帮助用能寻找能耗漏洞。

（4）实施层面：在给出系统性解决方案并且实施之后，系统还需记录用户的节能整改时间与事件，评估节能措施给用户带来的收益以及投资回收周期的变化。

3. 宾馆建筑的能源计量

1）能耗数据指标概念

宾馆建筑需要的各项能耗数据指标如表 9-1 所列。

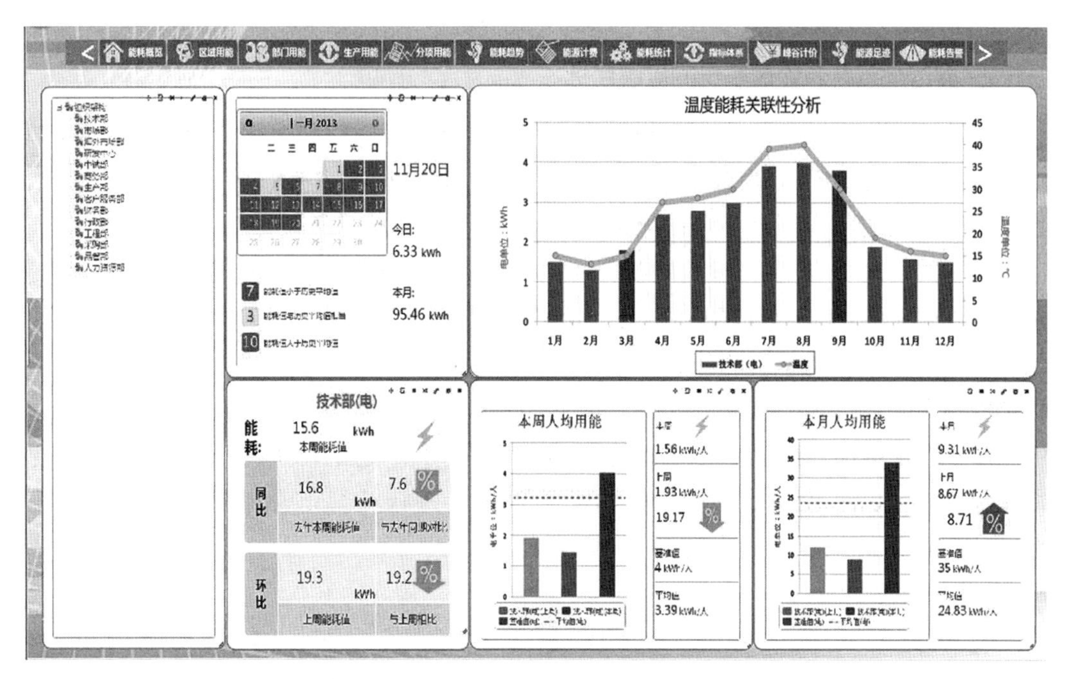

图 9-3　某企业能源管理系统分析层面界面

表 9-1　宾馆建筑所需各项能耗数据含义

指标名称	指标含义
全年总电耗(高压侧)	全年总耗电量(高压侧计量数据)
全年总电耗(低压侧)	全年总耗电量(低压侧计量数据)
单位建筑面积总耗电量	全年高压侧总耗电量与建筑面积之比
全年公共区总电耗	公共区域各项用电分项全年用电量总和
全年客房区总电耗	客房区域各项用电分项全年用电量总和
全年冷站总电耗	建筑中央空调冷站全年总耗电量
全年总耗冷量	全年制冷系统总供冷量
全年总耗热量	全年供热系统总供热量
空调制冷系统能效比	空调系统总供冷量/空调系统总电量
EER	空调系统总供冷量/冷站设备耗电量

2）基础数据采集

基础数据采集为保证能提供上述指标数据，必须通过电力监控系统、BAS 系统以及计量系统等获取相关数据，此数据包括单独采集计量的二次侧能源总量、重要分项能耗总量以及需要选择性采集计量的二次侧能源分项计量。

本章分项计量所列表格(表 9-2—表 9-6)主要参考《公共建筑用电分项计量系统设计标准》(DB/33 1090—2017)和《公共建筑用能分项计量系统工程技术规范》(DG/TJ 08—2068)，虽为地方标准，但具有一定的借鉴意义。

表 9-2 计量二次侧能源总量

项目名称	项目定义和范围	数据采集途径
总电力消耗(低压侧)	变压器低压侧电耗总和	电力监控
自设冷站总冷量消耗	制冷系统	冷站群控、远程抄表
区域供冷总冷量消耗	换热后,制冷、蓄冷等冷量	冷站群控、远程抄表

表 9-3 重要分项能耗总量

项目名称	项目定义和范围	数据采集途径
酒店租户区总电力消耗	全部租户区域电力消耗总和	能源管理系统
酒店公共区总电力消耗	全部公共区域电力消耗总和	能源管理系统
酒店客房区总电力消耗	全部客房区域电力消耗总和	能源管理系统
制冷站电力消耗	制冷、蓄冰、冷却冷冻水泵、冷却塔电力消耗	BAS 系统、远程抄表

表 9-4 二次侧能源分项计量

分项名称		定义及描述	采集要求	数据采集途径
照明		建筑物内部(包括房间、走廊、大厅、地下室等区域)的照明灯具及夜间外立面装饰用照明灯具等	要求支路信息明确,用尽量少的表计计量用电总量,需单独计量公区用电总量	安装表计接入能源管理系统
电梯		建筑物中所有电梯,包括货梯、客梯、消防梯、扶梯等	要求支路信息明确,用尽量少的表计计量用电总量	安装表计接入能源管理系统
给排水系统		生活水泵、排污泵、生活热水泵、中水泵等给排水水泵及水处理设备等	要求支路信息明确,用尽量少的表计计量用电总量	安装表计接入能源管理系统
送排风机		送排风机、消防排烟兼排风两用的风机设备等	要求支路信息明确,用尽量少的表计计量用电总量	安装表计接入能源管理系统
中央空调及冰蓄冷	制冷主机	为空调系统提供冷量的设备,包括高、低压冷机、蓄冰主机等	要求单独计量每台设备用电	安装表计接入能源管理系统
	室外侧水泵、冷却泵	用于将制冷主机产生的废热输送到室外环境中的水泵设备	要求单独计量每台设备用电	安装表计接入能源管理系统
	室外侧风机、冷却塔风机	用于将冷热源主机产生的废热散发到室外环境中的风机设备	要求单独计量每台设备用电	安装表计接入能源管理系统
	室内侧水泵、冷冻泵	用于输送冷热源主机产生冷热量的水泵,含蓄冰主机乙二醇泵、制冷主机循环水泵、热水泵、二次泵等	要求单独计量设备用电总量,有条件则计量单台设备用电	安装表计接入能源管理系统

续表

分项名称	定义及描述	采集要求	数据采集途径
公共区域、客房区室内侧风机（空调末端设备）	为室内房间提供冷热量和新风机	要求支路信息明确，用尽量少的表计计量用电总量	安装表计接入能源管理系统
公共区域、客房区特殊设备及其他	各公用设备等	要求支路信息明确，用尽量少的表计计量用电总量	安装表计接入能源管理系统
酒店商铺租户用电	各租户的用电量	要求计量各租户的用电	安装表计接入能源管理系统
	各租户日高峰半小时供电功率	要求计量各租户最大需量数据	安装表计接入能源管理系统
分区域冷热量	宾馆内根据需求划分的区域（办公、酒店、商业、客房等）冷热量	计量各分区的冷热量	冷站群控或安装表计接入能源管理系统
	大型设备用房的冷热量需要单独计量	计量清楚大型设备用房的冷热量	安装表计接入能源管理系统

表 9-5　　　　宾馆空调能效指标采集

分项名称	采集点	采集要求	采集途径
冷机供冷量	冷机冷冻总管流量、供/回水温度或冷量表	冷机总供冷量	冷站群控或安装表计接入能源管理系统
冷机电耗	设备总表或每台设备电表	冷机总用电	电力监测
冷却耗电耗	设备总表或每台设备电表	冷却泵总用电	电力监测
冷却塔电耗	设备总表或每台设备电表	冷却塔总用电	电力监测
冷冻泵电耗	设备总表或每台设备电表	冷冻泵总用电	电力监测
公区空调末端电耗	设备总表或每台设备电表	空调末端电耗总用电	电力监测
热水系统	热量表	空调系统总热量	远程抄表

表 9-6　　　　宾馆生活用水分项

分项用途	分项名称
生活用水	厨房餐厅
	盥洗室
	洗衣房
	绿化区
	水景区
	空调
	游泳池
	其他区域

9.1.4 空调智能管理系统的设计方案及要点分析

1. 空调智能管理系统的应用领域

就国内现状而言，特别是新建高端宾馆建筑，往往因为酒店管理公司的高规格统一要求和设计人员与运营人员的重视度，能源管理系统的运用相对完善。同时，大型宾馆建筑多数采用中央空调系统，通过市场上较为成熟的能源管理系统配合设计深化，现今，相关专业从业者对宾馆建筑能耗的把控以及节能措施的解决方案也日益完善，整体能效得到了大幅提升。

对于中端经济型酒店，大多采用分体空调，能耗管理往往落实得并不理想。一方面，由于空调数量多且分散，难以做到空调专项监控计量；另一方面，分体空调设置在客房内部，难以通过人为方式进行有效管理，所以传统能源管理手段具有较大的局限性，对于节能而言不仅费时费力，而且效果不佳。

针对这些问题，国内自主研发的新型“空调智能管理系统”依托物联网、云计算、移动互联网和大数据分析等技术，实现空调终端的智能监控和管理，提供空调全生命周期的智慧信息，能有效为分体空调系统的中端经济型宾馆提供节能措施的设计方案。

1）空调智能管理系统的架构

（1）系统末端设备层硬件采用“空调管家”和“温湿度传感器”，通信层通过“智能网关”无线部署。其硬件设备安装便捷，对空调设备本身不做任何改造，不影响空调和遥控器的正常使用(图 9-4)。

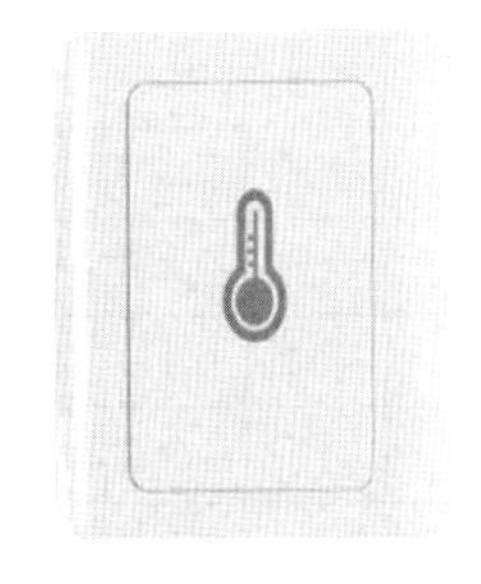

图 9-4 系统末端设备层硬件

（2）系统前端网络层采用云平台系统服务器，其为物联网最新技术 LoRa(Long Range Radio)无线通信。一个智能网关节点可达 100 多个，能覆盖一栋小型建筑。空调管家与智能网关之间采用数据加密确保无线通信安全。并且利用 B/S 架构(Brower/Server)，用户无需安装客户端软件，即可在电脑、手机或平板上登录管理系统，查看历史和实时用电、节电数据和故障信息，实现空调用能和运维的精细化管理(图 9-5)。

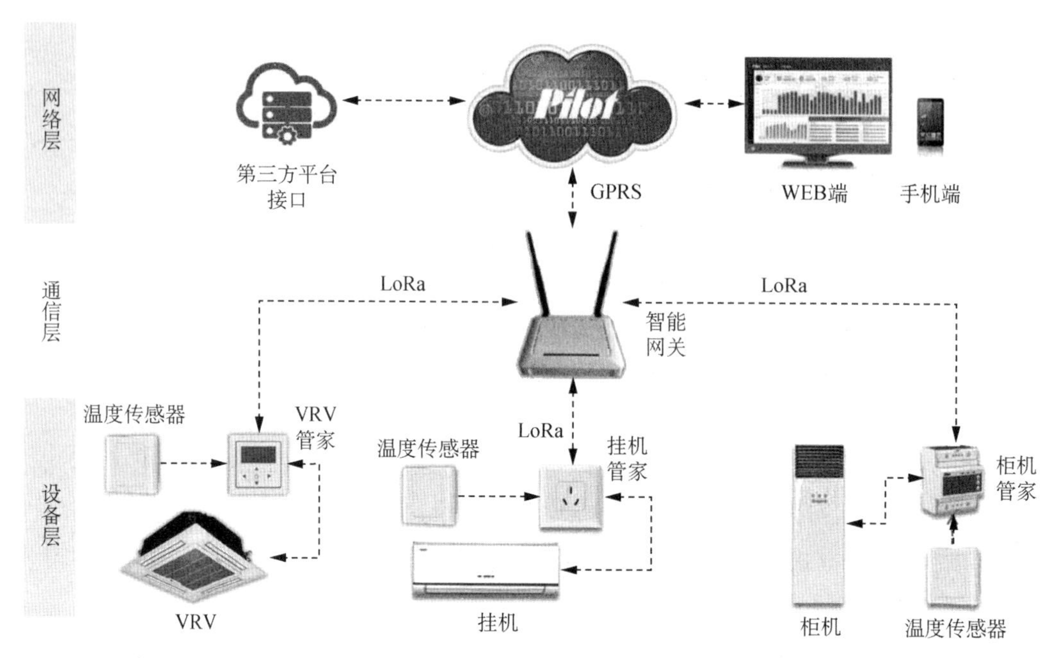

图 9-5　空调智能管理系统架构

(3) 系统通过物联网技术做到随时监控,大数据和云技术提供了全面准确的信息和管理手段,可以极大地减轻管理负担,减少人力成本,提升管理效率。

系统对于空调开关机状态、运行模式、设置温度等各种状态可起到采集和显示作用;每台空调均可远程遥控开关机或调节模式、温度、风力;该系统还能做到各房间的实时温湿度采集和显示(图 9-6)。

房间号	空调管家状态	空调状态	设定温度	模式	空调开启时间	本次开机时长/h	房间实际温度/℃	空调健康状态/%	码库同步	操作	RSSI/dBm
201	在线	开机	26	制冷	2019-05-18 13：17：17	2.88	24.2	91	已同步	控制	-110
202	在线	开机	24	制冷	2019-05-18 15：41：18	0.48	26.8	91	已同步	控制	-100
203	在线	开机	24	制冷	2019-05-18 14：15：48	1.91	26	91	已同步	控制	-107
204	在线	开机	27	制冷	2019-05-18 15：25：41	0.74	24.1	91	已同步	控制	-91
205	在线	开机	24	制冷	2019-05-18 16：08：13	0.03	24.2	91	已同步	控制	-107
206	在线	开机	25	制冷	2019-05-18 15：04：00	1.1	25.6	91	已同步	控制	-102
208	在线	开机	26	制冷	2019-05-18 12：44：57	3.42	25.9	91	已同步	控制	-102
209	在线	开机	22	制冷	2019-05-18 04：27：12	11.72	25.8	91	已同步	控制	-90
211	在线	开机	25	制冷	2019-05-18 13：58：38	2.19	26.7	91	已同步	控制	-88

图 9-6　客房内分体空调计量数据实时监控(可按照节能率、用电量、节电量、开机时长等排名)

2. 空调智能管理系统的节能案例

1）综合节能效果

天津某快捷酒店于 2017 年 12 月 25 日采用并实施了珠海某公司提供的空调智能管理系统节能改造方案，在酒店的 75 个房间内安装了空调智能管家及无线温度传感器。其节能测试对比期间单位小时能耗对比情况如图 9-7 所示。

根据中国建筑科学研究院 2018 年 10 月 16 日出具的验证结果，确认空调系统节能改造节能率为 26.5%。

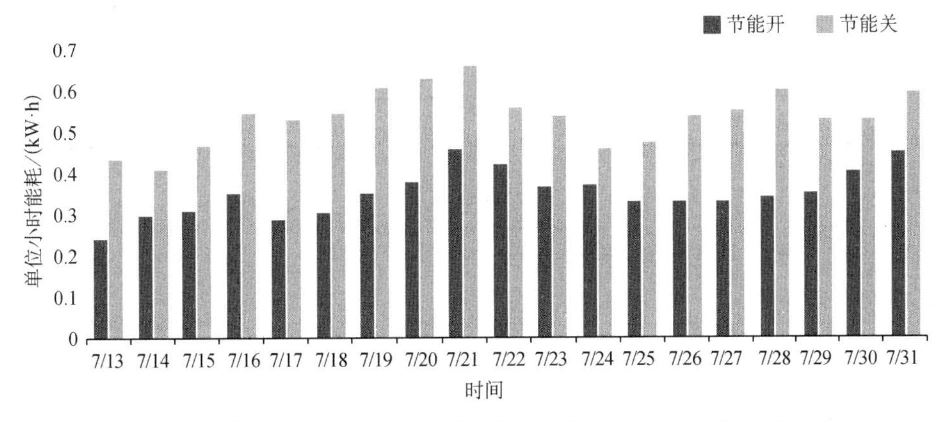

图 9-7　节能测试期间，开节能与关节能的房间组单位小时能耗对比情况

此外，通过跨制热季和制冷季的整装测试结论，认为该项目尚有提升空间，理论上可实现 35.4% 的年综合节能率，年节电量为 19 743 kW・h，每个房间可节约用电 263 kW・h/台（表 9-7）。

表 9-7　跨制热季和制冷季的整装测试结论

参数	节能率/%	单台节电量/(kW・h)
制热季（6 个月）	37.6	121
制冷季（2.5 个月）	32.7	119
过渡季（3.5 个月）	33.6	23
当前综合	35.4	263

2）酒店基本信息

该酒店相关基本信息内容详见表 9-8—表 9-10，空调参数信息见表 9-11。

表 9-8　酒店基本信息

分类	参数	内容
基本信息	酒店名称	天津如家大悦城鼓楼南街店
	地址	南开区鼓楼南区

续表

分类	参数	内容
建筑信息	建筑建成/改建年份	2015年/2017年
	楼层数	4
	房间数	75
	酒店平均入住率/%	90
空调及暖气	空调已使用年数/年	2
	空调清洗频率	每月清洗滤网，运营至今洗过一次外机，未做深度清洗
	有无集中供暖	有
	供暖开始时间/停暖时间	11月15日/3月15日

表9-9　房型信息

参数	超小户型	小户型	大户型
无窗一侧墙长/m	6	6	7.5
有窗一侧墙长/m	1.65	3	3
层高/m	2.5	2.5	2.5
外墙数/个	1	1	1
外墙墙厚/mm	300	300	300
是否有外窗	有	有	有
外窗类型(玻璃层数)	双层	双层	双层
外窗面积/m^2	1.8	1.8	1.8
窗框材质	铝合金	铝合金	铝合金
窗户密封情况	旧式窗没有明显缝隙	旧式窗没有明显缝隙	旧式窗没有明显缝隙

表9-10　空调参数信息

信息列表	信息内容
品牌	格力
空调型号	KFR-23GW/(23556)Ga-3
遥控器型号	—
空调类型	热泵型
是否变频	否
制冷量/W	2 350
制热量/W	2 600

续表

信息列表	信息内容
制冷额定输入功率/W	723
制热额定输入功率/W	710
电辅热功率/W	900
制冷额定输入电流/A	3.4
制热额定输入电流/A	3.3
最大输入功率/W	1 900
最大输入电流/A	8.8
室内机(风机)功率/W	30
EER	3.25

表 9-11　　房间列表

房间号	户型	空调	朝向	楼层	边角房	房间号	户型	空调	朝向	楼层	边角房
8101	单人间	格力	南	地面层	否	8301	小户型	格力	西	中间层	是
8102	单人间	格力	南	地面层	否	8302	小户型	格力	东	中间层	是
8201	单人间	格力	西	中间层	是	8303	小户型	格力	西	中间层	否
8202	单人间	格力	南	中间层	否	8305	小户型	格力	东	中间层	否
8203	小户型	格力	南	中间层	否	8306	小户型	格力	东	中间层	否
8205	小户型	格力	东	中间层	否	8307	小户型	格力	东	中间层	否
8206	大户型	格力	东	中间层	否	8308	大户型	格力	东	中间层	否
8207	大户型	格力	东	中间层	否	8309	小户型	格力	西	中间层	否
8208	小户型	格力	东	中间层	否	8310	大户型	格力	东	中间层	否
8209	小户型	格力	西	中间层	否	8311	小户型	格力	西	中间层	否
8210	小户型	格力	东	中间层	否	8312	大户型	格力	东	中间层	否
8211	小户型	格力	西	中间层	否	8315	小户型	格力	西	中间层	否
8212	大户型	格力	东	中间层	否	8316	小户型	格力	东	中间层	否
8215	小户型	格力	西	中间层	否	8317	小户型	格力	西	中间层	否
8216	大户型	格力	东	中间层	否	8318	小户型	格力	东	中间层	否
8217	小户型	格力	西	中间层	否	8319	小户型	格力	西	中间层	否
8218	大户型	格力	东	中间层	否	8320	小户型	格力	东	中间层	否
8219	小户型	格力	西	中间层	否	8321	小户型	格力	西	中间层	否
8220	大户型	格力	东	中间层	是	8322	大户型	格力	东	中间层	否

续表

房间号	户型	空调	朝向	楼层	边角房	房间号	户型	空调	朝向	楼层	边角房
8325	小户型	格力	西	中间层	否	8415	小户型	格力	西	顶楼	否
8326	大户型	格力	东	中间层	否	8416	小户型	格力	东	顶楼	否
8327	小户型	格力	西	中间层	否	8417	小户型	格力	西	顶楼	否
8328	小户型	格力	东	中间层	否	8418	小户型	格力	东	顶楼	否
8329	小户型	格力	西	中间层	否	8419	小户型	格力	西	顶楼	否
8330	小户型	格力	东	中间层	否	8420	小户型	格力	东	顶楼	否
8331	小户型	格力	西	中间层	是	8421	小户型	格力	西	顶楼	否
8332	小户型	格力	东	中间层	否	8422	大户型	格力	东	顶楼	否
8336	小户型	格力	东	中间层	是	8425	小户型	格力	西	顶楼	否
8401	小户型	格力	西	顶楼	是	8426	大户型	格力	东	顶楼	否
8403	小户型	格力	西	顶楼	否	8427	小户型	格力	西	顶楼	否
8405	小户型	格力	东	顶楼	否	8428	小户型	格力	东	顶楼	否
8406	小户型	格力	东	顶楼	否	8429	小户型	格力	西	顶楼	否
8407	小户型	格力	东	顶楼	否	8430	小户型	格力	东	顶楼	否
8408	大户型	格力	东	顶楼	否	8431	小户型	格力	西	顶楼	是
8410	大户型	格力	东	顶楼	否	8432	小户型	格力	东	顶楼	否
8411	小户型	格力	西	顶楼	否	8436	小户型	格力	东	顶楼	是
8412	小户型	格力	东	顶楼	否						

3）节能测试与分析

在改造前，酒店仅设一个总表，计量所有设备的总用电（含空调、热水、电梯、大堂、灯光及其他设备）。因此，总表不能用来准确对比空调节能贡献的用电量差异，需要专门针对空调本身来设计验证方式。

在进行空调智能管理系统的节能改造后，空调信息数据有可能被调取。当进行节能测试时，通过对比该酒店制热季和制冷季两个阶段的空调信息数据，来获取其节能测试结果。

（1）制热季节能效提升效果测试。

测试周期：2018年1月6日—2018年4月15日，共99天。

测试方式：分组对比。一半房间开启节能控制，另一半房间关闭。同期分组对比能很好地排除天气因素的干扰，同时采用“平均小时能耗”进行对比，可以消除不同房间开机时间长度不同造成的用电差异，制热季分组对比监测值如图9-8所示。对比两组房间的平均小时能耗，即可计算出节能率。

节能率运算公式为

$$平均小时能耗=用电量/开机小时数$$

测试结果见表 9-12。

表 9-12　　　　制热季分组对比汇总数据

分组	累计用电量/(kW·h)	累计开机时长/h	平均小时能耗/kW
对照组(不开节能)	6 327.71	11 343.11	0.56
控制组(开启节能)	4 360.46	12 536.44	0.35
降低幅度	—	—	0.21
平均节能率/%	—	—	37.6

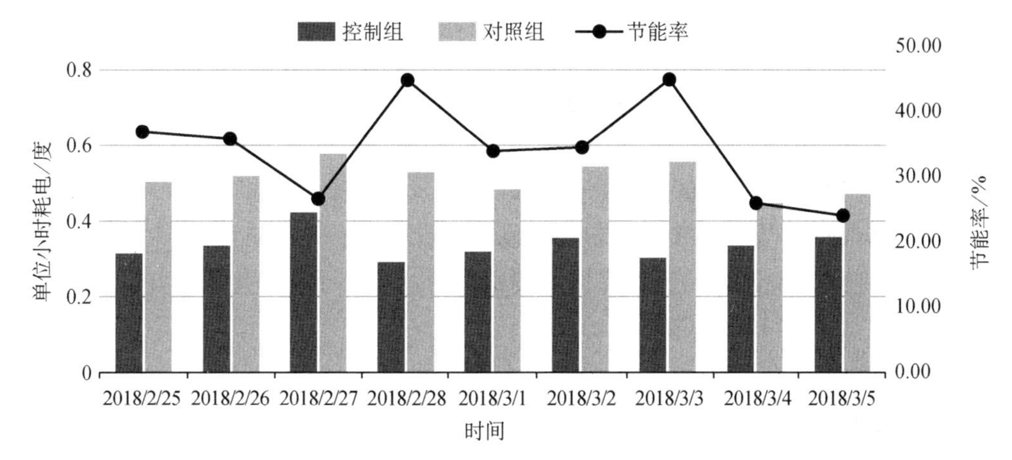

图 9-8　制热季分组对比监测值

(2) 制冷季节能效提升效果测试。

测试周期:2018 年 7 月 5 日—2018 年 9 月 15 日,共 73 天。

测试方式:分层对比—某层房间开启节能控制,另一层房间不作控制,制冷季分组对比监测值如图 9-9 所示。当进行测试时,酒店第 2 层不作控制,第 3 层开启节能控制,另外第 1 层有 2 个房间以及 4 楼顶层房间开启节能控制但不参与节能对比。

测试结果见表 9-13。

表 9-13　　　　制冷季分组对比汇总数据

分组	累计用电量/(kW·h)	累计开机时长/h	平均小时能耗/kW
对照层(不开节能)	6 285.51	12 703.6	0.49
控制层(开启节能)	7 165.07	21 942.82	0.33
降低幅度	—	—	0.168
平均节能率/%	—	—	34

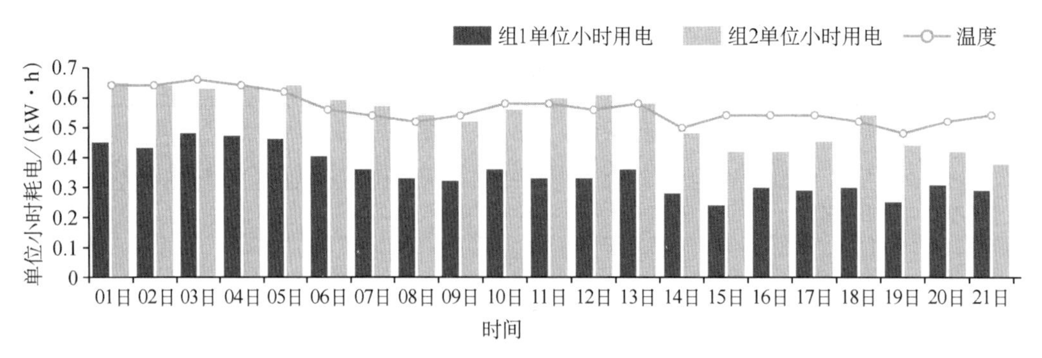

图 9-9　制冷季分组对比监测值

9.2　宾馆管理制度与节能管理模式

宾馆管理制度在实现节能方面起到关键作用。通过制定明确的节能目标和政策，加强员工培训和节能意识，建立节能审核和监测机制，设立专门的节能管理岗位，实施节能激励措施，制定节能标准和规范，推广节能技术应用以及进行节能宣传和沟通，能够有效降低能源消耗，减少对环境的消极影响。

9.2.1　制度建设

结合行业内国际标准、国家标准和地方标准等，开展宾馆在规划设计、运行管理、评价和改造等方面标准化体系建设，面向宾馆决策层、行政管理层、专业作业人员和物业操作人员等不同人群，指导宾馆重点领域建设、岗位职责分工与保障体系搭建等工作，设置专人负责能源计量仪表的运维管理，负责能源计量仪表的配备、使用、检定、维修及报废等管理工作。

标准化体系建设工作强调全过程、各阶段的动态监督管理构成，依据 PDCA 法则[即计划(Plan)，执行(Do)，检查(Check)，修正(Act)]，建立节能和环保标准化工作持续完善程序或优化制度，各条线工作人员依据标准化流程规范与实施计划，严格按照标准开展工作，定期开展自查、互查工作，通过反馈制度查漏补缺，不仅纠正日常工作中不合理之处，同时反向校验修订各项标准，形成了一套适用于宾馆自身工作属性的有效标准。依据 PDCA 的质量管理方法，形成闭环管理动态监督更新的良好循环。

9.2.2　数字化智慧管理

在建立管理制度的基础上，通过引入智慧化管理，形成有效节能管理模式，推动长效管理。可建设形成集成能源管控系统、BAS 系统以及资产管理系统等多功能板块的数字化智慧管理平台，支撑宾馆从更新到优化到运行管理全过程的节能管理模式应用。通过数字化手段，辅助宾馆节能低碳运营管理工作的高效开展。同时，在日常管理过程中落实节能优化运行的要求，明确日常巡检的痕迹，形成可监控、可追溯的运行记录。

9.2.3 定期开展能源审计

定期开展建筑能源审计可了解酒店建筑内能源资源消耗和用能设施设备等情况，发现存在的问题，找出整改的方向，进一步加强节能管理，提高能源利用效率。同时可根据审计结果，形成宾馆建筑的合理用能范围，引导酒店建筑合理用能，为各层级提出具体节能要求提供有效支撑，从而推动长效管理。

10　宾馆建筑运行控制

1. 目的

在宾馆运行中，要求在不影响宾馆营业、保证客人和员工的舒适性、安全性以及不影响服务标准的前提下，通过运行及管理，使用先进的产品及技术，来减少能源消耗，达到节能增效的目的。

运行措施可以有效确保设计阶段的投入可以落实到实施运行中。在实际运行中，具体的运营过程是人的行为，相比机械系统而言很难预测与控制。因此，坚持透明的、可持续性的运行措施，有助于确保员工在工作过程中，按照可持续运行措施的要求来运行与管理。酒店交付使用后，沿用可持续的运行措施，如绿色环保的客房服务、对酒店工作人员定期培训以及明确能效提升有效措施，并形成书面文件。

2. 基础工作

(1) 能源消耗量的统计。

由工程部指定专人每天定时记录水、电、燃气和蒸汽等能源的消耗量，或建立能源监测计量系统，建立能源台账，分析能源消耗及其合理性。

(2) 建立能源管理。

由酒店管理层，建立能源管理小组，通过教育、交流、意识培养、参与检查监督，完善能源管理体系。

(3) 制定运行控制方案。

由工程部根据宾馆运行状况，制定切实可行的运行控制方案，在实施过程中，可聘请有经验的第三方节能服务公司予以指导及配合，共同做好宾馆的运行。

10.1　冷热源中心

10.1.1　楼宇自动化系统(BAS)

BAS 系统是现代宾馆建筑中最常用的、对酒店机械与电力系统进行中央监控的系统。通风、照明、电力、供暖、供冷、热水、安保和消防系统中都安装了传感器和执行机构，并与中央计算机相连。在这些位置，根据设定的参数利用软件程序来实现系统的监控。利用直接数字控制(Direct Digital Control，DDC)技术或可编程逻辑控制器(Programmable Logic

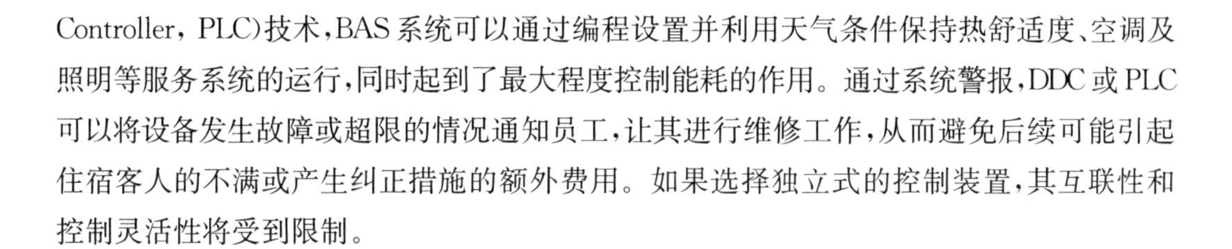
Controller，PLC)技术，BAS系统可以通过编程设置并利用天气条件保持热舒适度、空调及照明等服务系统的运行，同时起到了最大程度控制能耗的作用。通过系统警报，DDC或PLC可以将设备发生故障或超限的情况通知员工，让其进行维修工作，从而避免后续可能引起住宿客人的不满或产生纠正措施的额外费用。如果选择独立式的控制装置，其互联性和控制灵活性将受到限制。

10.1.2 冷源群控系统

在实际的空调系统中，冷水机组、循环水泵、冷却塔、控制器等的动力特性在运行过程中是不断变化的。在运行控制过程中，设备的运行参数是相互影响、相互制约的，设备的性能参数一般很难预先设定，也很难凭借经验和简单的计算对其优化。因此，空调系统的运行优化控制应趋于自适应系统。

在冷热源系统的运行控制中，绝大部分的冷热源系统都集中在单个组件或某个子系统的优化控制，未从系统整体角度考虑冷热源系统运行优化控制。在实际运行中，冷热源的运行控制大部分集中在机组对开启台数的控制、水温控制和流量控制等参数的简单控制，没有实现真正意义上的优化运行控制，因此有必要寻找一种冷热源优化控制方法，既能达到优化的效果，又适合实际工程的需要。

传统的冷冻站控制往往将冷冻机、水泵、冷却塔独立出来，拥有各自独立的DDC/PLC控制单元，即使是随着变频节能技术的应用，其带来的效益仍然是孤立的各个“局部效益”提升，具体如下：

(1) 离心式冷水机组变频带来的冷水机组在部分负荷(需冷量较小或冷却水温较低)时能通过变频调节代替导叶阀调节，避免导叶阀关闭带来的能量损失，因此冷水机组效率(No-standard Part Load Value，NPLV)会得到提升。

(2) 水泵变频使部分负荷可以降低电机转速，而不用关闭水阀来调节流量，避免了阀门的能量损失，从而使水系统输送系数提高，全年能耗降低。

(3) 冷却塔变频能带来优于台数控制的节能效果，比如三台冷却塔变频的效果优于两台冷却塔满载的效果，从而使冷却塔整体效率提升。

暖通空调系统是一个较为复杂的系统工程，任何子系统都不会孤立存在，要想实现暖通空调系统的最佳经济运行工况，仅仅从局部考虑问题是不够的。任何不是以降低系统综合能耗指标为控制目标的暖通空调节能运行控制都可能出现以下三种情况：

(1) 减少冷却水水量后，辅机系统功耗下降，冷凝温度基本维持不变。这种情况下，制冷机能耗指标 COP 基本不变(即系统制冷量不变)，总能耗下降，能耗指标 COP 提高，能耗指标降低，节能效果明显。

(2) 减少冷却水流量后，辅机系统功耗下降，系统总能耗下降，但是由于冷凝温度上升，使制冷机 *COP* 略微降低，制冷量也相应下降，能效指标 *COP* 显著下降，导致系统能效指标 *COP* 下降，能耗指标上升，节能效果为负值。

(3) 减少冷却水流量后，辅机系统功耗下降，但是冷凝温度上升使得制冷机 *COP* 显著下降，导致系统能耗指标 *COP* 下降，能耗指标上升，节能效果为负值。

因此，运行控制应运用系统工程理论从系统层面出发，全面权衡协调各子系统之间的相互关系，避免单方面地强调某一方面而忽略其他方面可能会给系统运行造成的负面影响，所以无论是冷冻水子系统还是冷却水系统的运行控制，均不能以各子系统的水泵节能收益最大化为唯一目的。换言之，水泵转速的降低不是节能目标而是节能手段，各子系统的节能控制必须服从系统安全运行和整体节能效益的大局。控制系统的唯一目的是使整个暖通空调系统综合效率的提高，在保障系统安全运行和酒店服务质量的前提下，尽可能地降低计量表具的计量读数，减少电费支出。只有酒店的电费支出减少了，节能控制方案才能成功。

10.1.3　空调智能化运行控制系统

1. 系统原理

利用最新的物联网技术，可以实现高质量、低成本、易于实施的暖通动力系统实时数据采集，获得其完整的运行数据，为中央空调系统分析、改造提供数据支持。

空调系统实时数据采集方案由移动终端、云服务器、智能网关、终端以及各类传感器/变送器组成，如图 10-1 所示。

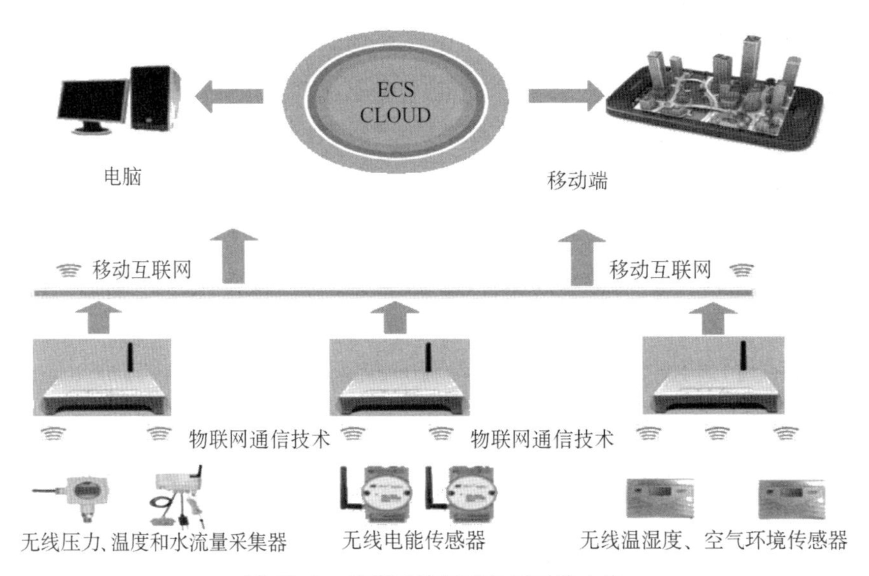

图 10-1　空调系统实时数据采集方案

通过安装在现场的物联网传感器，将采集的实时温度、压力、流量、电功率和室内状态参数上传至云端，结合未来 24 h 内的气温变化，经过智能软件系统计算，输出控制参数至物联网控制器，控制器调节水泵及冷机的运行状态，在满足室内舒适度要求的前提下，使所有中央空调用电设备的能耗之和达到最低值(图 10-2)。

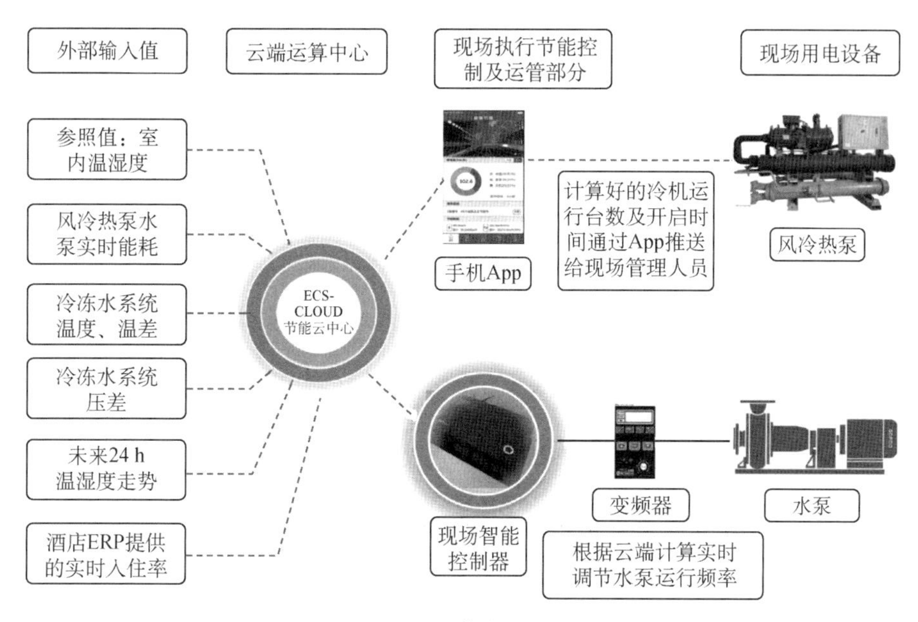

图 10-2　节能云中心

2. 智能化云平台解决的问题

冷热源中心可能涉及不同规格不同能源类型的冷机、多台变频水泵和冷却塔。这些设备不同的运行组合对冷热源中心的运行能耗产生很大影响，靠传统决策能够实现的节能量有限。与此同时，天气、空调负荷等对空调能耗起决定作用的因素不断发生变化，传统做法在大多数时间段采用的是相对固定和机械的设定，以传统的策略应付不断变化的使用环境，以大的制冷“富余”应付一天中不同时段的制冷需求。这种“省心”的做法导致了能源的浪费。

为冷热源中心制定经济合理的运行计划需要了解当前负荷情况、用户侧对制冷/热的响应能力、负荷在未来的变化趋势、各种设备目前的出力能力以及效率曲线等，并在此基础上从大量可行的方案中优选出最佳方案。云端智控系统实时汇总冷热源中心的各项数据，采用云计算机的强大计算能力可在短时间内比较多种运行方案，从中选出能够在未来数小时内实现最经济的控制方案(比如自动发现特定天气和负荷情况下的最优化运行方案)。并根据最新情况不断重复这一过程，采用软件和大数据而不是人工来解决冷热源中心节能运行面临的各种复杂问题。云端智控中心是楼宇节能中的“阿尔法狗”(AlphaGo)，实时输出最优的控制指令，使系统始终处于最优运行状态(图 10-3)。

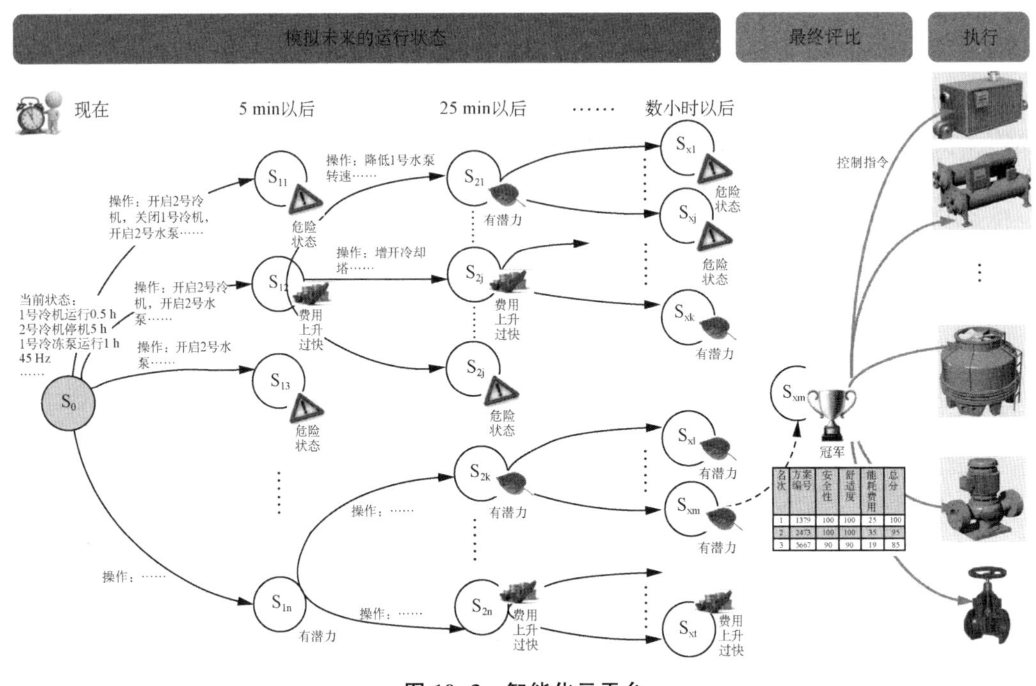

名次	方案编号	安全性	舒适度	能耗费用	总分
1	1379	100	100	25	100
2	2473	100	100	35	95
3	5667	90	90	19	85

图 10-3　智能化云平台

10.1.4　自然通风

为了节省能源，在现代空调系统的建筑中，通常会循环使用室内空气，在此过程中会降低空气质量、影响酒店内部人员的舒适度和工作效率。在宜人的气候条件下，利用自然通风可以有效降低建筑能耗，提升人员的舒适度。

10.1.5　酒店的热量利用

1. 热量利用原理

管道保温措施可以降低管道的热量损耗或热辐射，可以大幅降低供暖和供冷成本。制冷机通过冷却塔排放热量(压缩机热量)，可以将这些热量回收起来用于生活热水，进而节省能耗。

夏季制冷工况下，冷水机组通过冷却塔向环境释放大量冷凝热，其中部分热量可以通过热回收技术和设备用来辅助加热生活热水，具体技术措施如图 10-4 所示。从冷却水中取部分流量和生活热水的进水量，通过板式换热器换热来加热进水的生活热水，从而节省空气能热泵热水器的加热量和运行能耗。

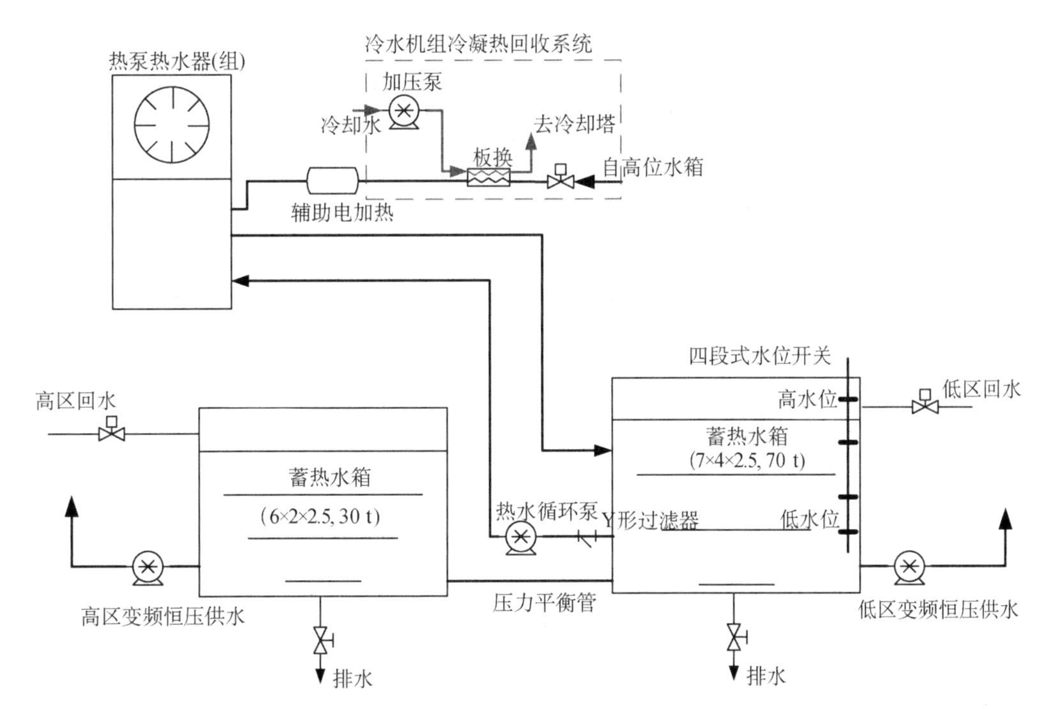

图 10-4 冷水机组冷凝热回收系统(生活热水辅助加热)

2. 锅炉烟气余热回收技术案例

1）项目概况

某五星级酒店位于上海市浦东新区，酒店功能包括住宿、餐饮和会议，客房数为412间。酒店建成于2011年3月，建筑高度99.9 m，共21层，分为地下3层，地上18层，建筑结构类型为框肢剪力墙。由酒店、商业中心和地下车库三部分组成。酒店建筑面积为60 452.13 m^2。

2）改造前锅炉系统

酒店锅炉房配置3台燃气蒸汽锅炉，锅炉产生的蒸汽供应洗衣房，通过换热器供应酒店生活热水和冬季采暖热水。设备参数详见表10-1。

表 10-1 锅炉设备参数

台数	型号	蒸汽压力/MPa	蒸汽温度/℃	排烟温度/℃	燃料类型
3	LSS1-1.0-YC	0.7	185	220	天然气

3）改造后空调末端

锅炉额定排烟烟气温度为220℃，未安装省煤器等余热利用装置，高温烟气直接排放到空气中，造成大量热量的浪费。本次在蒸汽锅炉总管排烟段可安装烟气热管余热回收器，拟将烟气温度由220℃降低到100℃左右，将20℃左右的常温锅炉补水加热到55℃左右，可节省锅炉燃气消耗。新增2台热水循环水泵，循环水泵参数见表10-2。

表10-2　烟气热管余热回收热水循环水泵

设备名称	输入功率/kW	水泵数量/台
循环水泵	1.1	2

4）节能效果

进行锅炉烟气余热回收改造后，该五星级酒店每年可节约41.04万kW·h，单项节能率可达6.23%。

3. 蒸汽凝结水余热回收技术案例

1）项目概况

某酒店建筑位于上海市浦东新区，占地面积14 957 m^2，总建筑面积97 181 m^2，地下2层是设备机房以及后勤办公区，地上1层是大堂、会议大厅、宴会厅和展览厅，2～10层为客房、会议厅、餐厅、娱乐场所等，有屋顶花园和露天观光长廊。

2）建筑蒸汽系统

酒店建筑配备了4台4 695 kg/h的燃气蒸汽锅炉，主要用于空调采暖、加热生活热水、洗衣房和厨房。蒸汽经过分汽缸，输送到容积式换热器加热生活热水，全年供应热水，平均每天生活热水用量约为120 t，水温基本保持在45～50℃，配备4台22 kW的生活水泵(图10-5、表10-3)。

表10-3　锅炉设备参数

名称	产能/($kg \cdot h^{-1}$)	数量/台	备注
燃气蒸汽锅炉	4 695	4	3用1备

图10-5　建筑蒸汽热源

3）改造后空调末端

锅炉蒸汽经过换热，仍温度较高，改造后空调末端就是回收利用余热。改造项目将对空调采暖系统、加热生活热水、洗衣房三部分使用后的蒸汽冷凝水进行回收，可直接作为锅炉进水使用，这样可降低锅炉燃气消耗。对回收的冷凝水温度做测试，测试探头插入冷凝水箱测得的温度为 97.5℃（图 10-6）。

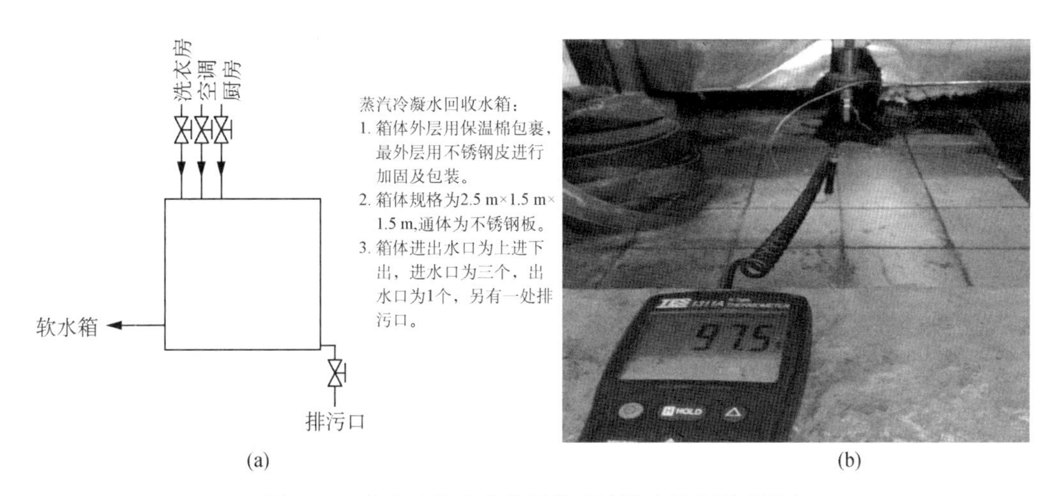

图 10-6 蒸汽冷凝水余热回收系统及冷凝水测试示意

4. 节能效果

进行蒸汽冷凝水余热回收改造后，每年可节约 66.45 万 kW·h，单项节能率达 10.3%。

10.2 客房管理

10.2.1 控制系统

酒店客人离开房间后可以通过客房管理系统进行确认，并在此时段节省能耗。该系统可以判断房间处于“有人”或“无人”状态，利用移动探测器或设置在门口的门禁卡插座进行判断，如当酒店客人进入房间后会将门禁卡插入该插座上。

根据客房内安装的控制系统装置，可按照以下顺序进行操作：

（1）酒店客人取走门禁卡离开房间，或移动探测器探测不到人的活动。

（2）上述情况在预设时间段（比如 1 min）后，该房间进入“无人”状态。

（3）除了用于不间断电源以外，该房间内所有其他插座的供电将被切断。

（4）切断照明电源，既节省能源又能避免房间内不必要的升温。

（5）自动拉上窗帘阻隔室外太阳光，避免升高房间温度。

（6）自动关闭供暖、通风与空调系统，或将其调回至保温控制状态，同时利用 BAS 系统或室外温度传感器共同操作。

(7) 根据室内的环境状况关闭或开启新风系统并将客房无人的信号发送给中央管理系统。

(8) 根据需要,可以在门外显示屏幕上通知酒店的服务人员,该客房目前处于"无人"状态。

(9) 酒店客人回来后,执行"有人"状态,退出"无人"状态操作。

该系统可用于各个客房的独立控制,但是其联网控制的效率更高,尤其对于大型宾馆建筑而言更是如此,可以将相关信息反馈至中央控制点。管理人员可以通过系统监控客房的状况,包括是否有人、能耗、维修问题、安保问题,并且可以生成客房的使用工况趋势图,作为今后客房服务、维修和人员配置的参考依据。

10.2.2 新风供应

通过中央空调系统将室外空气引入酒店房间,对于温度、湿度和进入每间客房的新风量可以起到很好的控制效果,创造一个更为舒适的环境;还可以实现对中央空调系统加压进行控制,有利于防止渗风现象的发生。

当酒店安装了楼宇管理系统后,就可以采用按需通风技术,通过控制系统和 CO_2 传感器确认某个区域少人或无人时,降低该房间的换风次数。通过该技术,可以有效降低约10%的能耗。

10.2.3 保持正压

当室内气压小于室外气压时,未经处理的室外空气就会渗入室内。室外空气会顺着门窗、甚至外墙的缝隙进入建筑。通过这种方式进入建筑的室外空气温度与湿度都未经处理,这会导致温湿度超出舒适范围。如果室外空气的湿度较大,那么当其接触低温物体表面时就会产生结露现象,这将造成霉变和其他问题。此外,未经过滤的室外空气中可能还夹杂着颗粒和尘土。

为了抑制渗透,过滤后进入建筑的室外空气应当在建筑内部形成正压。形成正压后,就会对气流形成向建筑外部推动的力,而不是向内吸收的力。同时,建筑施工过程中应当采用气密性结构在门窗上设置密封条。

在大型酒店建筑中,利用楼宇管理系统,增加建筑增压控制功能。当压力值低于规定数值时,压力传感器会发出警报,随之楼宇管理系统将启动空气处理机组,增加已处理空气的供应量,进而增大压力,避免出现室外空气渗透的情况。

10.3 宾馆特殊区域运行管理

10.3.1 洗衣房

在宾馆建筑运行过程中,洗衣房作为宾馆建筑的能源消耗大户,应加强对洗衣房的运

行管理,节约水资源,降低能耗。

1. 洗衣房能源消耗种类与现状分析

1）能源消耗类型

洗衣房的能源消耗主要为水、电、蒸汽。为了进一步了掌握能源消耗状况,应列出主要的耗能设备安装计量表计,计算每月每公斤衣物的洗衣能耗。

2）现状分析

（1）酒店洗衣房常年温湿度较高,需要通过排风和空调系统进行降温和除湿,既增加了用电量,又浪费排风中的余热。

（2）洗衣房室内排风和设备排风配置小,排风量不足,大量湿热空气无法及时排出,造成室内高温湿热,室内作业区域舒适度差。

（3）烫平机上方未设置排风罩,且排风口距离设备较远,烫平机产生的湿热空气无法及时外排,湿热空气往外扩散显著,进一步加重了室内的高温湿热。

（4）烘干机排风管路保温差,排风管路散热量大。

（5）空调送风口设置高度偏高,无法满足作业区域的空调新风补充,作业区域舒适度差。

（6）送排风机开启不同步,导致新风/预冷新风补充不足。

2. 洗衣房现状的解决方案

（1）增配洗衣房室内排风机。

（2）在烫平机上方配置排风罩,距离滚筒上方边缘 0.4～0.5 m。

（3）加强排风管路保温措施。

（4）将烘干机和蒸汽管道用特制保温板进行密封,只留出烘干机正面的操作空间,形成一个保温房,提高烘干机的进风温度,并为保温房设置带有进风百叶的门,以保证正常进风检修。改造完成后,进风温度可以由 28℃左右提升至 35℃以上,从而减少烘干机的蒸汽用量。同时,保温房减少了烘干机散发到空气中的热量,减少室内的湿热负荷。

（5）对空调新风口进行优化改造,增设作业区域定点送风,提高作业区域的舒适度。

（6）在洗衣房室内增加 1 套空气热泵热水系统,通过回收室内空气的余热,并利用热泵原理制取热水,既可以为洗衣房制冷,又可以制取生活热水。

（7）同步开启送/排风机。

3. 洗衣房运行中能耗控制

1）运行技术控制

（1）提高洗衣房凝结水的回收利用。

在宾馆建筑运行中,工程师要检查蒸汽回水系统的设置是否合理,不能在使用中回水有水击或水流过小的情况出现,出现漏气或开旁通的浪费情况,要保证疏水器的质量。在日常巡检中,要经常检查疏水器的工况,安排人员定期进行保养,并确保管道的保温材料达标,杜绝蒸汽的跑、冒、漏现象,一旦发现疏水器有损坏,应及时更换,不要造成不必要的能源浪费。

(2) 洗衣房室内热空气的回收利用。

宾馆洗衣房内有多台洗衣机、烘干机、烫平机,在洗完衣物后,投入烘干机用高温蒸汽热交换产生的热量将衣物烘干,烫平机通过蒸汽的高温加热将毛巾、被毯等进行平整烘干,同时向室内散发大量的热量。散发的大量蒸汽热量使洗衣房内的温湿度升高,故洗衣房需要进行常年制冷,而且大风量的排风机向外排出室内湿热的空气。这种情况对蒸汽和热水的需求量非常大,需要常年运行空调和排风机。

对于宾馆洗衣房,一方面大量能源外排浪费,另一方面洗衣的热水加热需要大量的热量。过高的能源消耗产生了大笔费用,这对宾馆的能源控制非常不利。

可以在洗衣房内安装空气源热泵系统,通过回收室内空气的余热利用热泵原理制取热水,既可以为洗衣房内制冷,又可以制取热水,提高综合利用率,节约燃气和空调与通风系统的耗电量(图 10-7)。

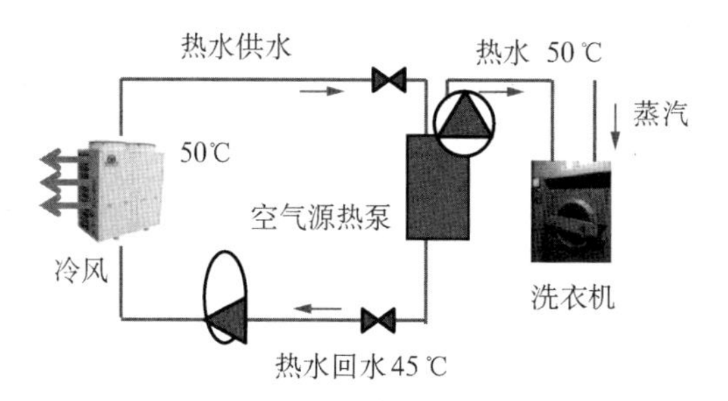

图 10-7　洗衣房室内热空气的回收利用

2) 运行管理控制

(1) 针对性地提供能源。

针对性地提供能源,是指将洗衣房内每一台洗衣机的特性与能源消耗需求作统计,尽量将能源需求控制在要求范围内,合理安置调压装置、控制阀门、压力表、温度计以及流量计,以便减少能源的浪费。

蒸汽压力值应根据各设备的具体需求来针对性地提供,过高的压力不但会对设备本身产生影响,同时还会给设备的减压带来影响。同样,对热水的控制也要达到去污的目的,不必追求过高的水温,或者根据舒适度调节水温,实现节约能源。

(2) 阶段性提供能源。

阶段性即在单位时间内分成各个时段,每一时段的内容有所不同。在洗衣房内,对蒸汽压力要求最高的是平烫机。因此,工程师与洗衣房工作人员应进行有效沟通,在使用平烫机期间,提供高压蒸汽;未使用平烫机期间,降低压力。阶段性操作可分段分压地为洗衣房供应能源。这不仅降低了能源消耗,同时也间接地延长了设备的使用寿命。

10.3.2 游泳池节能控制

1. 游泳池水温提升路径

宾馆建筑的游泳池水温提升的能源主要是利用锅炉蒸汽和蒸汽-水板式换热器提供，由于蒸汽是通过远距离输送过来的，沿程热损失大，再加上蒸汽锅炉效率较低，提升泳池中的水温的能耗费用比较高。

2. 游泳池水温提升解决方案

采用空气源热泵系统，利用空气源热泵高效制热为泳池水提供升温热源，替换原锅炉加热系统，实现有效节约能源。

10.4 公共区域的照明控制系统

在酒店某些不需要照明的区域，会出现浪费大量能源的情况，这些区域通常是指自然采光亮度足够的地方，或某些区域内长时间无人无照明需求。安装传感器和控制装置，可以有效解决此种情况，降低酒店的运营成本。

在设计过程中综合考虑采光控制装置与建筑外围结构，最大程度地利用自然采光。当自然采光亮度足够时，这些控制系统可以通过对外围灯具的开关控制或亮度调节，实现降低人工照明的等级。

在公共区域内设置光传感器，可以自动调节灯光等级以降低能耗。对于传感器的功能来说，其布点位置和灯具布置方式非常重要。可以利用定时装置和传感器，有效限制办公区和多功能区在工作时间段结束后的灯具开启数量。

10.5 公共区域的温度控制

宾馆建筑室内的公共区域一般包含大堂、走廊、餐厅、电梯、卫生间等，部分宾馆建筑的公共区域 24 h 开放。

通过使用温度定时器和调度系统，可以根据公共区域的使用情况自动调整温度。例如，使用智能感应技术，如人体感应器、光线感应器等，可自动控制温度设备的运行。当没有人在公共区域或处于不使用的时间段，系统可以自动降低空调制冷、制热系统的运行时间或关闭温度设定，以减少能源浪费。可根据不同公共区域的需求设置合适的温度限制和范围，进行分区温度控制，确保在舒适温度的范围内，避免因设定过低或过高的温度导致的能源浪费。

10.6 设备管道的保温

管道保温可以有效减少能源的损耗。热水管道的保温层可使热水保持更长时间的高温状态。相应地，冷水管道的保温可以减少冷却效应，防止热量渗透到管道内部。一方面，热水供应和制冷系统无需额外的能量来弥补热量的损失，从而节约能源；另一方面，保温层可以减少热量在管道输送过程中的散失，提高供热系统的效率。保温管道减少了热量向周围环境的传导和辐射，确保热量更好地传递到用户所在的位置。这意味着热水系统可以以更低的温度运行，提供足够的热量，从而提高供热效率。

正确选择保温材料、保温层厚度、有效覆盖密封，正确处理管道接头和阀门，保证连续的保温性能，并定期检查和维护，以确保其有效性和完整性，可有效减少能源消耗和运行成本。

10.7 节水型器具

减少水耗的关键在于控制用水需求，利用设计手段改善建筑的用水效率，可以大幅降低用水预算。酒店里用水量最大的地方可能是淋浴房、抽水马桶、水龙头和厨房。低流量用水器具对于节水、来水是非常重要的一个环节。通过使用低流量卫生器具，加之各项科技的研发，酒店用水效率不断得到改善。

利用起泡器/流量控制装置，可以限制水流量在出水口形成较高的压力。感应式冲水装置可以确保当用水装置周围一定范围内无人时，系统将停止运行。低流量用水器具适用于各类应用条件，如休息室和食物准备区的水池、花洒、卫生间和洗衣设备。这些用水器具的用水量平均要达到宾馆自来水总耗量的85%。采用低流量用水器具后，可以至少降低总用水量的25%。

洗衣机和洗碗机的用水量在宾馆中占比较大，经能源之星认证的洗衣机，相比普通洗衣机可以节水50%，同时还可以相应地节省能耗；经能源之星认证的洗碗机可以节水25%。采用节能型的洗衣机与洗碗机，可以很大程度上减少酒店的水耗。

第5篇

宾馆建筑的能效提升改造

11 改造方案的制定

11.1 方案设计与制定

对于酒店的节能改造，首先要了解其能源管理的组成，能源管理是一项重要而又复杂的工作，需要投入大量的人力、物力、财力，通过前期审计可以准确反映出酒店的能源计量统计情况，并为方案设计提供支撑，可保证酒店有目的地采取节能措施，同时结合计算机系统开发的适用于酒店的能源管理系统，以减轻人工管理工作量，降低管理成本。

方案设计主要包括策划与组织、现场诊断、现状及节能分析、设计方案几个阶段，下面将详细展开论述。

1. 策划与组织

策划与组织是开展方案设计工作的关键阶段，通过沟通、培训使管理者对前期审计工作有初步的认识，了解酒店审计的工作内容、要求及工作程序等。取得领导的支持和参与，组建方案设计小组，制定工作计划。

（1）组织与沟通。

方案设计团队与酒店沟通，采用培训、会议、调研等方式，使酒店相关人员了解前期审计的必要性、作用、方法、内容以及酒店的实际需求；酒店管理者向前期审计的方案设计团队介绍酒店的基本情况、用能特征、主要用能设备以及酒店能源管理状况，为后续方案的制定奠定基础。

（2）制定工作计划。

工作计划确认工作边界、范围、现场节能诊断与测试安排和现场调研等相关内容。设计边界原则包括组织边界及运行边界。组织边界指酒店运行控制权的边界，具体包括组织架构、平面图或文字说明等；运行边界是指组织边界内所属的消耗各类能源的设备，如空调、循环泵、锅炉、风机等。

（3）成立设计方案团队。

确认运行边界后，成立设计方案团队，设计方案团队通常由具备专业知识和实际经验的技术人员组成，包括技术专家、诊断及测试工程师等。设计方案团队成员应具备以下条件：

① 熟悉国家和地方的设计及节能相关法规和政策。

② 掌握节约能源的原则和技术。

③ 熟悉掌握节能改造设计的内容、方法、程序和相关标准等。

④ 具备相关专业知识或节能管理工作经验。

⑤ 熟悉能源计量、统计基础知识。

⑥ 掌握能源消耗并核算知识。

⑦ 掌握重点用能设备的能效评估、测试及分析评价方法。

(4) 主要测试内容。

酒店用能设备一般包括电气设备、暖通空调、热力设备以及动力设备等。因此，现场诊断阶段，需针对电力参数、环境参数、温度压力参数、流量参数等进行检测，一般需要配置相应的便携式能效诊断仪器。

(5) 编制能效测试方案。

针对重点用能设备，需开展专项能效测试，对测试工况编制详细的测试方案。明确人员配合、设备工况、设备切换、测试时间等详细要求，确保测试工作有序、有效地开展。

(6) 资料收集。

设计团队应收集酒店资料、设备台账、入住及会议使用量、能源消耗等资料数据。

2. 现场节能诊断

深入冷冻机房、锅炉房及配电房，按设计工作要求了解酒店各用能设备的基本情况(如设备配置及运行状况、能耗水平、管理状况等)，了解后调取设备资料、运行记录，并对相关数据进行验证并分析数据。

对重点用能设备的当前运行工况进行专家式诊断，并辅以必要的能效测试，调阅历史运行数据，就可能存在的节能技改进行分析、核算和评价。

了解酒店现场能源管理工作的具体落实情况，如各项能源管理制度的制定与落实，现场设备管理现状，计量仪表的配备、完好情况，酒店节能目标完成情况、节能奖惩机制、资金预算、人员能力和意识、宣传培训和内部沟通等情况。

3. 现场情况及节能分析

现有管理水平、设备运行效率与目标能源绩效之间的差距，即为节能潜力。通过技术和管理的应用，实现节能目标。

(1) 技术节能分析。

分析与国内外同等类别的宾馆建筑综合总能耗差距的节能潜力。可按能源介质(系统)进行购入、储存、加工转换、输送分配的节能潜力分析，在用能单元分析的基础上，分析每个单元能源的类型、流向、用途、能源利用效率及热平衡情况，以及主要用能设备(装置)经济运行情况。

根据宾馆的地理区域和特征，对宾馆的配电房、冷冻机房、锅炉房、洗衣房、客房等重点区域进行现场调研，结合现场调研表记录建筑信息，初步判断改造的可行性。

改造从技术可行性、方案经济性进行综合评估，比如配电系统的契约用电量进行调整，按每月需求量进行灵活调整；对空调系统进行智能化控制，结合前台的入住信息，提前调节客房空调的温度，同时也能够根据客房入住情况，合理调整冷冻站的出水温度，做到更加经济地运行。新风的开启根据室外气温进行阀门开度的调节。

(2) 管理节能分析。

① 分析酒店现有能源管理机制的缺失或不足对节能的影响。

② 分析酒店管理制度存在的缺失或不足对节能的影响。

③ 分析酒店能源管理工作执行与落实过程中的不足对节能的影响。

④ 分析改进酒店能源管理手段或者现有的设备对节能的影响。

4. 设计方案

现场诊断结束后，设计团队需就现场情况进行简单汇总及初步分析。召开阶段性总结会，就发现的问题再次进行沟通确认。由设计团队成员向酒店工作组成员通报现场初步结果，要求能源管理负责人、各设备主要负责人参会，确保各负责人意见达成一致。

根据调研的酒店能源消耗数据、能源管理现状、现场节能诊断及数据分析结果，分析用能单位的用能薄弱环节，分析节能潜力，并在技术经济可行性分析的基础上提出系统节能改造方案。经过与设计单位协商、讨论后，最终完成设计方案报告。报告中应包括改善能源管理的措施，运行维护的建议，低成本无成本节能项目、重大项目的改善方案，以及各能源绩效参数的计算结果及分析。

11.2 改造模式的探讨

目前改造模式主要包括传统工程改造模式和合同能源管理模式，这两种模式各有特色，根据宾馆建筑自身状况可进行灵活选择。

11.2.1 传统改造模式

传统的改造模式，将项目划分为“设计”—“采购”—“建设”—“调试”等阶段，最后移交给业主进行后期“运营”，各阶段采用传统招投标方式进行，大部分追求以低投资成本、快速建造、工程质量合格等为目标，力求快速移交投入运营。因改造系统的造价和运行成本占整个项目的初投资及后期营收的比例较小，对用能成本等关注较少，这通常会造成系统的带病移交、带病运行。传统改造模式存在以下几点不足：

(1) 设计阶段，重点关注功能布局、设计规范等要素，认为改造系统是基本功能设计，对能效优劣关注较少，造成系统先进性不足。

(2) 设备采购，参考基本设计资料及业主需求，以设备买卖供应商影响为主，以价格优先，常规招标模式下无法获得符合改造项目的特殊需求。

(3) 工程实施，在达到基本设计要求的基础上未对设计优化，多以降低改造造价为优先，不太注重运行能效。

(4) 系统调试，以机电安装单位和业主单位为主导，对工程质量进行系统检验，并使其功能得以正常发挥即可，而忽略系统调优的过程。

11.2.2 合同能源管理模式

合同能源管理模式是一种以节省的能源费用来支付节能项目全部成本的节能投资方式。这种节能投资方式允许用户使用未来的节能收益来为酒店和设备升级，以降低目前的运行成本，提高能源的利用效率，合同由实施节能项目的用户与节能服务单位签订。在传统的节能投资方式下，节能项目的所有风险和盈利都由实施改造的单位承担。

实施合同能源管理模式，主要有以下优势：

(1) 酒店不需要承担节能项目实施的资金和技术风险。在项目实现降低用能成本的同时，获得实行节能措施带来的收益和获取合同能源管理提供的设备。

(2) 改善酒店现金流。酒店借助合同能源管理实施节能服务，可以改善现金流量，把有限的资金投资在其他更优先的投资领域。

(3) 使宾馆管理更科学。宾馆借助合同能源管理实施节能服务，可以获得专业的节能技术和能源管理经验，提升管理人员的素质，促进内部管理科学化。

(4) 提升竞争力。宾馆实施节能改进后，减少了用能成本支出，提高了竞争力。同时还因为节约了能源，改善环境品质，建立了绿色酒店的形象，从而增强市场竞争优势。

(5) 节能更专业。由于合同能源管理是全面负责能源管理的专业化节能服务公司，所以比一般技术机构提供更专业、更系统的节能技术。

(6) 市场机制及双赢结果，合同能源管理为宾馆承担了节能项目的风险，在宾馆获得了节能效益后，才能与宾馆一起分享节能成果，实现双赢。

合同能源管理项目模式包含节能效益分享型、节能量保证型、能源费用托管型、融资租赁型和混合型等多种模式，对于混合型模式本书不再赘述。

1. 节能效益分享型

节能效益分享型是目前最常用的一种方式，其核心是节能服务公司与用户按协议定的分成方式来分享节能效益。通常是在合同执行的前几年，大部分节能效益归属节能服务公司，从而补偿其投资及其他成本。

2. 节能量保证型

节能量保证型是节能服务公司向用户保证一定的节能量，或是保证将用户能源费用降低/维持在某一水平上。此种方式对用户最安全可靠，由节能服务公司为节能承担了主要风险。节能效益在一定时期内归节能服务公司所有，通常这一效益足够覆盖节能服务公司的投资费用，如果节能量超过保证值，超额部分要么用于偿还节能服务公司的投资，要么归用户所有，这主要取决于双方合同的条约。

3. 能源费用托管型

能源费用托管是合同能源管理的一种形式，是指用户委托能够提供用能状况诊断、改造和运行管理等服务的专业化节能服务公司，进行能源资源系统的运行、管理、维护和改造，用能单位将根据能源基准确定费用，并支付给节能服务公司作为托管费用，节能服务公司通过科学的管理运行和节能技术的应用实现节约能源资源、减少费用支出等目的，以获取合理的利润。

与几年前的能源托管服务有所不同，在人工智能物联网（Artificial Intelligence & Internet of Things，AIoT）等新技术的普及下，当前的能源托管服务项目已成为面向用户提供智慧能源管理、机电运维托管、设备管理、能源费用托管、用能规划咨询、节能技改以及多能互补能源站建设与运营的一站式综合能源服务解决方案。

在能源费用托管模式下，当节能改造的技术可行性较高时，投资成本基本可以事前确定，节能服务公司的收益即为客户定期缴纳的能源服务费，而影响其利润的主要因素是能耗设备的运转效率。在此基础上，真正具有较高技术水平、集成业务能力的节能服务公司将脱颖而出。

1）节能服务公司主要提供的服务

在能源费用托管模式下，节能服务公司主要提供以下服务：

① 根据服务项目的实际情况，寻找节能潜力，实施节能改造，降低整体能源消耗（包括但不限于空调系统改造、绿色照明改造、采暖系统改造、配电系统优化等）；

② 能源、水暖的供应，代缴各种能源费用，保障所服务项目能源的日常使用；

③ 建设智慧能源管理系统控制平台，实现能源数据实时统计、能耗分析、故障预警等功能，保证系统安全可靠运行，满足建筑用能需求、不断降低能源消耗；

④ 派驻专业运营团队，负责日常运维。

2）主要优势

能源费用托管模式的主要优势包括针对用户和节能服务公司两个方面的优势。

（1）对于用户：

① 极大缓解了用户升级改造能源系统的资金压力。

② 获得稳定的节能收益，有效降低未来能耗的不确定性。

③ 由于节能公司配置专业能源管理和维修班组，并与各大设备厂家合作，节省用户培训、人员变更、寻求外协等带来的额外经济成本和技术风险；

④ 无需额外再配备相应管理及操作人员。

⑤ 享受专业人员服务，拥有高效运维和快速响应的维修团队。

(2) 对于节能服务公司：

① 由于用户按合同定期支付能源费用,很大程度上解决了节能服务公司的现金回款问题。

② 稳定的能源回款收入,有利于获得金融机构更便捷、低成本的金融杠杆。

③ 财务处理上,有利于扩大营收规模,更容易获得资本市场的青睐。

4. 融资租赁型

融资公司投资购买节能服务公司的节能设备和服务,并租赁给用户使用,根据协议定期向用户收取租赁费用。节能服务公司负责对用户的能源系统进行改造,并在合同期内对节能量进行测量验证,确保节能效果。项目合同结束后,节能设备由融资公司无偿移交给用户使用,以后所产生的节能收益归用户所有。

1) 合同能源管理项目融资租赁的特点

(1) 保证合同能源管理项目独立实施。

合同能源管理融资租赁模式是以项目的资产和未来可能带来的收益作为融资担保,而不是以节能服务公司和酒店的资产与信誉作为融资保障,项目创造的价值才是项目还款的基础。如果项目失败,只对项目具有追索权,对参与的公司不具有追索权。因此,单独合同能源管理项目的失败与否,与节能服务公司和酒店其他项目没有任何联系。

(2) 降低节能服务公司风险,加快融资速度。

合同能源管理项目融资租赁模式的参与主体较多,包括项目发起人(节能服务公司)、项目购买者(融资租赁公司)、项目收益人(酒店)、设备供应商。它们分别以不同的方式承担了项目的风险,降低了项目总体风险,提高了项目信用,为更快获得资金提供保障。同时由于项目具有较强的独立性,对其他项目实施没有影响,也有助于降低节能服务公司的风险。

(3) 缓解资金压力和设备短缺问题。

合同能源管理项目融资租赁模式不需要酒店直接购买设备,而是依照规定的方式和数额按期偿还租金获得设备的使用权。项目结束后,酒店就能获得设备的使用权和所有权。在此过程中,租金可根据运营状况进行调节,不需要一次性支付大量资金,避免出现财政紧张的状况,这样既能解决酒店的资金问题同时又可以获得设备使用权。

2) 合同能源管理项目融资租赁模式的不确定性

(1) 节能效益的不确定性。

融资租赁模式与节能效益结合的难点在于节能效益具有不确定性,它会受到项目的选择、项目运营条件、技术成熟度、工程施工的好坏、能源价格的变化、工况的变化以及项目后期的运行维护与服务等诸多因素的影响。融资租赁模式适合规模适度的项目,有些项目太小难以操作成功,项目运营条件的变化也有可能使项目运行发生变化,如运行时间、运行方式和运行范围等发生变化均有可能引起节能效益的变化。

(2) 风险的合理分担。

风险的分担和控制是一切融资模式运作的前提,节能效益的不确定性必然会导致一些风险。合同能源管理项目融资租赁模式中的各参与主体方必须对节能量和节能效益变化的具体细节进行充分沟通，并对效益变化的利益分享和风险分担进行约定。因此，有必要建立完善的法律合同体系，明确各方权责，合理分担风险。

(3) 政策的支持。

融资租赁公司需深入介入合同能源管理项目中，同时需要政府、社会和企业多方参与。国家应该进一步出台相关政策，对用能单位出具明确的节能指标，加大合同能源管理项目的推广力度，采取金融和法律相结合的方式，鼓励融资租赁公司进入该领域，与节能服务公司深度合作，由间接享受优惠政策变为直接由政府扶持，从而推进整个社会节能减排机制的建设。

11.3 改造节点与管理

改造节点与管理主要工作内容包含前期调研、方案设计和评审、深化设计、成本核算、合同关系、技术交底、现场实施、运营维护等，其详细内容见表 11-1。

表 11-1 改造节点与管理内容

阶段	内容
前期调研	判断项目的可行性
方案设计和评审	1. 掌握需求，开展现场调研； 2. 根据需求和项目情况，完成初步方案； 3. 判断项目技术、工程和商务风险
深化设计	1. 召开深化设计启动会，明确分工； 2. 形成统一的技术文稿； 3. 负责人组织完善改造方案、设备选型和各系统改造原理图，并进行详细的节能效益测算； 4. 完成工程量清单及初步施工方案
成本核算	1. 深化、优化方案进行成本核算； 2. 根据节能效益和成本进行商务模式测算； 3. 确定商务模式
合同关系	1. 确定合同主体； 2. 规避合同风险，如合同主体和建筑产权的变更等
技术交底	1. 对特殊要求、工艺等进行技术交底； 2. 对施工班组进行安全、技术交底
现场实施	1. 组织施工班组对设备进行进场验收； 2. 现场负责人全面负责项目的日常管理工作，包括质量管理、进度管理、安全管理和内外沟通协调等； 3. 现场负责人组织完成系统的单机调试和系统联调，设备调试完成后，由参建各方依据之前制定的节能策略共同对系统进行调适； 4. 现场负责人组织编制系统操作手册和运行管理规程，对相关运维人员进行培训
运维维护	1. 根据项目要求，各系统依据实际情况制定节能系统运维方案； 2. 对各系统节能量测算、设计方案图纸、节能运行数据收集等进行探讨、确定； 3. 跟进各项系统遗留问题及要求内容，并完善解决

12 宾馆建筑设备系统改造适宜技术

12.1 宾馆建筑照明

12.1.1 利用自然光

利用自然光是指通过技术手段增加自然光的反射，实现自然光利用的最大化，将室内照明与自然光有机结合，取代或辅助白天电力照明。常见自然光技术包括反光板、导光管和照度补偿控制等。

1. 自然光导照明

自然光导照明是利用透射和折射原理，通过室外的采光装置采集自然光，并将其导入系统内部。同时导光管内部经反光处理，进一步提高了反光率，保证光线的传输距离更长、更高效，最后利用漫射器将比较集中的自然光均匀、大面积地照到室内需要光线的区域。采用自然光导照明可有效减少电能消耗，并取得良好的采光照明效果，显著改善室内光环境。同时，自然光导照明无需配带电器设备和传导线路，其系统见图 12-1。

图 12-1　自然光导照明系统

在宾馆改造中使用自然光导照明时，应充分考虑建筑物结构、楼宇设备装置的空间布局和建筑外观。自然光导照明适用于单层建筑、多层建筑的顶层或地下室。

2. 光导纤维照明

光导纤维照明是利用光的全反射，使进入光导纤维束后的光线传输到另一端。在室内的输出端装有散光器，可根据不同的需求使传入光线按照一定规律分布。光导纤维照明见图 12-2。

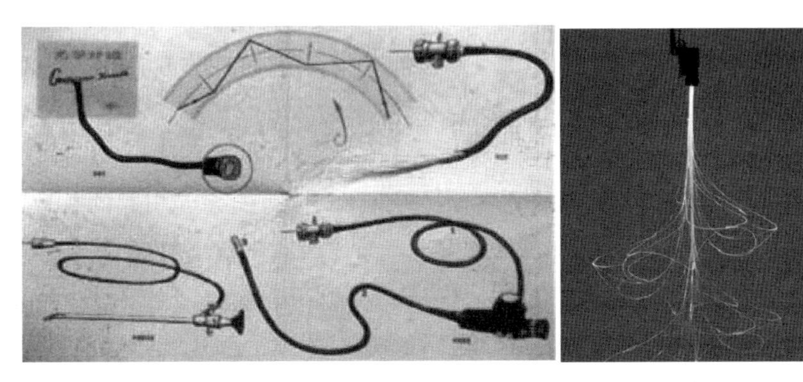

图 12-2 光导纤维照明

相对自然光导照明，光导纤维截面尺寸小，输送的光通量也小得多，但具有在一定范围内灵活弯折的优点，且传光效率较高。

相对自然光导照明较短的距离传输，光导纤维照明适合长距离传输，最远距离可达 60 m，20 m 以内为最佳传输距离，其适用于地下车库使用。

3. 采光搁板

采光搁板是安装在侧窗上部的一个或一组反射装置，使窗口附近直射的阳光经过一次或多次反射进入室内，从而提高房间内部照度。在房间进深不大时，采光搁板的结构可以十分简单，仅在窗户上部安装一个或一组反射面，使窗口附近的直射阳光经过一次反射，到达房间内部的天花板，再利用天花板的漫反射作用，使整个房间的照度有所提高，采光搁板见图 12-3。

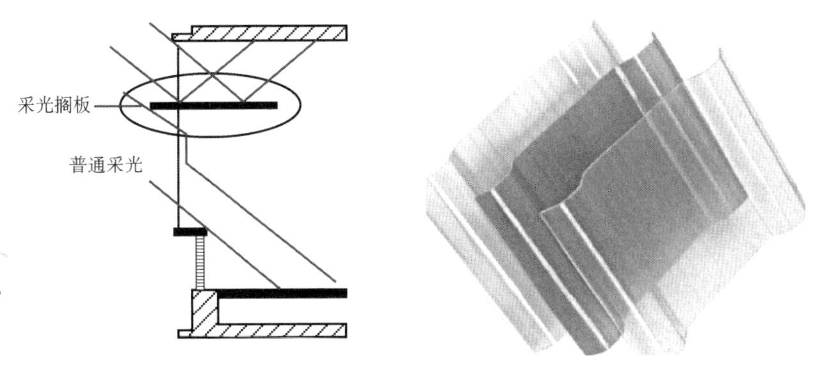

图 12-3 采光搁板

采光搁板适用于进深较小的房间，当房间进深较大时其结构会比较复杂。对建筑中靠外墙的房间或区域，结合现场实际情况，通过配合侧窗采用采光搁板改造方式，可为进深小于 9 m 的房间提供较充足且均匀的光照。

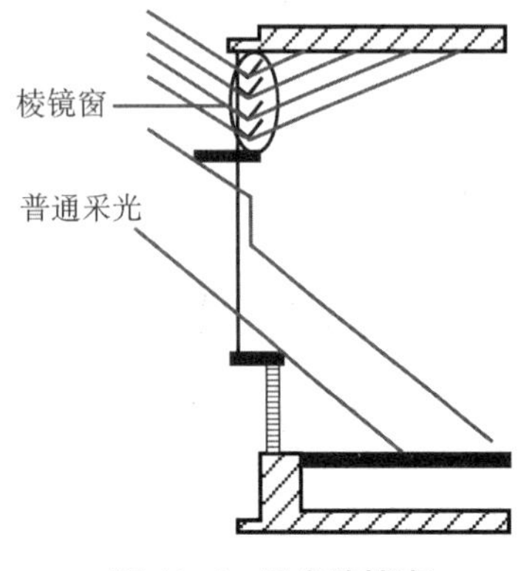

图 12-4　导光棱镜窗

4. 导光棱镜窗

导光棱镜窗是利用棱镜折射作用改变入射光的方向，使室外光可以照到房间深处。导光棱镜窗示意如图12-4 所示。

导光棱镜窗的一面是平的，另一面是带有平行的棱镜，可以有效减少窗户附近直射光引起的眩光，提高室内照度的均匀度。当建筑间距较小时，房间采光易受影响，可利用棱镜窗的折射作用来改善其室内采光效果。

棱镜一般选用有机玻璃制作。当导光棱镜窗作为侧窗使用时，透过棱镜窗所形成的影像是模糊变形的，为了不影响观察的可视度，在使用时安装在窗户的中上部并可作为天窗使用。

12.1.2　采用高效的节能光源和灯具

目前，最常用的照明系统改造技术是采用发光二极管（Light-Emitting Diode，LED）照明光源。

1. 技术原理

LED 发光的机理是 PN 结的端电压构成一定势垒，当加正向偏置电压时，势垒下降，P 区和 N 区的多数载流子向对方扩散。由于电子迁移率比空穴迁移率大得多，所以会出现大量电子向 P 区扩散，构成对 P 区少数载流子的注入，这些电子与价带（valence band）上的空穴复合，复合时得到的能量以光能的形式释放出去，这就是 PN 结发光的原理。而 LED 照明灯就是把若干 LED 组合在一起，再通过恒流源供电驱动 LED 发光。

2. 技术特点

1）功能性特点

LED 发光效率高，目前白光 LED 的光效已经达到 40 lm/W，优于白炽灯，仅次于荧光灯。在彩色光照明应用中，因其不需要滤色片，直接投射彩色光，避免了因为使用滤色片造成的光通量损失；其光线质量较高，LED 的光谱几乎全部集中于可见光波段，无红外线和紫外线辐射。

2）环保节能特点

低功耗，节能省电。一般 LED 灯（图 12-5）使用低电压、低电流驱动，功率为 0.06～1 W，功率因数接近于 1。不仅 LED 灯省电，与之配合的供电电源的耗电量也会大大降低，用电量大的可以通过多种方式组合或集成，以满足不同需要，减少浪费；而 LED 不含汞、铅等有毒成分，也没有玻璃、废弃物可回收，减少了对环境的污染，是一种无污染的光源。

3）经济性特点

寿命长，彩色 LED 的寿命可达 5 万～10 万小时，低功率白光 LED 的寿命超过 3 万小时，高功率白光 LED 的寿命都在 2 万 h 以上。由于寿命长，经久耐用，这减少了维护维修费用，降低了成本。

图 12-5　LED 灯具

3. 适用范围

LED 照明技术自成功用于交通信号灯具以来，在景观环境、广告牌以及建筑小品照明、机场标志、建筑标志等方面都得到了广泛应用。目前，普遍应用于不同用途的建筑，如商业建筑、办公建筑、宾馆酒店建筑、医疗卫生建筑和文化教育建筑等。LED 灯具尤其适用于宾馆建筑，如常在地下车库、走道、大厅等公共区域所采用的传统灯具或光源可用性能参数满足要求的 LED 照明灯具或光源替换，同时配合智能控制方式实现节能降耗。

12.1.3　智能照明控制技术

1. 技术原理

智能照明控制技术，即通过综合利用计算机技术、网络通信技术、自动控制技术、微电子技术等科学技术，根据环境变化、客观要求、用户预定需求等条件而自动采集系统中的各种信息，并可对所采集的信息进行相应的逻辑分析、推理、判断，对所得结果按特定的形式进行存储、显示、传输以及反馈控制等处理以达到最佳的控制效果。

智能照明控制系统主要由输入装置、处理器和执行器三部分组成。输入装置可检测周围环境的照度水平，或可探测到某个区域是否有人移动，或可接收人们输入的控制指令，并把相应的信号传送给处理器。输入装置包括传感器、定时装置、控制面板和遥控器。处理器接受输入装置的信号，经过信息处理、判断、分析，输出控制信号。执行器与灯具直接连接，可控制灯光回路的闭合或断开，调节灯光到相应的水平。

根据系统组成的基本形态，智能照明控制系统可以分为两大类。

(1) 智能化的照明灯具及智能控制的照明系统：对以智能化控制单元以及智能传感单元为系统组成核心的智能开关、智能灯具等，可以进行单路或者数路灯的开/断控制、亮/暗控制，延时或者简单的程序控制，以及实现近距离的遥控和感应控制等。

(2) 基于计算机及智能通信网络的智能照明控制系统：主要可以分为中央集中控制系统以及分布式的控制系统两种类型。中央集中控制系统的控制功能集中在中央控制台上，在此不作赘述。分布式的智能照明控制系统，主要是在照明控制领域中引入现场总线的技术，它的工作原理是系统采用主电源，经过调光模块后可分为多路的、可调光的输出回路实现对照明灯供电的目的。照明灯具的开关和亮暗的调节皆可通过可编程的多功能控制面板进行控制，系统内所有的调光器和控制面板都可以通过编程来实现对每一路灯各种类型的控制目的，由此可产生出不同种类的灯光控制场景和灯光照明的效果。

2. 技术优势

(1) 创造环境气氛。针对照明区域，使用多种控制手段，根据不同时间、不同用途、不同效果，采用相应的预设置场景进行控制，可以达到丰富的艺术效果。

(2) 改善工作环境，提高工作效率。智能照明控制系统以调光模块控制面板代替传统的平开关控制灯具，可以有效控制各房间内整体的照度值，从而提高照度均匀性。同时，这种控制方式有效解决了频闪效应，不会使人产生不舒适、头昏脑涨、眼睛疲劳的感觉。良好的工作照明环境是提高工作效率的必要条件。良好的设计，合理选用光源、灯具及优良的照明控制系统，都能提高照明质量。

(3) 良好的节能效果。智能照明控制系统借助各种不同的"预设置"控制方式和控制组件，对不同时间、不同环境的光照度进行精确设置和合理管理，从而实现节能。这种自动调节照度的方式，可充分利用室外的自然光，只有当必要时才把灯点亮或点亮到要求的亮度，利用最少的能源保证所要求的照度水平，节电效果十分明显。此外，智能照明控制系统中对荧光灯等进行调光控制，由于荧光灯采用了有源滤波技术的可调光电子镇流器，降低了谐波的含量，提高了功率因子，因此降低了低压无功损耗。

（4）延长光源寿命。智能照明控制系统能成功抑制电网的浪涌电压，同时还具备了电压限定和轭流滤波等功能，避免过电压和欠电压对光源的损害。智能调光器慢慢地把灯调亮到一个设定的水平，这对于刚开灯来说，是非常重要的。在这一点上，白炽灯由于冷丝的热冲击易于失败。通过把灯慢慢地调亮到设定水平，这一过程也被称为"软启动"，避免了冲击电流对光源的损害，可以更好地延长灯泡的寿命。降低灯泡的亮度也可以延长灯泡的寿命，如减低10%的亮度，灯泡可以延长1倍的寿命；减少50%的亮度，可以延长到20倍。还可以实现"软关断"，灯光慢慢地熄灭。当切换场景时，为充分考虑到人眼对灯光的亮暗适应性，灯光的变化是渐变的，使人们不会有突然变化的感觉。延长光源寿命不仅可以节省大量资金，而且大大减少更换灯管的工作量，可以降低照明系统的运行费用，管理维护也变得简单。无论是热辐射光源，还是气体放电光源，电网电压的波动是光源损坏的一个主要原因。因此，有效抑制电网电压的波动可以延长光源的寿命。

（5）管理维护方便。智能照明控制系统对照明的控制是以模块式的自动控制为主、手动控制为辅，照明预置场景的信息存储于内存中，这些信息的设置和更换十分方便，使建筑物的照明管理和设备维护变得更加简单。例如，宾馆可以根据工作的前后、休息、打扫等不同时间段，执行时间照明控制程序，对办公室、过道、走廊的灯光进行统一管理，这样既节约能源，又便于管理。

3. 适用范围

智能照明控制技术适用范围广泛，主要包括：各种建筑楼宇的室内外照明（庭院灯控制；泛光照明控制；门厅、楼梯及走道照明控制；停车场照明控制；航空障碍灯状态显示、故障报警等）、城市夜景营造以及道路照明等。宾馆可采用多种节能控制组合的方式进行智能照明改造，如对客房优先采用调光控制方式，公共场所优先选用声控、光控或红外控制方式，楼梯走廊等可使用自熄节能控制方式。

12.1.4　照明应用案例

1）项目概况

某五星级酒店位于上海市徐汇区，总建筑面积约为34 405 m^2，建筑高度为62.5 m。其中主楼15层，总面积21 000 m^2，主要提供客房及餐饮服务；辅楼5层，总建筑面积为8 204 m^2，主要用于餐饮、会议及娱乐；地下室2层，总建筑面积3 796 m^2，作为地下车库使用。

2）改造前照明灯具

酒店建筑原有灯具主要是球灯、金卤灯、节能灯、荧光灯、射灯等，灯具类型及使用区域如表12-1所列。

表 12-1　　照明灯具清单

灯具类型(应用区域)	单灯功率/W	数量/盏
烛泡(3F—13F 客房)	15	1 233
球泡(3F—13F 客房)	25	860
金卤灯(3F 会议室)	100	80
金卤灯(1F 大堂)	13	1 795
节能灯(14F—15F 餐厅)	18	1 590
节能灯(1F—4F 综合楼)	20	380
射灯(1F 大堂、大堂吧、丽晶轩、毕加索)	35	240
射灯(1F 大堂、服务台、副经理办公室)	36	950
球泡(1F 酒吧、餐厅)	25	336
金卤灯(4F)	70	25
节能灯(3F—13F 客房走道)	11	1 500
节能灯(1F—4F 走道)	13	655
射灯(1F 商场)	20	40
射灯(3F—13F 客房走道)	35	1 288
射灯(3F—13F 客房走道)	27	96
T8 荧光灯(3F 办公)	36	438
总计		11 506

3) 改造后照明灯具

酒店建筑照明系统因酒店营运功能的需要,室内仍然使用大量的白炽灯和射灯。在不影响酒店正常运营的情况下,该酒店采用 LED 光源灯具逐步替换原有的灯具,实施改造后的 LED 灯具相关参数见表 12-2。

表 12-2　　改造灯具数量及 LED 参数

改造前灯具类型(应用区域)	更换数量/盏	LED 规格/型号	LED 单灯功率/W
烛泡(客房)	1 233	球泡灯	7
球泡(客房)	860	球泡灯	11
金卤灯(大堂、会议室)	80	帕灯	50
节能灯	1 795	球泡灯	7
节能灯	1 590	球泡灯	9
射灯(吧台等)	380	射灯	5

续表

改造前灯具类型(应用区域)	更换数量/盏	LED规格/型号	LED单灯功率/W
射灯(大堂)	240	射灯	7
1 200荧光灯(车库、电梯厅)	950	直管灯	18
金卤灯(4F)	25	帕灯	35
节能灯(客房走道)	1 500	球泡灯	7
节能灯(1F—4F走道)	655	球泡灯	7
射灯	40	射灯	5
射灯(客房走道)	688	射灯	5
射灯(客房走道)	600	射灯	5
900荧光灯(办公)	96	LED直管灯	13
1 200荧光灯(办公)	438	LED直管灯	15
改造总计	11 170		

改造后,室内照明经检测全部满足室内及标准的要求。

4) 节能效果

酒店照明灯具采用LED光源改造后,单项节能率达62.7%,年空调冷源电耗由75.0万kW·h降至27.97万kW·h,共下降了47.03万kW·h。

12.2 洗衣房节能技术

随着人民生活水平的提高,宾馆等建筑的卫生要求也越来越高。为控制其部分住宿用品品质,一般宾馆建筑内均设有独立的洗衣房。

洗衣房一般设于建筑物地下室的附属用房内,其服务范围为宾馆客房的床上用品(如床单、被罩等),卫生间内的浴巾、面巾、地巾等,房间窗帘,工作人员的工作服以及餐厅的桌布、口布等。

洗衣房洗衣采用机械清洗,根据所需洗涤的物品不同分为水洗和干洗两种。

1) 以水洗为例的水洗洗涤程序

① 冲洗:利用机械作用,尽可能地用水将被洗织物上的水溶性污垢冲离织物,含有重污垢的洗涤物一般建议采用冲洗步骤,可以为主洗去污做好准备。

② 预洗:预洗是加入适量洗涤剂的一个预去污过程。含有适量洗涤剂的水可以充分润湿污垢,使得污垢可以更好地溶入其混合洗涤溶液。针对中等或严重的污垢,预洗是必

选的步骤。预洗一般可安排在冲洗步骤之后，也可以直接进入预洗流程。

③ 主洗：此过程是以水为介质，洗涤剂、乳化剂等对污垢产生物理化学作用，洗衣机的机械搅拌作用，以及适当的洗涤液浓度、洗涤用水温度，足够的作用时间等因素密切配合，组成一个合理的洗涤去污环境，来实现去污目的。在此过程中，需要工作人员根据织物结构、污垢的类型、织物的污染程度来选择适当的洗涤剂种类和洗涤剂的投放量。根据织物纤维和洗涤剂的特性设定洗涤温度，根据织物结构、机容量大小、污垢类型确定洗涤时间。

④ 漂白：此过程是主洗去污的补充步骤，主要去除主洗过程后不能完全去掉的色素类污垢。在这个步骤中主要使用氧化性漂白剂（氯漂粉）。因此在操作中应严格控制水温，控制洗液 pH 值，同时根据污垢类型及织物结构严格控制好漂白剂的投放量。

⑤ 清洗：过水清洗是一个溶解、稀释、扩散过程，让织物中残存或含有污垢的洗液成分溶解、扩散于水中，在此过程中施以一定的温度来加速其扩散速度。高水位清洗使洗液浓度迅速降低，从而达到减少织物上含污垢的洗液的目的。一般需要多次高水位清洗。

⑥ 中和：洗涤中通常使用的洗涤剂为碱性，虽然经过多次清洗，亦不能保证织物中没有任何碱性成分存在，碱性物的存在对织物的外观、手感都会造成一定的影响。投放一定量的中和剂，利用酸碱中和反应，就可以解决这些问题，中和剂的投放量需要根据洗涤织物在脱水出机后洗涤织物的 pH 值来确定。

⑦ 柔软：柔软处理是属于后处理过程，不是去污过程。在最后一次过水清洗时，采用适量的柔顺剂加入，柔软处理能使织物手感舒适，同时能防止静电产生，在织物内部能起到润滑作用，防止纤维相互之间紧紧纠缠在一起而脱落。

⑧ 上浆：上浆主要针对餐厅的台布、餐巾、某些制服等棉制品或混合纤维织物，上浆后能使被浆织物表面挺括，防止起毛，同时也在被浆织物表面结一层浆膜，对污垢渗透有一定的阻碍作用，便于下次洗涤。

⑨ 脱水：利用洗衣机滚筒高速旋转时产生的离心力，使滚筒内织物含水量最大限度地降低。

在以上水洗洗涤的过程中，可通过合理的设置洗涤流程，根据不同洗涤状态调节水温、设置用水量，在满足洗涤状态下达到节水、节能的目的。

2）洗衣房节水、节能措施

（1）洗涤剂的回收利用。在洗衣机旁设置碱槽地坑以回收水洗流程的清洗步骤中排出的含洗涤液的洗涤废水，经过沉淀过滤后，通过水泵回用至冲洗或预洗步骤中。

（2）高温蒸汽冷凝水的回收利用。利用冷凝水的初始温度作为热源（高温热水），通过热交换器作为生活用水的预加热系统，交换后的冷凝水排至冷凝水回收水箱，再次降温后排至中水回收或雨水回收系统的清水池，可作为回收水使用。

某酒店洗衣房冷凝水回收原理如图 12-6 所示。

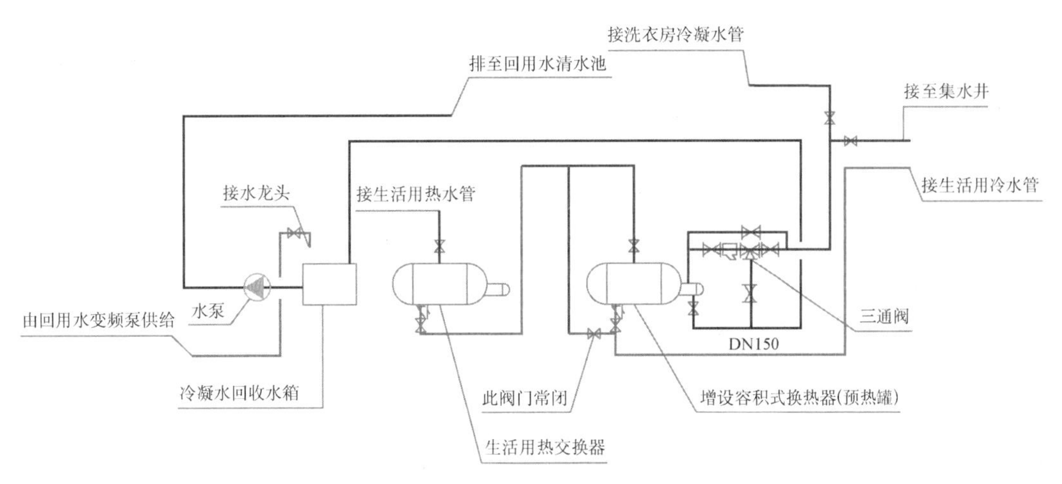

图 12-6　洗衣房冷凝水回收原理

12.3　生活热水热源

全天热水供应是各类宾馆必备的条件之一，而提升热水系统热源的效率是宾馆建筑能效提升的重要方面。

通常情况下，宾馆采用集中热水供应系统来为客房和其他热水用水点提供热水。这意味着通过热水管网，1 台或多台供热设备将热水输送到各个位置。这些设备可以进行集中或分散设置，以确保供热范围的合理性和可靠性。为了实现热水用水点即开即用的目标，宾馆采用干管循环或支管循环的热水循环系统，并通过回水温度控制循环泵的运行。一般而言，宾馆热水系统包括以下设备：

(1) 加热装置：宾馆可根据需求选择不同类型的加热装置：如热水炉、热泵热水机组、太阳能设备、真空锅炉和蒸汽锅炉等。这些装置能够将能量转化为蒸汽、高温热水或有机热能载体，从而提供热源。

(2) 换热设备：为了有效地将热能传递给热水用水点，常常使用换热设备进行换热操作。通过热交换的方式将热源的热量传递给热水，以延长换热设备的使用寿命并确保水质。

(3) 储热设备：为确保热水供应充足，宾馆需要配置储热设备，其中常见的是开闭水箱。储热设备的容积大小可以根据实际热水用量来确定，以保证热水的储存和供应，特别适用于需要直接供应热水的设备。

(4) 循环系统：为了确保热水能够被快速供应至用水点，宾馆通常设置热水循环系统。循环系统基于回水温度来控制循环泵的运转，以确保客户在打开水龙头的瞬间即可使用热水。循环系统的设计能够满足宾馆对热水的需求，例如在 5～10 s 内提供热水。

这些设备构成了宾馆热水系统的主要组成部分，用于提供稳定可靠的热水供应，满足宾馆客人的需求。根据宾馆的需求、热水使用量和预算等因素来具体选择和配置这些设备的类型和规模。

根据能源性质和自身特点，供热设备通常包括燃煤锅炉、燃气热水炉、电热水炉以及近年兴起的真空锅炉、热泵热水机组和太阳能热水系统等。

其中，燃煤锅炉、燃气热水炉和电热水炉是利用燃料燃烧释放的热能或其他热能对水进行加热的热能设备。这些设备的使用具有悠久历史，并且在集中供热水或采暖系统中被广泛应用，具有良好的安全性和稳定性。

真空锅炉是通过热交换器将水加热，利用封闭的炉体内部形成负压真空环境，并将热媒水填充其中。相较于传统热水锅炉，真空锅炉不需要进行报装和年检。然而，由于其运行能耗较高，其效率会随着使用年限的增加而下降，并且受外界压力的影响。若使用或安装不当，可能导致不稳定或泄漏等问题。

热泵热水机组是一种利用低品位能源进行热量转移的设备，能够将低温热能转化为高温热能，提高能源利用率。它可以回收低温余热，并利用环境中的介质储存能量。目前市场上主要有空气源热泵和地源热泵。然而，热泵热水机组在使用中受到水文地质条件和最低环境温度的限制，其热水输出温度相对于传统热水设备较低。

太阳能是一种清洁的可再生能源，利用太阳能集热器收集太阳辐射能量来加热水。然而，由于太阳能加热时间仅限于白天有日光照射的时候，当天气阴雨时，辅助取暖设备如锅炉或电暖器可能会不够使用。此外，太阳能系统的热效率会随着使用年限的增加而逐渐降低。

随着环保意识的提高，燃煤锅炉已逐渐退出市场，而电锅炉不符合节能规范，无法在集中热水系统中使用。在本书中，将重点讨论燃气热水炉作为宾馆热水系统的热源。

直接采暖方式是指利用具有一定容积内胆的热水锅炉，通过燃气或电直接加热胆内的水，并将热水直接输送到需要的水点，而无需安装热交换器、保温水箱、二次侧循环泵等设备。该方式的特点在于省去了中间的换热或储热环节，简化了热水系统，降低了初期投资和热能损耗，并提高了系统的效率。

间接采暖方式则需要通过换热设备来实现采暖。例如，可以使用热水锅炉或真空锅炉等设备来加热水并进行热交换。这些设备内部的水温较高，因此需要更多的补水，同时也容易导致锅炉内部胆体的腐蚀。另外，使用热泵热水机组或太阳能系统等设备时，需要配置大容量的储热设备以储存热能，以满足高峰时段的热水需求。然而，这种方式会增加额外的循环热损失和动力循环电能消耗，导致系统效率降低、运行能耗增加，并且还会增加系统附件的成本和占地面积。

这个项目是商务酒店热水系统的改造。该酒店由迎宾楼、贵宾楼和餐饮办公楼组成，共有 150 间客房和 56 间豪华套房，餐饮办公楼的 8 个洗涤槽需要使用热水。

在改造前，该酒店采用的是集中传统燃气锅炉和储热水箱的间接供热方式。集中锅炉房内设有 1 t 和 2 t 锅炉各一台，通过加压热水泵和埋地热水管道分别并联供应热水箱，迎宾楼和贵宾楼(餐饮楼热水由迎宾楼供应)都设有独立的热水供回水管道。

改造后，该酒店采用的是模块化多台容积式热水炉的直接供热方式。容积式热水炉是一种自身拥有一定容积内胆的水加热设备，常用能源为电或燃气。根据相关规定，具备以下特点的热水设备不属于锅炉范畴：额定热功率小于 0.1 MW，工作压力仅依赖于自来水压力，最大水容积不超过 500 L，出水口水温不超过 90℃等。

这类设备具有自带的水容积，系统简单且稳定性高。在无需使用换热设备和储热设备的情况下，可以直接将热水供应到客房用水的末端。它们的体积小巧，单台设备的占地面积不超过 1 m^2，重量相对较轻。设计采用式样热水炉，因此可以灵活安装在宾馆楼顶、地下室或酒店的任意楼层。

为了适应酒店季节和入住率的变化，可以采用多台设备并联供应热水的方式，实现模块化组合。通过对设备的开启数量进行调整，从而降低酒店热水的运行成本。

改造后，贵宾楼设置了 2 台 99 kW 容积式热水炉，总储水量为 644 L；迎宾楼设置了 4 台 99 kW 容积式热水炉；餐厅设置了 1 台 99 kW 容积式热水炉。

热水系统设备技术经济分析改造前后对比详见表 12-3。

表 12-3　　热水系统设备技术经济分析比较

参数	改造后	改造前
设备名称	容积式燃气热水炉直接供水设备	燃气锅炉配置储热水箱供水设备
型号	BTR-338 型，配置循环泵及控制柜各 2 路	锅炉，储热水箱，配置循环泵及控制柜各 2 路
数量	7 套热水炉，8 个循环泵，2 个控制柜	2 t 1 炉，1 t 1 炉，30 t 2 箱，12 泵，2 柜
单价/万元	8.5(炉)，0.3(泵)，1.5(柜)	20(炉)，13(炉)，6(箱)，0.35(泵)，1.9(柜)
一次投资的设备造价/万元	8.5×7+0.3×8+1.5×2=64.9	20+13+6×2+0.35×12+1.9×2=53
设备的设计使用年限 t/年	15	15
折旧率 P_1/%	(1/15)×100%=6.67	(1/15)×100%=6.67
每次更换易损件单价/万元	0.12	0.2
易损件更换年限/年	5	3
产品设计使用年限内的更换次数/次	15/5=3	15/3=5
设备大修率 P_2/%	(0.12×7×3/64.9)×100%=3.88	(0.2×4×5/53)×100%=7.55

续表

参数	改造后	改造前
所用水泵总功率/kW	6.2 kW(不包括备用泵)	20 kW(不包括备用泵)
水泵每天平均运行时间/h	24	24
平均每天耗电量/(kW·h)	6.2×24=148.8	20×24=480
每年耗电量/(kW·h)	148.8×365=54 312	480×365=175 200
动力电价(目前)/[元·(kW·h)$^{-1}$]	0.78,变频泵节能约 30%	0.78,变频泵节能约 30%
每年燃气费/万元	18	70
设备设计使用年限内电费、燃气费 M_1/万元	(54 312×0.78×0.7+180 000)×15=314.48	(175 200×0.78×0.7+700 000)×15=1 193.49
设备设计使用年限内总费用 W_t/万元	$W_t=C+M_1+(P_1+P_2)\cdot C\cdot t$ =64.9+314.48+(6.67%+3.88%)×64.9×15=482.08	$W_t=C+M_1+(P_1+P_2)\cdot C\cdot t$ =53+1 193.49+(6.67%+7.55%)×53×15=1 359.54
设备年折算费用 W_i/万元	$W_i=W_t/t$=482.08/15=32.1	$W_i=W_t/t$=1 359.54/15=90.6
建筑物设计使用年限 t/年	50	50
建筑物设计使用年限内总费用 W/万元	$W=W_i\times T$=32.1×50=1 605	$W=W_i\times T$=90.6×50=4 530

根据上述计算结果可看出,采用模块化多台容积式热水炉同程并联组合机械循环供水方式比采用集中传统燃气锅炉配储热水箱机械循环供水方式更为经济,模块化多台容积式热水炉门优点如下:①系统选用多台热水供水设备,每台设备同程并联,互为备用。②有储热水容积调节用水量。③燃烧充分,位于屋顶,无需高大烟囱,可直排室外,工作噪声低于 48 dB,节能环保。④单台占地面积小,约为 1 m^2,安装灵活。⑤属于非锅炉产品,符合国家质量监督检验总局颁布的相关通知中对于非锅炉产品的规定,无需锅检。⑥采用低压燃气,容积式燃气热水炉使用燃气压力范围为 1 500～3 450 Pa,与城市民用燃气管网压力为 2 000～3 000 Pa 范围接近,降低开户费成本。⑦系统简单,运行稳定,可无人值守,节约人工成本。但该种方式缺点是管理维修相对分散。

在上述案例中提到的模块化多台容积式热水炉同程并联供水的方式是提高宾馆热水系统能效的重要方法。

模块化热水系统的概念是指通过多台模块化热水设备联控,根据设定好的供热温度曲线等有关参数,并参考室外温度智能地自动判断应启动、停运的设备台数,自动实现近无人值守模式。模块化热水系统概念就相当于把单体大锅炉拆分为若干个小锅炉(体积不足 1 m^3)。因此,模块化热水设备通过在数量上的"简单并联组合"可以达到任意蒸吨单台锅炉的规模,所以模块化热水设备可以取代目前常见的 10 t/h 以下的各类宾馆采暖及热水锅炉。通常宾馆一般采用大吨位锅炉来供应热水及采暖。传统锅炉输出的热负荷都远远大于用户实际需要的热负荷，而且在热负荷需求量较少的淡季，锅炉仍需整台运行，造成了极大的能源浪费。模块化组合则可以最大限度地贴合用户需求，在负荷较低的采暖初期、采暖末期以及客房入住率，可灵活调节投入使用的锅炉台数，大大减少热量损失，为用户节省不必要的运行费用，提高宾馆的整体能效。

综上所述，模块化多台容积式热水炉直接供热方式在宾馆中被广泛使用，对提升宾馆建筑能效起到了很大的积极作用。

12.4 厨房设备

12.4.1 高效炉芯

1. 主要工作原理

高效炉芯的主要工作原理是调整燃气和氧气的最佳混合配比，使燃气能够更充分地燃烧，大幅度降低 CO 的排放浓度，提高燃料的利用率。同时配合使用聚能盘，可把热量反复反射到锅底，一次热能多次利用，不但燃料被充分燃烧，还能保证热量不散失。高效炉芯通过自动控火系统，火力均匀迅猛，可大幅度提高菜品质量和出品速度，同时降低了厨房的环境温度，这有利于改善厨房的工作环境。

2. 主要技术特点

高效炉芯的主要技术特点如下：

（1）CO 和氮氧化物排放量远低于国家相关标准。

（2）噪声比普通炉芯降低 30%～50%。

（3）采用了火焰对流加热与辐射加热相结合的加热模式，将炉膛温度提升到了 1 300℃以上，热利用率得到了有效的提高，提高炒菜速度，节能灶具见图 12-7。

节能灶具实物照如图 12-7 所示。

图 12-7　节能灶具

12.4.2　高效节能蒸汽发生器

1. 技术原理

高效节能蒸汽发生器是指利用天然气把水加热成为热水或蒸汽的设备，由燃气电磁阀、电子点火器、304不锈钢排管换热器、蒸汽发生器、水位控制箱、强排抽风机、智能控制总成、余热回收组件、终端设备温控等构成。高效节能蒸汽发生器运用最新燃烧换热技术设计制造，一键操作，智能控制，可快速产生大量连续蒸汽，热效率高达90%。

2. 主要技术特点

高效节能蒸汽发生器的主要技术特点如下：

(1) 产生蒸汽快。

(2) CO排放量远低于国家相关标准要求，采用自然引风方式，比传统鼓风式降低噪声30%～50%。

(3) 整体模块化设计，维护方便。

在实际项目中，可针对蒸汽量的要求，灵活安装蒸汽发生器的数量；也可根据不同时段对蒸汽的要求调节蒸汽量大小，可调节单台蒸汽发生器的蒸汽量，蒸汽发生器如图12-8所示。

图12-8　厨房蒸汽发生器

12.5 游泳池节能技术

随着旅游业及商业的发展，国内外品牌宾馆的建设越来越多，游泳池作为休闲宾馆的标准配置也被人们广为熟知。

宾馆内设置的游泳池根据不同定位及需求来打造，其造型各异，功能多样化。游泳池内的主体是水，水的卫生健康对用户的舒适性、安全性至关重要。

为保持游泳池水水质，可采取循环水净化处理工艺，将一定比例的水量从池内抽出，经过过滤净化处理、杀菌消毒等符合游泳池水质标准后再送入池内重复使用。这种方式既能保证池水卫生要求，又节省水和其他能源。

泳池水系统循环方式有顺流式循环、逆流式循环及混合式循环。

顺流式循环与逆流式循环工作原理如图 12-9 所示。

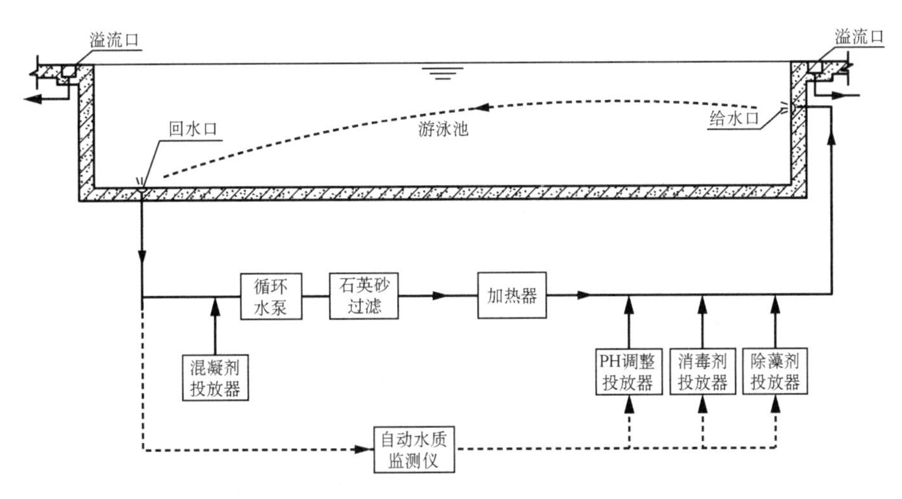

(a) 顺流式循环水处理流程方框图

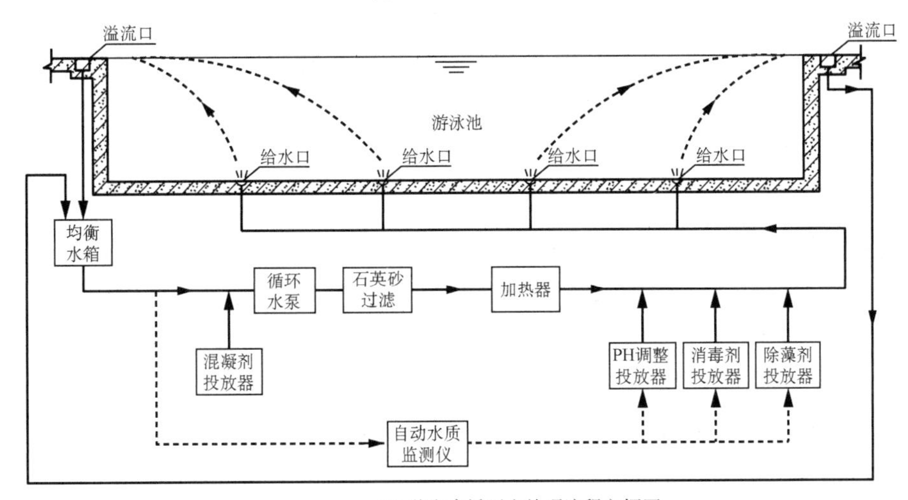

(b) 逆流式循环水处理流程方框图

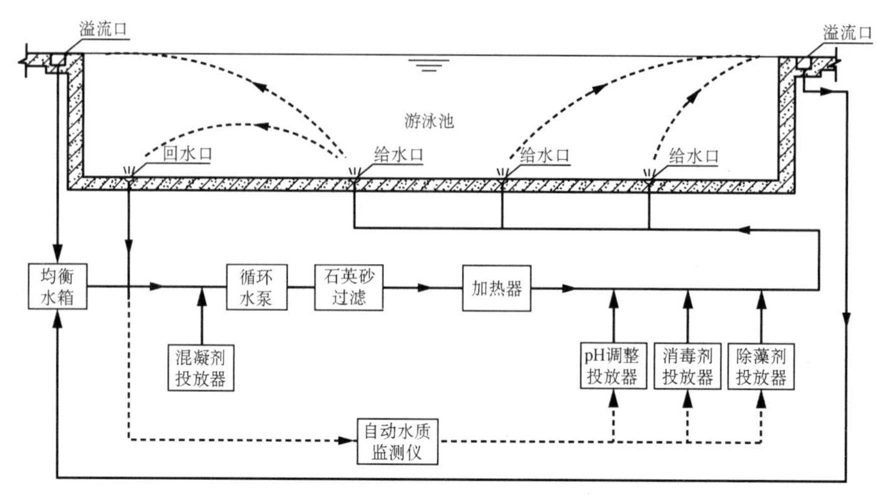

(c) 混合流式循环水处理流程方框图

图 12-9　泳池水系统循环方式

表 12-4　　水系统循环分析比较

循环方式	顺流式循环	逆流式循环	混合式循环
基本原理	浅端池壁进水，深端池壁底回水，或两端池壁进水，中间池底回水	池底进水，周边溢水槽回水，给水口在池底沿泳道标志线均匀布置	60%～70%水量由周边溢水槽回水，30%～40%水量至池底回水
节能分析	1. 溢流沟溢水不回用，浪费水较多； 2. 布水不均匀，容易产生死水区； 3. 管线布置简单，数量少，投资少，对施工、检修维护要求简单	1. 此循环方式配水均匀，池底不积污，有利池水表面污物及时清除； 2. 逆流式循环需要设置平衡水池，保持游泳池水一直是处于满池状态，水处理设备才能正常运行。使用人数较多时，泳池不断地出水、补水，流失的水量及热量需要及时补充	1. 配水较顺流式均匀。池底积污较少，维护清理较易； 2. 安装不当会导致漏水概率增大，造成水的浪费

根据泳池的使用人数、使用性质、开放时间确定池水的循环周期，采用合理的循环方式，以达到节水、节能的目的。宾馆酒店泳池因其使用人数限制及使用者以儿童居多，常规采用逆流式循环工艺流程。

某酒店水系统循环原理见图 12-10。

通过过滤器的选型和反冲洗时间确定，达到能源节约的目的，石英砂过滤器及其传统的颗粒滤料存在过滤精度不精细，滤床间隙大、有气孔等问题；故可以采用硅藻土过滤器替代，硅藻土过滤器在过滤效果、反冲洗的频率与时间上都能得到良好改善，从而减少反冲洗的用水量。

根据当地的能源使用经济指标，采用合理的热源系统。

某酒店燃气热水炉泳池供热原理见图 12-11。

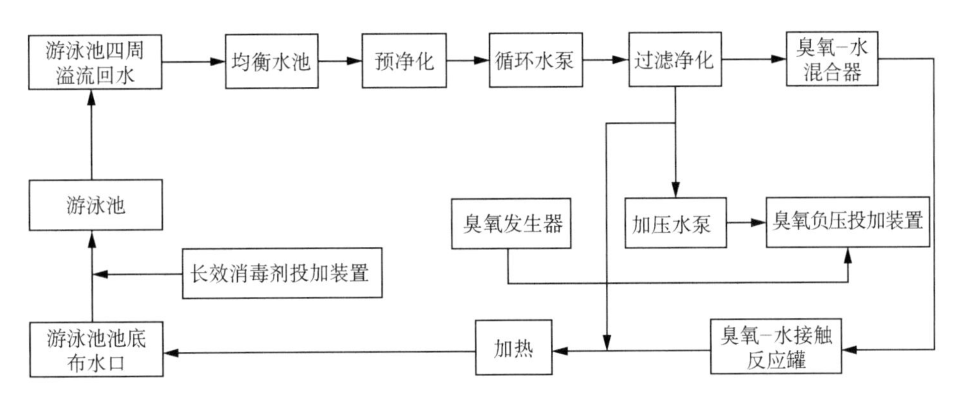

图 12-10　某酒店水系统循环原理

表 12-5　泳池热源分析比较

项目名称	容积式燃气热水炉	空气源热泵	水源热泵
技术要求	1. 设备可安装在室内机房或室外空间； 2. 需提供足够的燃气量及燃气压力； 3. 室内安装需考虑燃气的排烟； 4. 需提供 220 V/50 Hz 的电源； 5. 需提供市政给水管	1. 设备需安装在室外空间； 2. 提供足够的电量以满足设备的启动及正常运行； 3. 冬季极寒天气下需考虑采用电加热或其他方式辅助加热来满足总热需求； 4. 需提供市政给水管	1. 设备主机需安装在机房内； 2. 需设置管井和取水点； 3. 提供足够的电量以满足设备的启动及正常运行； 4. 需提供市政给水管
节能分析	1. 消耗燃气； 2. 燃气使用成本较低； 3. 产热量稳定，不受环境影响	1. 消耗电能； 2. 产热量会随着环境温度降低而减少； 3. 冬季极寒天气下需考虑采用电加热或其他方式辅助加热来满足； 4. 总热需求，成本较高	1. 消耗电能； 2. 产热量稳定
优点	1. 加热速度快，出水温度高可达 80℃； 2. 产热量稳定且不受环境影响； 3. 安装方便，可安装在室内或室外； 4. 初投资少	1. 使用电能不会产生污染物，较为环保； 2. 安装在室外，不占用室内空间； 3. 环境温度较高时，运行费用低	1. 使用电能不会产生污染物，较为环保； 2. 产热量稳定且不受环境影响； 3. 运行费用低
缺点	1. 受燃气供应限制大，若无燃气供应，无法使用； 2. 需排烟，对环境有一定的影响	1. 加热速度慢，出水温度低，一般为 55℃左右； 2. 产热量会随着环境温度降低而减少； 3. 冬季极寒天气下需考虑采用电加热或其他方式辅助加热来满足总热需求，初投资较高	1. 加热速度慢，出水温度低，一般为 55℃左右； 2. 初始投资较高； 3. 设备安装复杂，需要设置管井和取水点

某酒店空气源热泵泳池供热原理见图 12-12。

某酒店水源热泵供热原理见图 12-13。

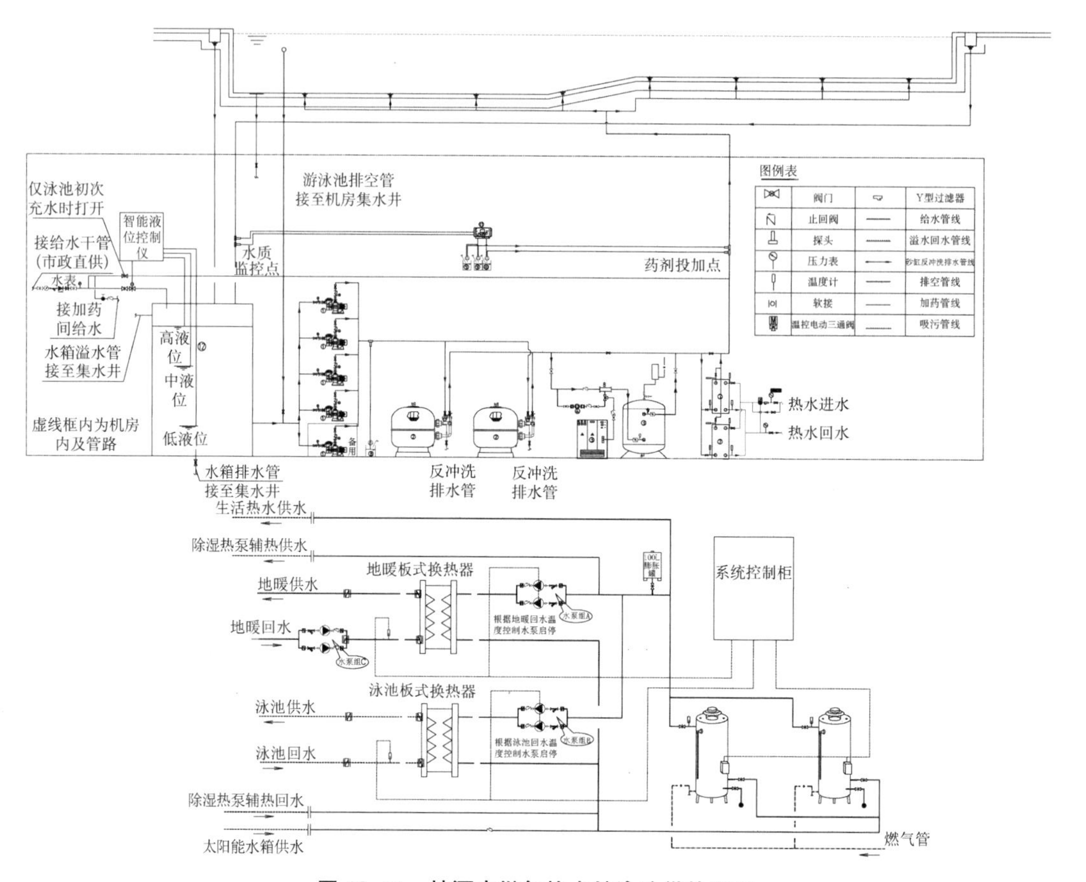

图 12-11　某酒店燃气热水炉泳池供热原理

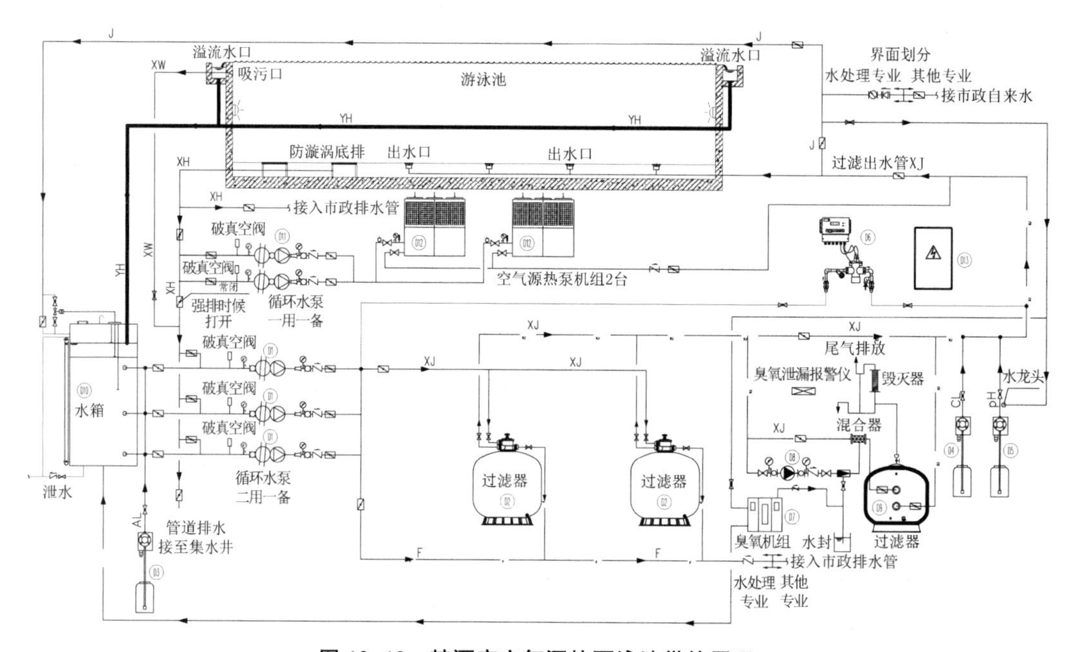

图 12-12　某酒店空气源热泵泳池供热原理

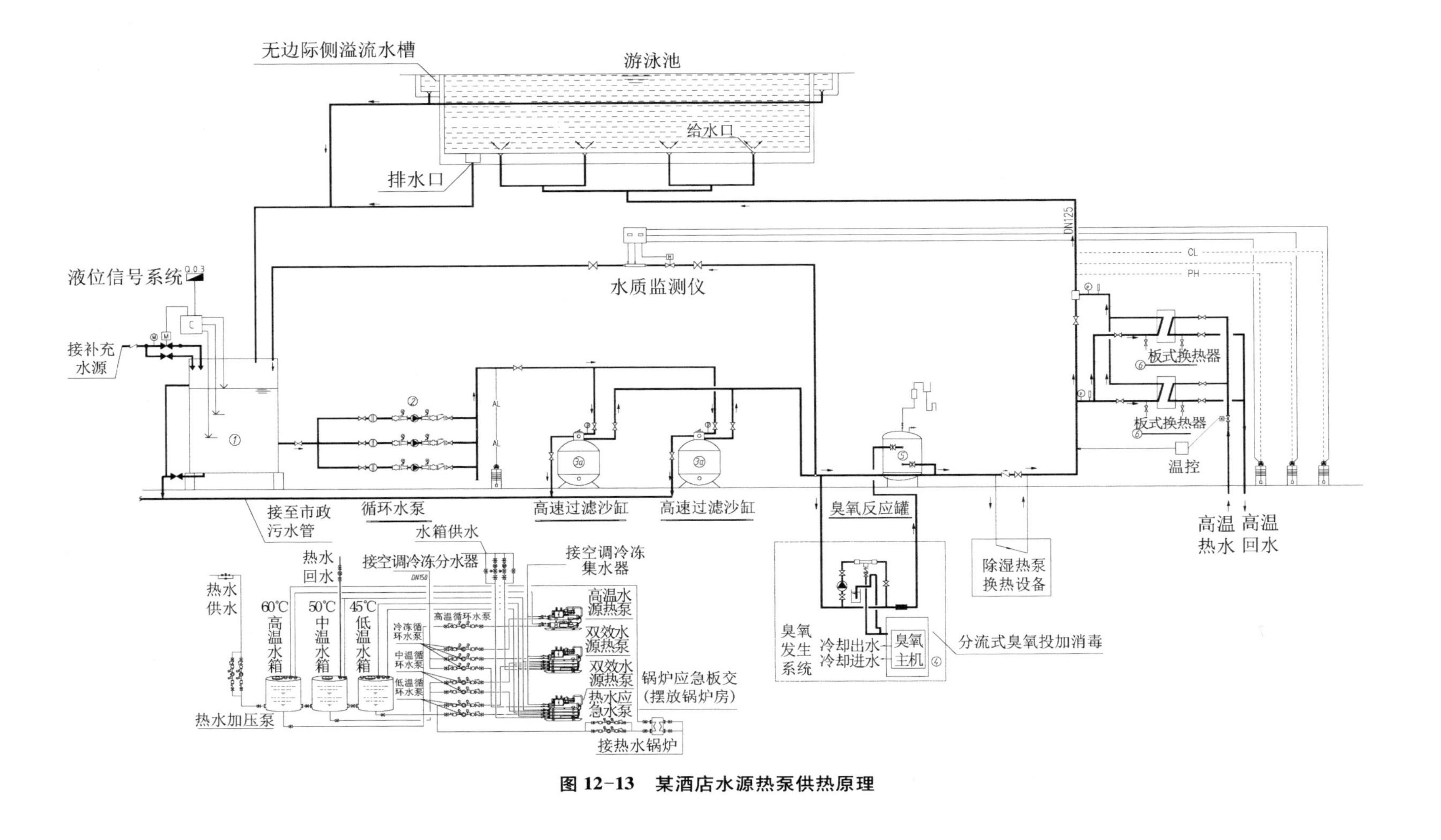

图 12-13 某酒店水源热泵供热原理

12.5.1 泳池热水加热案例

1）项目概况

某五星级酒店，原先采用锅炉加热，改造为空气源热泵加热。

泳池热源优化改造系统配置两台空气源热泵热水机，配套的热水循环水泵及 4 组水水板式换热器分别供应酒店泳池、按摩池、男宾泡池及女宾泡池使用。

空气源热泵根据回水温度自动运行，当回水温度低于 48℃时，热泵开始运行；当回水温度≥53℃时，则停止运行。

各板式换热器电动调节阀根据二次侧温度自动控制，当回水温度低于设定值时，电动阀开启 50%，当回水温度低于设定温度 0.2℃时，电动阀开度升至 100%。当回水温度≥设定温度时，关闭电动阀，系统停止加热。

系统配置如表 12-6 所列。

表 12-6　系统配置

设备名称	设备编号	规格参数	安装位置	备注
空气源热泵	CH-5F-O1	型号：RSJ-800/MS-820 额定制热量：38 kW 额定耗电功率：20 kW	裙房屋面	—
空气源热泵	CH-5F-O2	型号：KFXRS-38Ⅱ 额定制热量：38 kW 额定耗电功率：9.3 kW	裙房屋面	—
热泵循环泵	P-5F-01/02	$Q=24(m^3 \cdot h^{-1})$；$H=22$ m； $N=3.7$ kW	裙房屋面	—
水-水板式换热器	PHE-4F-01	额定换热量：80 kW 一次侧温度：45℃/40℃ 二次侧温度：26℃/31℃ 阻力损失：≤30 kPa	泳池机房	泳池
水-水板式换热器	PHE-4F-02	额定换热量：40 kW 一次侧温度：45℃/40℃ 二次侧温度：33℃/38℃ 阻力损失：≤30 kPa	泳池机房	按摩
水-水板式换热器	PHE-4F-03	额定换热量：20 kW 一次侧温度：45℃/40℃ 二次侧温度：33℃/38℃ 阻力损失：≤30 kPa	泳池机房	男宾
水-水板式换热器	PHE-4F-04	额定换热量：10 kW 一次侧温度：45℃/40℃ 二次侧温度：33℃/38℃ 阻力损失：≤30 kPa	泳池机房	女宾

泳池热源优化改造原理如图 12-14 所示。

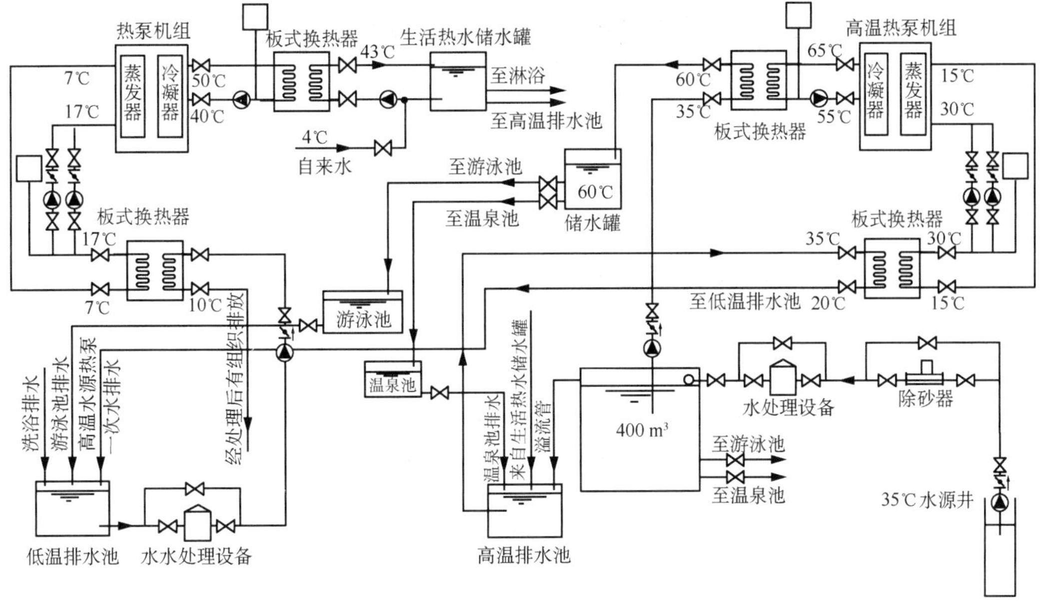

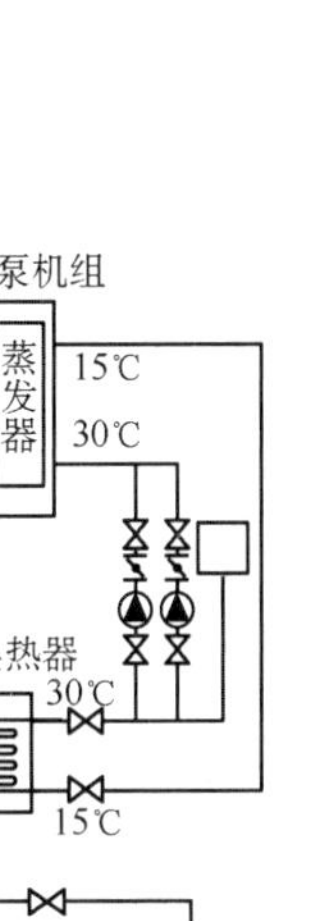

图 12-14 泳池热源优化改造原理

2）操作说明

泳池热源系统与酒店原泳池加热系统互为备用，且可同时使用。

在空气源热泵系统投入使用时，先开启一次循环水泵及热泵运行，当水温到达 50℃时，开启板式换热器二次侧阀门，并关闭酒店原锅炉加热系统一次阀门即可。

冬季极端天气下或者热泵故障检修等情况，需切出空气源加热系统时，需先开启锅炉加热系统一次阀门，然后关闭空气源热泵，延时关闭循环水泵运行，并关闭一次侧阀门。

3）各参数范围及其影响如表 12-7 所列。

表 12-7　　　　各参数范围及其影响

监控对象/参数	运行范围	节能运行要点
空气源热泵机组效率	2.5～3.8	热泵运行温度（不超过 55℃） 环境温度低于 10℃时，建议停止热泵运行

13 设备设施控制优化

13.1 设备设施控制优化系统原理

利用最新的物联网技术，可以实现高质量、低成本、易于实施的暖通动力系统实时数据采集，获得完整的运行数据，为中央空调系统分析、改造提供支持。

空调系统需要完善实时数据采集，采集方案由移动终端、云服务器、智能网关、终端以及各类传感器/变送器组成。

通过安装在现场的物联网传感器，将采集的实时温度、压力、流量、电功率、室内状态参数上传至云端，结合未来 24 h 内的气温变化，经过智能软件系统计算，输出控制参数至物联网控制器。控制器调节水泵及冷机的运行状态，在满足室内舒适度要求的前提下，使所有中央空调用电设备的能耗之和达到最低值。

13.2 HVAC 系统的客房控制与 CO_2 监测系统优化

通过更好地控制客房温湿度和空气质量，可以提高客人的舒适度。传统方法只对温度进行监测与控制。而通过对湿度和 CO_2 含量的监控，可以提供全方位更佳的室内空气质量。另外，在楼宇管理系统(BMS)中加入房间控制系统，也便于酒店工作人员更好地对客房进行控制。

可以利用湿度感应器测量湿度，确保房间湿度水平不会超过人体舒适或健康范围。如果相对湿度超过约 60%，即使温度符合室内要求，室内空调机组就会启动制冷模式。这样就可以将湿度降至正常范围，而如果温度下降过大，空调箱还会对室内空气进行再热处理。

CO_2 的监测可以提高酒店整体的室内环境质量，为客人和员工提供一个更为舒适和健康的环境。头痛、困乏和效率低下都与高 CO_2 浓度有关。安装 CO_2 监测系统后，可以根据建筑内的数量和活动量，调节室外新风流量。

为适当安装这些控制装置，应该配备 BMS。BMS 可以对所有这些传感器进行监测，确保合理操作系统，使室内达到最大舒适度以及节省能耗。

13.3 软件优化

冷热源中心可能涉及不同规格、不同能源类型的冷机、多台变频水泵和冷却塔。这些设备不同的运行组合对冷热源中心的运行能耗具有很大影响,依靠传统决策能够实现的节能量有限。与此同时,天气、空调负荷等对空调能耗起决定作用的因素不断变化,传统做法在大多数时间段采用的是相对固定和机械的设定,以传统的策略应付不断变化的使用环境,以大的制冷“富余”满足一天中不同时段的制冷需求。这种“省心省力”的做法导致能源的浪费。冷热源中心制订经济合理的运行计划前需要了解当前负荷情况、用户侧对制冷制热的响应能力,负荷在未来的变化趋势,各种设备目前的出力能力以及效率曲线等,并在此基础上从大量可行的方案中比选出最佳方案。云端智控系统实时汇总冷热源中心的各项数据,采用云算机的强大计算能力在短时间内比较多种运行方案,从中选出能够在未来数小时内实现最经济运行的控制方案(比如自动发现特定天气和负荷情况下的最优化运行方案)。并根据最新情况不断重复这一过程。采用软件和大数据而不是人来解决冷热源中心节能运行面临的各种复杂问题。云端智控中心是楼宇节能中的“阿尔法狗”,实时输出最优的控制指令,使系统始终处于最优运行状态。

13.4 BAS控制优化案例

1)项目概况

某五星级酒店位于我国西北地区,空调系统配置为3台450RT冷水机组、4台30 kW的冷冻循环水泵、4台30 kW的冷却循环水泵、3组6台风机功率为7.5 kW的冷却塔。改造前后逐月能耗对比见图13-1。

2)项目改造前情况

节能运行改造前,冷冻站采用人工控制,所有设备均采用人工手动开启的方式。

3)改造措施

设置一套冷源群控系统,在原系统的基础上,增加相应的阀门、传感器(温度、压力、流量等),实现系统远程一键启动。具体的控制策略如下:

(1)冷源群控系统对冷机系统进行控制,系统主要根据回水温度及冷机的负荷对机组实行自动加载及卸载控制(并且遵循设备等时运行的原则)。

(2)采用系统压差控制,包括冷冻水系统和冷却水系统,具体内容如下:

① 冷冻水系统:群控系统采集供/回水压差,通过采样值与设定值的比较来控制旁通阀门的开度,使系统压差保持恒定。

② 冷却水系统:通过供/回水比例混合,控制冷却水回水温度,当冷冻机在过渡季节

期间运行时，为不使冷却水温度过低，冷却水温度控制旁通阀会使冷却水在主管内以旁通方式运行，减少输送到冷却塔的水量，并降低冷却水水泵负荷。

（3）利用冷却塔台数与风扇启停控制。将冷却塔通过不锈钢隔断，并将其分成3组冷却塔。群控系统采集总管温度，通过采样值与设定值的比较来控制冷却塔的开启。群控系统采集冷却塔出水温度，通过采样值与设定值相比来控制风机的启停，并且做到分级控制，保持出水温度恒定。

（4）采用冷冻水泵变频控制。供/回水温差变频控制，末端压差变流量变频控制；根据供/回水温差，进行水泵变频控制。同时，要确保系统保持足够的水量，避免主机因水流量不够而停机保护。

（5）冷却水泵变频控制。供/回水温差变频控制，根据冷却水送回水温差控制冷却水泵变频频率。

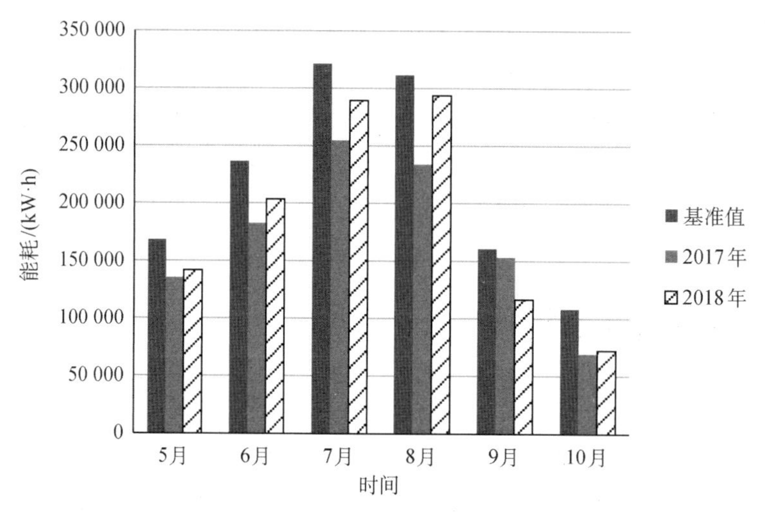

图13-1　改造前后逐月能耗对比

（6）该项目中，冷机台数加卸载的运行方式如下：

① 加载第2台主机的条件：第一台主机负荷率连续处于95%以上（设定范围90%～98%），持续时间为0.5 h（设定范围0.5～2 h）。

② 卸载两台主机中的一台主机条件：主机负荷率连续处于45%以下（设定范围35%～60%），持续时间为0.5 h（设定范围0.5～2 h）。

实现冷源群控系统后，2017年相比基准能耗降低了276 711 kW·h，节能率约为21.2%；2018年相比基准能耗降低了188 045 kW·h，节能率约为14.4%。

参考文献

[1] 上海市统计局. 2022 年上海市国民经济和社会发展统计公报[R/OL]. (2023-03-22). https://tjj.sh.gov.cn/tjgb/20230317/6bb2cf0811ab41eb8ae397c8f8577e00.html.

[2] 中华人民共和国住房和城乡建设部. 旅馆建筑设计规范:JGJ 62—2014[S]. 北京:中国建筑工业出版社,2014.

[3] 国家旅游局监督管理司. 旅游饭店星级的划分与评定:GB/T 14308—2010[S]. 北京:中国标准出版社,2010.

[4] 肖贺,魏庆芃. 公共建筑能耗调查统计中几个问题的探讨[J]. 暖通空调,2010,40(3):12-8.

[5] 魏庆芃,王鑫,肖贺,等. 中国公共建筑能耗现状和特点[J]. 建设科技,2009(8):38-43.

[6] 张金萍,李安桂. 自然通风的研究应用现状与问题探讨[J]. 暖通空调,2005(8):32-38.

[7] GRACA G C D, CHEN Q, GLICKSMAN L R, et al. Simulation of wind-driven ventilative cooling systems for an apartment building in Beijing and Shanghai[J]. Energy and Buildings, 2002(34): 1-11.

[8] QIAN H, LI Y G, SETO W H, et al. Natural Ventilation for Reducing Airborne Infection in Hospitals[J]. Building Environment, 2010(45): 559-565.

[9] 中华人民共和国住房和城乡建设部. 绿色建筑评价标准:GB/T 50378—2019[S]. 北京:中国建筑工业出版社,2019.

[10] ATKINSON J. Natural Ventilation for Infection Control in Health-Care Settings[M]. World Health Organization, 2009.

[11] 丁云. 夏热冬冷地区建筑外遮阳应用探讨[J]. 华中建筑,2016,34(1):70-73.

[12] 中国工程建设标准化协会. 高效空调制冷机房评价标准:T/CECS 1100—2022[S]. 北京,2022.

[13] 徐伟. 中国高效空调制冷机房发展研究报告(2021)[M]. 北京:中国建筑工业出版社,2022.

[14] 中华人民共和国住房和城乡建设部. 民用建筑供暖通风与空气调节设计规范 附条文说明[另册]:GB 50736—2012[S]. 北京:中国建筑工业出版社,2012.

[15] 中国建筑西北设计研究院. 空调系统热回收装置选用与安装:06K301-2[S]. 北京:中国计划出版社,2006.

[16] 唐毅,杨仕超,林昌元. 3 种空气源热泵热回收机组的比较[J]. 暖通空调,2014,44(5):92-95.

[17] 中华人民共和国生态环境部. 2017 年中国海洋环境生态状况公报[R/OL]. (2018-06-06). http://gc.mnr.gov.cn/201806/t20180619_1797652.html.

[18] 过晓栋. 水源热泵技术在酒店暖通工程的应用[J]. 上海节能,2018(5):340-342.

[19] 杨宝军,张言军. 湖水源热泵双级空调系统设计与运营[J]. 暖通空调,2022,52(12):114-119.

[20] 贺江波. 采用风机盘管的办公建筑冷却塔供冷温度计算与分析[J]. 发电与空调,2014,35(4):39-42,33.

[21] 寿炜炜,宋静,朱学锦. 多级调速泵水系统设计应用[J]. 暖通空调,2008,38(6):3-7,75.

[22] 胡洪,乐照林,何焰,等. 冷冻水一二级泵均设变流量控制的探讨[J]. 空调暖通技术,2009(3):44-49.

[23] 姚军. 上海明天广场空调系统设计与运行分析[J]. 制冷与空调，2020，20(2)：53-58.
[24] 许宏禊，万嘉凤，王峻强. 酒店空调设计[M]. 北京：中国建筑工业出版社，2012.
[25] 任家龙，郦业，杨波力，等. 三亚某超高层高星级度假酒店空调工程设计[J]. 空调暖通技术，2016(4)：1-6.
[26] 刘翠琴，王平建. 东山宾馆空调设计[J]. 建筑节能，2012(5)：23-25.
[27] 任元会. 照明设计新技术发展与应用[J]. 建筑电气，2012，31(7)：3-10.
[28] 李炳华，宋镇江. 建筑电气节能技术及设计指南[M]. 北京：中国建筑工业出版社，2011.
[29] 中华人民共和国住房和城乡建设部. 旅馆建筑设计规范：JGJ 62—2014[S]. 北京：中国建筑工业出版社，2014.
[30] 中华人民共和国住房和城乡建设部. 建筑节能与可再生能源利用通用规范：GB 55015—2021[S]. 北京：中国建筑工业出版社，2021.
[31] 肖辉. 电气照明技术[M]. 2 版. 北京：机械工业出版社，2009.
[32] 许少辉. 厦门机场 BA 系统的升级应用[J]. 机电工程技术，2014(4)：175-178.
[33] 赵建敏. BA 系统在酒店方面的节能措施浅析[J]. 智能建筑与城市信息，2012(1)：33-35.